小数と対数の発見

Yamamoto Yoshitaka
山本義隆

日本評論社

目次

序章　物語の背景 ― 物理学の誕生 …………………………………… 1

第1章　60進小数をめぐって ………………………………………… 16
　1. 算術の始まり ……………………………………………………… 16
　2. 天文学と60進小数 ……………………………………………… 22
　3. 60進小数のアルゴリズム ……………………………………… 31
　4. 10進小数への接近 ……………………………………………… 35

第2章　10進法と10進小数 …………………………………………… 46
　1. 10進法と10進位取り表記 ……………………………………… 46
　2. 度量衡と10進法 ………………………………………………… 51
　3. 商業数学の発展 ………………………………………………… 55
　4. イスラム社会での発展 ………………………………………… 61
　5. 小数概念への接近 ……………………………………………… 65
　6. ステヴィンの『十分の一法』 ………………………………… 68

第3章　数概念の転換 ………………………………………………… 76
　1. 1の数的身分をめぐって ………………………………………… 76
　2. 離散的数と連続的量の分離 …………………………………… 84
　3. 数の連続体への展望 …………………………………………… 89
　4. 方程式論をめぐって …………………………………………… 92
　5. 10進小数提唱の意義 …………………………………………… 94

第4章　クラヴィウスとネイピア … 97
1. 小数点の導入 … 97
2. ネイピアのロッド … 105
3. 積和と積差の公式 … 111
4. 秘伝としての加減法 … 116
5. スコットランドへの伝播 … 120

第5章　ネイピアによる対数の提唱 … 124
1. 対数についてのネイピアの著書 … 124
2. 『記述』におけるネイピア対数の定義 … 129
3. ネイピア対数のふるまい … 134
4. ネイピア対数についてのいくつかの命題 … 136
5. ネイピア対数表とその使用法 … 138
6. ネイピア対数の有用な使用法 … 143

第6章　ネイピアによる対数表の構成 … 147
1. 連続関数としての対数認識 … 147
2. 逆対数表の構成 … 154
3. 対数計算のための不等式 … 159
4. 精密な対数表の形成 … 162

第7章　ケプラーと対数 … 170
1. ケプラーと対数の出会い … 170
2. ケプラー対数の定義 … 175
3. ケプラーの対数表 … 179
4. 対数による計算の例 … 184
5. ケプラーの功績 … 187

第8章　先行者そしてヨースト・ビュルギ … 190
1. アルキメデスからオレームへ … 190

2．ニコラ・シュケー………………………………………………… 192
　3．シュティーフェル………………………………………………… 197
　4．ステヴィンの利子表……………………………………………… 200
　5．ヨースト・ビュルギ……………………………………………… 201
　6．ビュルギの対数表とその使用法………………………………… 206

第9章　常用対数の誕生………………………………………… 211
　1．ヘンリー・ブリッグス…………………………………………… 211
　2．ネイピア自身による改良の試み………………………………… 213
　3．ブリッグスの対数理論…………………………………………… 216
　4．ブリッグスによる対数計算の基本……………………………… 221
　5．ブリッグスによる素数の対数計算……………………………… 225

文献……………………………………………………………………… 231
あとがき………………………………………………………………… 243
索引……………………………………………………………………… 245

序章

物語の背景 — 物理学の誕生

　西洋近代科学は，17世紀の「科学革命」，すなわちイタリアのガリレオやトリチェッリ，フランスのデカルト，イギリスのフックやボイル，そしてオランダのホイヘンス等にはじまり，ニュートンやハーヴェイ等に引き継がれてゆく一連の知的営為の中で誕生した，と一般には語られている．それは，一方では実験と測定を自然探究の基本に位置づけ，数学的推論と数学による理論形成を有力な手段とすることで特徴づけられる．

　そして，とりわけガリレオからニュートン，さらにはライプニッツにいたる運動力学の数学的扱いの中から，解析学が生まれてきたことも知られている．オイラー，ダランベール，ベルヌイ一族，そしてラグランジュ等による近代解析学の形成は，科学革命が数学にもたらしたものであった．

　しかし私は，それに先立つ16世紀，より厳密にはルネサンスと人文主義運動がほぼ終焉を迎える15世紀後半から17世紀初頭までの時期，とりわけレギオモンタヌスからコペルニクスを経てティコ・ブラーエとケプラーにいたる天文学の革新が，その「科学革命」への助走期間として決定的であったと考えている．そのことを私は『磁力と重力の発見』『一六世紀文化革命』『世界の見方の転換』の三部作で明らかにしてきた．

　その『世界の見方の転換』の「まえがき」に私は書いた：

　　　レギオモンタヌスからケプラーにいたるまでの一世紀半で，ヨーロッパは物理学的天文学，ひろくは数学的自然学というものをはじめて創出し

た．その過程は，世界の見方としての地球中心の宇宙像から太陽中心の天文学への変革であるとともに，手作業による観測機器の製作，何年にもわたる継続的天体観測，そして桁数の多い数〔観測データ〕の膨大な計算，等の中世の大学ではあまり目にすることのなかった職人的・商人的作業をベースとする，そして観測によりその正否が判定される，まったく新しい自然研究のあり方を生みだした．それはまた，観測と計算にもとづく天文学を定義と論証にもとづく自然学の上位に置くことで，過去の学問的序列を転倒させ，それまでの定性的な自然学を数学的な物理学に書き換え，物理的天文学すなわち天体力学という観念を生みだす過程でもあった．すなわち，天文学における認識の内容，真理性の基準，研究の方法，そして学問の目的，そのすべてを刷新する過程，端的に「世界の見方と学問のあり方の転換」であり，こうして一七世紀の新科学を準備することになる．

そして数学の世界では，この過程に，本書の主題である小数と対数の発見がぴったり伴うことになり，それが 17 世紀以降の解析学の誕生・発展の下地を形成することになる．

以下で，その過程を『世界の見方の転換』にそってざっと見ておこう．

コペルニクス以降の太陽を中心とする宇宙像に対置される古代以来の宇宙像として，しばしば「アリストテレス＝プトレマイオスの宇宙像」なるものが語られてきた．しかし現実には，紀元前 4 世紀の古代ギリシャの都市国家アテネの哲学者アリストテレスの宇宙論と，都市国家崩壊後の紀元 2 世紀の王朝国家アレクサンドリアにおけるプトレマイオスの天文学は，その目的においても，その方法においても，そしてその学的な身分においても，決定的に異なっている．

アリストテレスにとって，自然学や宇宙論は世界の理解のための哲学であり，それ以上に何かのためのものではなかった．その世界理解の根本的な枠組みは，地上の世界（月より下の世界）と天上の世界（月より上の世界）をまったく異質な世界と見る二元的世界像にあった．

月下の世界は〈土〉・〈水〉・〈空気〉・〈火〉の四つの元素からなり，固体性一般を表す〈土〉と液体性一般を表す〈水〉は宇宙の中心をその本来の位置と

し，気体性一般を表す〈空気〉と，現在の言葉で言うならばエネルギーを表す〈火〉は宇宙の中心から遠ざかる方向をその本来の位置とする．そのことが，石ころや雨粒が鉛直に落下し，煙が真上に上昇するという，よく知られた地上の諸物体の自然的運動を説明する．こうして〈土〉と〈水〉がその本来の位置に集中し，そのまわりを〈空気〉が取り巻くことによって出来たのが地球である．それゆえ「地球は必然的に〔宇宙の〕中心にあり，そして不動でなければならない」[*1]．アリストテレスにとって，地球が宇宙の中心に静止しているのは，自然学の論理的帰結なのである．そしてこの地上の世界は，生成と変化と消滅が果てしなく続く世界であるが，それはその四元素相互の変化によって説明される．

それにたいして，アリストテレスの『形而上学』では惑星が「神的物体」と語られているように[*2]，天上の世界——月より上の世界——は別世界，生成も変化も消滅もない神聖な世界であり，それゆえ，その構成「実体」は変化することのない完全な元素としての第五元素〈エーテル〉からなり，その可能な運動は始めも終わりもない永遠の周回運動としての等速の円運動に限られることになる．

そのアリストテレスの語る宇宙では，月や太陽や諸惑星は，それぞれが，中心にある地球を通る軸の周りに回転する数枚の透明で剛体的な球殻に固着されていて，その球殻と共に回転するのであり，それゆえそれは同心天球説と呼ばれる．それらの層状の球殻のもっとも外側には恒星天球が一日一回転しているのにたいして，月や太陽や諸惑星の球殻は，それぞれの周期で恒星天に遅れて回転し，そのことがそれらの恒星天での運動を説明する．

しかしこの同心天球モデルは，惑星や月・太陽の運動を定性的に説明するにしても，およそ精密なものではなかった．実際にも，たとえば惑星の輝度の変化や日食・月食の現れ方の違いから，地球から惑星や月までの距離が変化することはすでに知られていたが，その基本的な事実さえ説明できない．しかしアリストテレスもその追随者たちも，経験とのそのような齟齬をあまり重視して

[*1] アリストテレス『天体論』Bk. 2, Ch. 14, 296b21.
[*2] 『形而上学』Bk. 12, Ch. 8, 1074a31.

いなかった.

　「われわれの求めているのは,諸存在の原理や原因である」と『形而上学』で明言したアリストテレスは,『自然学』で,自然学者は「太陽や月などのなにであるか〔本性〕を知ることをみずからの任務とする」と表明し,そしてさらに『分析論後書』で「われわれが事物についての信をもち,事物を知るのは,われわれが論証と呼ぶ,このような性質の推論を持つことによってでなければならない」と断言している*3. アリストテレスにとって,自然学や宇宙論は原理から世界を説明する哲学であり,それは事物の「本性」が何であるのかを知り,そのことからその振る舞いを論証することを旨とし,その正しさはもっぱら定義の正確さと論証の精密さに依拠しているのであり,誤りやすい感覚に依拠した観測や実験によって検証されるべきものではなかったのである.

　実際にも,アリストテレスは「数学の方法は自然学の方法ではない」とまで語っている*4. というのもアリストテレス自然学においては,物の測定によって得られる「量」は,物そのものにとって周辺的・偶有的であり,物の本性,すなわちいかなる種類の物であるのか,ということには触れないと見られていたのである. 要するに,アリストテレス自然学や宇宙論では,観測と測定による定量的検証は重視されていなかったのである.

　したがってまた,数学について言うならば,古代ギリシャの哲学にあっては,商業計算のための算術はもとより,技術的応用のための数学も,重要視されていなかった. 数学は,もっぱら自然数(正の整数)を対象とし,数の分類や個々の数に固有の意味を求める数の形而上学として存在していたのである.

　他方で,プトレマイオス天文学は,バビロニアで長期にわたって営まれてきた観測天文学を継承し,その後の天文学の発展を集大成したものである. バビロニア以来の天文学は,農耕社会である古代王朝の政治支配にとって必要とされた暦算や占星術のための惑星運動の予測を主要な目的とするものであって,プトレマイオス天文学も,その実用的で技術的性格を継承している. そもそも古代ギリシャの都市国家と異なり,アレクサンドリアの王朝では,学問は国家

---

*3　『形而上学』Bk. 6, Ch. 1, 1025b1;『自然学』Bk. 2, Ch. 2, 193b25;『分析論後書』Bk. 1, Ch. 2, 72a25.
*4　『形而上学』Bk. 2, Ch. 3, 995a17.

の庇護のもとに「国策」として営まれていたのであり，天文学者プトレマイオス自身も，哲学者というよりは応用数学者であった．

それゆえプトレマイオス天文学は，「現象を救う」という言葉で表されるように，軌道の幾何学として，周転円や離心円といった技巧によって，地球から見える月や太陽や惑星の現実の運動を幾何学的にできるだけ正確に再現しようとするもので，その時代としては可能なかぎりの精密な観測と，球面三角法までをも駆使した高度の数学的モデルの一致を追求する，当時のほとんど唯一の仮説検証型の精密数理科学であった．

実際，アラビア語で「偉大なる書」を意味する『アルマゲスト』と通常呼ばれている彼の主著『数学集成』は，2000年近くも前に書かれたとは思えない，堂々たる数理天文学の書である．そこでは数学は，観測データすなわち本来的には連続量にたいする測定精度の範囲内での近似としての測定量を扱うためのものとして，いまだ10進小数の知られていなかった時代に，60進小数が主要に使用されていた．60進小数はもっぱら整数とその比としての分数のみを扱うギリシャの哲学や数学にはなかったもので，のちに「天文学的分数」と呼ばれることになる．天文学では，桁数を上げることによって真値をいくらでも近く近似できる小数が有効とされていたのである．ともあれ，プトレマイオス天文学は，現実の天体運動の定量的予測という点では，アリストテレスの同心球理論をはるかに上まわっていたのである．

要するに「アテネとアレクサンドリアの学問の相違は，アリストテレス宇宙論が自然学的かつ哲学的であるのにたいしてプトレマイオス天文学が数学的かつ技術的であるという性格的な相違に反映されている．前者は天体がなぜある運動をするのか（原因）をその本性から因果的に論証するのにたいして，後者は天体がどのように運動するのか（様態）を観測にもとづいて数学的に記述し，前者は世界の定性的な説明を目的とするのにたいして，後者は現象の定量的な予測を目的とする」のである[*5]．

しかもその区別は，単なる区別ではなく，学問としての上下の序列を意味していた．天体の本性の「何であるか」という存在論の問いは，天体の運動の

[*5] 拙著『世界の見方の転換』1, 第1章, 3, p.21f.

「どのように」という現象論の問いの上位に置かれていたのである．現在から見れば，言葉だけで展開され定量的予測に劣るアリストテレス宇宙論より，実際の定量的測定によってその予測の正否が判定されるプトレマイオス天文学のほうが，はるかに優れていると考えられるが，当時はそう考えられてはいなかった．というのも当時は，間違いのない論証にのっとって宇宙の成り立ちを証明する哲学的自然学のほうが，主観的で曖昧な感覚に依拠した観測にもとづく数学的天文学よりは学問的に上位にあると考えられていたのである．

したがって技術的な観測天文学も，「原理的な問題」については，アリストテレスの自然学と宇宙論の原理と枠組みを受け容れていたのであり，その土台の上でその枠内で存在しえたのである．1世紀のロードス島の天文学者ゲミノスは，自然学と天文学の，この学問的な相違と序列を語っている：

> なにがその自然本性から静止の位置に適し，どの物体が運動する傾向にあるのかを知ることは，〔自然学者の仕事であって〕天文学者の仕事ではない．天文学者は，ある物体が静止し，他のあれこれの物体が運動しているといういくつかの仮定を導入し，天において現実に観測される現象がどの仮説に適合しているかを考察する．しかし天文学者は，その第一原理，すなわち星辰の運動は単純で一様で秩序だっているという原理については，自然学者から教わらなければならない．[*6]

つまりプトレマイオス天文学も，アリストテレスの二元的世界像を根本的枠組みとして受け容れ，宇宙の中心には四元素から成る不動の地球が存在すること，そして完全な実体としての第五元素よりなる惑星は，円軌道もしくはその重ね合わせよりなる軌道上を永遠に運動し続けるという命題を，理論の基本的前提としていたのである．プトレマイオス自身が『数学集成』で語っている：

> 我々の目的は，〔当時知られていた水星・金星・火星・木星・土星の〕五つの惑星においても月や太陽にたいするのと同様に，その運動に現れて

[*6] Heath, *Greek Astronomy*, p. 142f.

いる不規則性（アノーマリー）が複数の規則的な円運動でもって表現しうることを証明することである．というのも規則的な円運動は不規則性や無秩序とは無縁の神的事物〔としての天上世界の物体〕の自然本性に属するものだからである．*7

ローマ帝国の崩壊とともに一度は見失われていたこの古代ギリシャの学芸が，イスラム社会を経由して西欧社会に再発見されるのは 12 世紀以降であるが，中世に形成された大学は，基本的にはその見出された古代の学芸を吸収し継承するための機関であった．それゆえそこでなされていたのは，古代の学者や初期の教父の書きのこした書物の閲読と釈義が中心であり，講義も古代文献の解読に終始していた．「講義」を意味する英語 'lecture' の語源であるラテン語の 'lectio' は「読み上げる」の意味を有しているのである．実際，医学書にたいしてさえ，現実の臨床経験に照らしてその古代文献の内容を吟味するという姿勢は希薄であった．

中世末期には，アリストテレス自然学の弱点と見られていたその運動理論にたいしては，いくつかの批判が加えられていたが，それらはあくまで形式的で仮説的な議論，言うならば，論証のエクササイズでしかなく，その議論の正否を実際の実験と測定によって検証する試みは見られなかった．そのようにして，アリストテレスの自然学や宇宙論は学ばれたのである．

数学について言うならば，中世史の研究者 Charles Homer Haskins の『大学の起源』には，中世の西欧に大学が創られて以後，現在の教養課程に相当する学芸学部の教育について「〔算術・幾何学・天文学・音楽の〕四科の教育にはほとんど注意が払われなかった」とある*8．15 世紀に観測にもとづく数学的天文学を復活させることになるラテン名レギオモンタヌスことヨハネス・ミューラーが「何世紀にもわたってさんざんに辱められ，すべての人たちによってほとんど見棄てられていた数学の学習」と嘆いたのは，1470 年であった*9．

数学的なプトレマイオス天文学もアリストテレスの哲学とほぼ同じ頃に西欧

---

*7 『数学集成』Bk. 9, Ch. 2, Toomer 英訳 p. 420，藪内訳『アルマゲスト』p. 379.
*8 Haskins『大学の起源』p. 68.
*9 Regiomontanus, *Johannes Regiomontanus Opera Collectanea*, p. 513.

社会に伝えられていたが，その真の復活をもたらしたのこそ，15世紀中期のウィーンの人文主義者ゲオルク・ポイルバッハとその弟子レギオモンタヌスの働きであった．ポイルバッハは明快な『惑星の新理論』を著したことで知られるが，そのポイルバッハにより始められ，レギオモンタヌスによって引き継がれ，1463年頃に書き上げられ，1496年に出版されたプトレマイオス理論の詳細な解説書『数学集成の摘要』の出現が，その転換を示している．

それまで中世社会では，プトレマイオスの天文学は，せいぜいがサクロボスコの『天球論』のような初等的で薄っぺらな書物に依拠して学ばれていたのであり，プトレマイオス自身の『数学集成』も，正確な理解をともなうことなく月・太陽や惑星の位置計算のための手順書のように扱われていたにすぎない．天文学史の研究者であるSwerdlowとNeugebauerが言っているように「〔プトレマイオスの〕『数学集成』は12世紀以来利用可能となってはいたものの，プトレマイオスの著作が真の意味で理解されていたことを示すものは，レギオモンタヌス以前にはほとんど見られない」のである[*10]．

その現状についてレギオモンタヌス自身が語っている：

> 今日の大概の天文学者の怠慢には，いつもながら驚かされます．彼らはまるで騙されやすい女性のように，書物のなかに見出されるテーブル（表）やそのカノン（使用手順）であれば，なんでもかんでも見境なく神聖で不易の真理であるかのように見なしています．彼らはその著者を信じ込み，真実には目を向けません．[*11]

それにたいしてポイルバッハとレギオモンタヌスの『数学集成の摘要』が，『数学集成』におけるプトレマイオス理論の成り立ちをはじめて明快に解明し詳細に説明した．そしてその『数学集成の摘要』は，生まれたばかりの印刷技術をとおして，多くの学生に届けられた．レギオモンタヌス自身，ベンチャー企業としての数学書・天文学書の印刷出版に取り組んでいる．コペルニクスも

[*10] Swerdlow & Neugebauer, *Mathematical Astronomy in Copernicus's De revolutionibus*, p. 57.
[*11] Regiomontanus. 'Briefwechsel', p. 263 ; Zinner, *Regiomontanus*, p. 67.

同書で天文学を学んだことが知られている．そのことは，読者にたいして，プトレマイオス理論の形成過程を自分の手と頭で検証し，そのモデルの根拠を吟味することで，既存のモデルを批判し，改良し，あるいはより優れたものと取り替える能力と可能性を与えることになった．

　それと同時に，レギオモンタヌスは，商人ベルナルド・ヴァルターの協力を得て，ニュールンベルクで継続的な天体観測への取り組みを開始することになる．実は，レギオモンタヌス自身は，その直後に死亡するのであるが，協力者のヴァルターが引き継いで観測を継続し，こうしてヨーロッパの地に観測にもとづく数学的天文学が復活することになった．

　レギオモンタヌスは，自身では天文学の改革を成し遂げえなかったにせよ，それまで無批判にうけつがれてきた天文学が，数学的理論の批判的な吟味と実際の観測をとおして検証され，さらには改訂され，先人の到達地点を越えて前進しうることを示したのである．

　そしてレギオモンタヌスがもたらしたその変化が，16世紀になって，コペルニクスによる地動説の提唱，さらには，ティコ・ブラーエによる観測精度の向上の追求と，20年を越える継続的天体観測の実行を経て，17世紀はじめのケプラーによる，惑星は静止太陽を一方の焦点とする楕円軌道を描き，そのさい，面積測度が一定であるという，後に彼自身の名を冠して呼ばれることになる有名な惑星運動の法則の提唱へと発展してゆくことになる．

　コペルニクスの『天球回転論』が出版されたのは1543年であり，カトリック教会からのもっとも初期のコペルニクス批判は，1544年から47年にかけて開催されたトレント公会議でのドミニコ会の神学者ジョヴァンニ・トロサーニからのもので，それは数学的天文学という「下位の学問（scientia inferior）が，「上位の学問（scientia superior）」である神学と自然学の原理に抵触してはならないという立場からのものであった[*12]．

　世界には始めも終わりもなく，自然的世界は自然の論理にのっとって生起するというアリストテレスの世界理解と，天地創造と最後の審判を語り，奇蹟という形で自然世界への超越者・神の恣意的な介入を語るキリスト教神学とは本

[*12] 拙著『世界の見方の転換』2，第5章，10，p. 442f.

来相容れないものであった．しかし，アリストテレス理論の圧倒的な体系は，中世の知識人の心を捉え，トマス・アクィナス等の神学者の努力をとおして，キリスト教神学に受け容れられてゆくことになった．

いずれにせよ，変転の果てしない卑俗な月下世界と変わることのない神聖な天上世界を分けるアリストテレスの二元的世界像は，人の住む地上の世界の上方に神の住む天上があるというキリスト教の教義に親和的であった．アリストテレス自身，キリスト教以前の人間であるが，前にも言ったように『形而上学』で惑星を「神的物体」とし，『天体論』でも「天は，もちろん神的な物体である」と記していたのである*13．他方で，中世西欧キリスト教世界の精神形成にあずかって力のあったローマ帝国末期の教父アウグスティヌスは『神の国』で，変わることのない天上の神の国と栄枯盛衰の果てしない地上世界という宗教的二元論を語っていたのである．したがって古代以来の二元的世界像は，中世キリスト教社会において，哲学的権威とともに神学的権威をも獲得し，学問的にも宗教的にも確固たるものとして受け容れられていたのである．

コペルニクス理論は，まさにその権威に触れることになった．

プトレマイオスの惑星運動理論では，等速円運動からの逸脱として二通りのアノーマリー（不規則性）が考えられていた．後智恵で種明かしをすれば，ひとつは，観測点としての地球の運動が地球から見た惑星の運動に投影されていることの結果としての惑星軌道の円軌道からのずれであり，今ひとつは，本来の軌道が円ではなく楕円であり，しかも惑星の運動が非等速であることによる．細部を端折って基本的な点を記すならば，プトレマイオス理論の大筋は，前者のアノーマリーを誘導円・周転円モデルで，後者のアノーマリーを離心円理論で説明することにある．つまり，地球を中心とする誘導円にそって等速回転する点を惑星運動の第0近似とし，前者のアノーマリーを，惑星をこの誘導円上の点を中心に持つ周転円にそって回転させることで説明し，第二のアノーマリーを，誘導円の中心を地球からわずかに離れた点におき，この中心にかんして地球と対称の位置にある等化点（エカント）のまわりに誘導円上の点が等速回転するものとするのである．

---

*13 『形而上学』Bk. 12, Ch. 8, 1074a31；『天体論』Bk. 2, Ch. 3, 286a12.

コペルニクス改革の基本は，太陽にかんする地球の運動を考慮することで前者のアノーマリーを解消することにあった．そのとき，外惑星では周転円が，内惑星では誘導円が，それぞれ地球軌道となり，そのため，プトレマイオス理論では惑星ごとにバラバラに誘導円と周転円の半径の比と見られていたものが，コペルニクス理論では地球軌道と惑星軌道の，あるいはその逆の半径の比と解され，こうしてはじめて，惑星軌道の大きさが地球軌道の半径を単位として決定されたのである．その意味でコペルニクスは，太陽系をはじめてひとつのシステムと捉えることに成功したと言える．つまりコペルニクスは，数学的・技術的な天文学を，個々の惑星の軌道を決定するものから，太陽系全体に数学的な統一と調和を与えるものへと転換させたのである．

　そのコペルニクスの改革の眼目は，数学的に見るならば，観測点としての地球を太陽（正確には太陽の近くの点）のまわりに周回させたことであるが，自然学的には，地球を惑星の仲間入りさせたことであり，そのことはアリストテレス以来の二元的世界像の根幹を否定したことになる．したがってコペルニクス理論が，単なる理論的・数学的可能性ではなく，現実の宇宙の実在的構造を表していると表明することは，まさしく，それまで自然哲学の下位に置かれていた天体運動の予測技術としての数学的天文学が，その上位に位置する哲学的・宇宙論的問題に直接介入することによって，それまでの学問の序列を転倒させることを意味していた．

　中世科学史の研究者 Edward Grant は，コペルニクスが地球の運動という仮定を数学的虚構としてではなく実在のものとして提唱しているとしたうえで，問題の要諦を指摘している：

　　コペルニクスは〔地球を動かし太陽を静止させたことの他に〕もうひとつ重要な改革をしている．彼は，自然学を天文学の下に置き，古代と中世の伝統を転倒させた．……この場合，自然学は正しい天文学の基本的要請に従わなければならなくなるが，そのことは，ほとんど神聖化されていた伝統との由々しい断絶を意味している．[*14]

---

*14　Grant, 'Late Medieval Thought, Copernicus and the Scientific Revolution', p. 215.

トロサーニの批判は，この点を衝いていたのである．

　しかしこの時点では，地動説はまだ理論的可能性の段階にとどまっていた．コペルニクス自身も，太陽中心理論の帰結を数学的に詳細に論じているが，そのことがもたらした自然学的問題にはほとんど向き合っていない．せいぜいが，地球もふくめてそれぞれの惑星には重力がともない，その惑星上の物体をひきつれて運動すると語った程度である．そのうえ，周期的な運動は「円運動でなければ不可能」と語って，軌道の円形性の原理を無批判に受け容れていた．そのかぎりで，コペルニクス理論が数学的仮説として扱われる余地をのこしたことは，否み得ない．

　宗教改革下のドイツのプロテスタント世界では，ルターの片腕と言われたメランヒトンの努力もあって，コペルニクス理論が熱心に学ばれていた．そもそもこの時代にドイツで天文学が熱心に学ばれた背景には，占星術の流行があった．メランヒトン自身，占星術の熱心な信者であった．しかし占星術では，つまるところ地球から見た惑星の運動が求められていたのであり，そのかぎりで地球が静止しているか否かは，二義的な問題とされていた．実際にもコペルニクスの『天球回転論』の有用性が認められたのは，ヴィッテンベルク大学のエラスムス・ラインホルトが『天球回転論』にもとづいて1552年に『プロシア表』を作成したことによるが，ラインホルト自身は天動説の支持者であった．このように，さしあたってコペルニクスの数学的理論は，地球が現実に動いているのかどうかという問題を棚上げにした形で，地球から見た惑星の運動を計算するための数学的理論として受け容れられていったのである．

　その状況を転換させ，アリストテレス以来の二元的世界を揺るがしたのが，1572年の新星の出現と，1577年の彗星の登場であった．

　デンマークの貴族青年で，生涯を天体観測に捧げることになるティコ・ブラーエは，1572年に今まで星が存在していなかった位置に新星が登場したことをいちはやく認めた．二年あまり明るく輝いてやがて消えていったこの新星は，ときには昼間でも見えるほどであったと伝えられ，ヨーロッパで多くの人が目にすることになったが，ティコは，精密な観測で，その新星が周囲の恒星にたいして位置を変えないこと，したがってそれが恒星天の出来事であることを結論づけた．このことは，天上世界は不生・不滅であるという，アリストテ

レス以来の理解に深刻な動揺をもたらす，衝撃的な出来事であった．中世科学史の研究者 Lynn Thorndike は「1572 年の新星は，1543 年のコペルニクス理論の出版を上まわる衝撃であった」と語り，そして天文学史の研究者 Allan Chapman もまた「近代天文学の誕生を見るのは，コペルニクスの理論よりも 1572 年の新星のティコによる観測である」と断じている[*15]．

この衝撃に追い討ちをかけたのが，1577 年の彗星の出現であった．天上世界は不生・不滅であると見るアリストテレス自然学では，時折出現する彗星は，月下世界最上部での可燃性物質の発火・燃焼現象と考えられていた．それゆえアリストテレスの著作の中では彗星は稲妻などとともに『気象論』で扱われている．

他方で，すでにレギオモンタヌスが，天体観測の精度が上がりさえすれば，彗星が月下の世界のものか天上世界のものかを視差の測定によって判別しうることを数学的に示していた．そのことは，天体観測によって自然学の原理の正否を判定しうることを意味し，過去の学問の序列を揺さぶるものであった．

そして 1577 年の彗星の登場は，その可能性を実証する絶好の機会を与えることになった．肉眼での観測精度の限界を追求したティコ自身が，それまでにない精密な観測でもって，彗星の軌道が惑星の位置する空間のものであることを突き止めることになった．レギオモンタヌスが示していた可能性を実現できるまでに，ティコの観測精度は向上していたのである．このこともまたアリストテレス宇宙にたいする決定的な反証となった．あまつさえ彗星の運動が惑星空間のものであることは，それまでアリストテレスの同心天球論で語られてきた剛体球の存在をも否定するものであった．

一説には，この彗星の観測のほうが，新星の観測よりも重要であったと言われる．というのも，新星の出現は西欧の人たちにとっては初めての経験であり，そのうえ時代は宗教改革の真っ最中で，しかもサン＝バルテルミの虐殺の直後のことで，新星は神の怒りの予兆であるのか，最後の審判の前触れであるのかというような，超自然学的な説明もまかり通っていたのである．神による

[*15] Thorndike, *History of Magic and Experimental Science*, Vol. 6, p. 68 ; Chapman, 'Tyco Brache', p. 70.

奇蹟が信じられていた時代だったのである．そのうえ新星の出現は，アリストテレス自身が知らなかった現象であり，その意味でアリストテレス自然学への影響は比較的すくなかったということもある．

それにたいして彗星は，これまでたびたび見られてきた現象であり，アリストテレス自身が，それを気象現象として，自然学的な解釈を加えていたからである．

ともあれ，新星と彗星にたいする精密な観測が，地上世界と天上世界を分かつそれまで二千年にわたる二元的世界像のほころびをもたらしたのである．こうして確実であると語られてきた論証にもとづく哲学と自然学の原理の正否が，観測の結果と数学的計算によって決定されるという，学問のあり方の下剋上が始まっていたのである．

そのことはさらにケプラーが，ティコ・ブラーエの長期にわたる精密な観測にもとづいて，火星が太陽を焦点とする楕円にそって非等速運動をすることを突き止め，それを1609年に公表したとき，決定的となった．観測と計算が，惑星軌道の円形性と等速性という天体の本性にもとづくものとされていた古代以来の宇宙論の二つのドグマを葬り去ったのである．それは，自然についての学問の方法と目的と序列の根本的な転換であった．

ケプラーが，後に自己の名を冠して語られるようになるその惑星法則を公表した書物の標題が『新天文学』であることは，象徴的である．ケプラーは，地球も仲間入りすることになった惑星の運動の物理的原因を問うことから，物理学としての天文学，すなわち天体力学を構想するに至ったのである．その過程でケプラーが著した『ティコの擁護』には，通常，天文学者は天体の位置や動きを正確に予測することを任務としていたが，それでは不十分であり「事物の本性を探究する哲学者の共同体から天文学者は締め出されるべきではない」とはっきり語られている[16]．ケプラーが意図したのは，一方では，天文学を天体軌道の幾何学から天体の運動の原因を語る天体力学に脱皮させることであり，他方では，論証の哲学であった自然学を観測と経験にもとづき数学的に推論する数学的精密科学に鋳直すことであった．

---

[16] Kepler, *Apologia pro Tychone*, 羅文 p. 92f., 英訳 p. 144.

実際にもケプラーは，『新天文学』の序論で「私はこの書で天文学を天の自然学と掛け合わせた (permiscui)」と断言している[*17]．その『新天文学』の副題は『ティコ・ブラーエ卿の観測により，火星の運動によって得られた，因果律もしくは天界の自然学 (physica coelestis) にもとづく天文学』とある．そしてケプラーの晩年の書であり，ケプラー天文学の教科書とも言うべき，問答形式で書かれた『コペルニクス天文学概要』には，「天文学とは何か」という問いにたいして「それは地上にいるわれわれが天や星に着目するときに生じる事柄の原因を提示する科学である．……それは事物や自然現象の原因を求めるがゆえに，自然学の一部である」と答え，そのうえでさらに「通常，自然学は天文学には不必要と思われている．……しかし実際は，それはこの分野の哲学にはもっとも関係が深く，天文学には不可欠なものである」と補足されている[*18]．

　ラテン語の 'physica'（英語では physics）は，通常「自然学」と訳される．他方で英語の 'physics' は，古代のアリストテレスのもの，つまり定性的で論証的なものでは「自然学」，それにたいして近代のもの，つまり定量的で数学的なものでは「物理学」と訳される．この 'physics' の訳語が「自然学」から「物理学」へと代わる転換点がケプラーなのである．それゆえ，上記のケプラーからの引用では，正しくは「物理学」とすべきであろう．

　結局，「自然学」が「物理学」に生まれ変わってゆくのに，レギオモンタヌスからケプラーまでの一世紀半を要したのである．その過程で浮かび上がってきたのが，自然科学にとっての精密な観測と込み入った計算の重要性であり，それこそが，本書の主題であるところの，数直線上の点で表される連続量，すなわち実数上での小数と対数の発見をもたらした原動力であった．そしてその学問的序列の転換をふまえて，17世紀に実験と測定にもとづく科学としての近代科学の誕生を見ることになるが，それは同時に，小数と対数の発見の延長線上に，連続量としての実数上での解析学を生むことでもあった．

[*17] Kepler『新天文学』*JKGW*, Bd. 3, p. 19，邦訳 p. 35.
[*18] *JKGW*, Bd. 7, pp. 23, 25.

第1章
60進小数をめぐって

1. 算術の始まり

　物を数える技術や物を測る技術は，おそらく古代における文明の始まりとともに生まれたのであろう．というか，むしろ数える技術や測る技術の誕生こそが，文明の始まりのひとつの指標と見られるべきであろう．したがって近代数学の起源を遡れば，エジプト文明やメソポタミア文明あるいは中国や中南米の文明に辿りつくにちがいない．そのエジプトの数学（算術と幾何）は，もっぱら商業や行政のための計算術，そして建築や測量のための計測術として発展したと考えられる．

　その技術が学問に脱皮したのは，はじめて哲学を産み出した古代ギリシャにおいてであった．実際，古代ギリシャの都市国家における学的な数学の創始者とされる紀元前6世紀のターレスや紀元前5世紀のピュタゴラスによって，数学は個々の現実的な問題を解くための技術から一般的に論証されるべき学問へと昇華させられたと伝えられる．プロクロスの断片には「ピュタゴラスが，幾何学の原理を上方より考察し，その定理を非物体的に，知性的に探究することによって，幾何学に関する知の愛求を自由人にふさわしい教養というかたちに変えた」とある[1]．もっとも，5世紀の人であるプロクロスの記述には，今日では疑問符が付けられている．本当のところターレスやピュタゴラスが何を言

---

[1] 『ソクラテス以前哲学者断片集』Ⅰ，Ch. 14-6a.

ったのかはよくわかっていないようだが，ともあれアテネの哲学者プラトン(427-347 B.C.)は，伝えられるところのターレスやピュタゴラスのこの数学観を継承し，それをより明白に表現することになった．

したがってプラトンの立場では，図形にかかわるすべての事象が幾何学の対象となるわけではない．彼の『国家』には語られている．

> 彼ら〔幾何学や算術を学んでいる人たち〕は目に見える形象を補助的に使用して，それらの形象についていろいろと論じる……．ただしその場合，彼らが思考しているのは，それらの〔目に見える〕形象についてではなく，それらを似像とする原物についてなのであり，彼らの論証は四角形そのもの，対角線そのもののためになされるのであって，図形に描かれる対角線のためではなく，その他同様である．（傍点原文ママ）

まったく同様に数にかかわるすべての事象が算術の対象になるわけではない．真の知識は永遠なる真実在(イデア)にかかわると考えるプラトンにとって，算術は，真実在としての数——それ自体で自存している純粋な数——についての学問であり，物に即して現れる量や数——事物の測定や勘定によって現出する数——はその対象ではありえない．すなわち，数学は「ただ思惟によって考えられることができるだけで，ほかのどのような仕方によっても取り扱うことのできないような数」についての学問であり，したがって数学の学習は「貿易商人や小売商人として売買のためにそれを勉強し訓練するのではなく」「純粋に知性そのものによって数の本性の観得に到達するところまでゆかねばならない」のである．これらもプラトンの『国家』からの引用だが，そこでは「計算術と数論」が対比されている．その区別は彼の『ピレボス』では「一般多数の人が用いるものと，知識追求を主とする学者の取り扱うそれ」との区別，すなわち「計算したり計量したりする技術で，建築とか商取引に用いられる」ものと，それとは異なる「知識追求を目的とする学問上の幾何とか計算」の区別として語られている．そして後者は「はかりしれない優越性を精確さと真実性の上でもっている」とされる[2]．すでにこの時代に「純粋数学と度量衡学は別個の学問領域となっていた」のである[3]．

いや，それはたんなる区別ではない．その背景には手作業に従事する職人や金勘定に携わる商人にたいする抜きがたい蔑視があり，自由人が携わるべき学（数の科学）としての「数学（マテーマティケー）」ないし「算術（アリトメティケー）」と，手を染めてはならない術としての「計算術（ロギスティケー）」は，厳然たるヒエラルキーにのっとって峻別されていた．ブルバキの『数学史』にあるように，「ギリシャの数学者は，《計算術家》または職業的計算家と自分たちを，みずから進んではっきり区別していた」のである[*4]．

その算術もかなり特異なものであった．もともとエジプトで使用されていた数は，単位としての1の倍数としての正整数，および（3分の2を例外として）単位1を等分した単位分数（分子を1とする分数）に限られていた[*5]．

それにたいしてプラトンの数学（数理論）では，単位としての1が特別視されていたので，整数のみを数と見なすという，特異な制約をもたらすことになった．その根底には「真の意味における〈1なるもの〉は，正確に論じるならば，絶対的に部分に分かたれえないものと言わなければならない」という，プラトンの理解があった[*6]．プラトンは，1を特別視し，1の分割としての分数を認めようとしなかったのである．プラトンの『国家』には書かれている：

> この学問〔数学〕は魂をつよく上方へ導く力をもち，純粋の数そのものについて問答するように強制するのであって，目で見えたり手で触れたりできる物体のかたちをとる数を魂に差し出して問答しようとしても，けっしてそれを受けつけない．じっさい，君も知っているだろうが，この道に通じた玄人たちにしても，彼らは，〈1〉そのものを議論の上で分割しようと試みる人があっても，一笑に付して相手にしない．君が〈1〉を割って細分しようとすれば，彼らのほうはその分だけ掛けて増やし，〈1〉が1でなくなって多くの部分として現れることのけっしてないように，あくまで

[*2]　プラトン『国家』Bk. 6 §20, 510D, Bk. 7 §8, 526A, 525C，『ピレボス』§34, 56DE, 57D．
[*3]　Crosby『数量化革命』p. 30．
[*4]　Bourbaki『数学史』下，p. 11．
[*5]　Heath『復刻版 ギリシャ数学史』p. 16；Neugebauer『古代の精密科学』pp. 66-68；Cajori『初等数学史』上，pp. 58-62；三浦『数学の歴史』p. 17f. 等参照．
[*6]　『ソピステス』32, 245A より．なお『パルメニデス』23, 159C 参照．

用心するのだ.*7

　かくして「ギリシャでは'数'という単語は整数だけに対して使われ，分数は単一の要素とみなされることはなく，二つの整数のあいだの比ないし関係とみられていた」のである*8．ピュタゴラスやプラトンの数学すなわち算術（アリトメティケー）は基本的に自然数の数論であった．

　それにたいして商業や技術の世界では，もちろん分数もはるか昔から使用されていた．ギリシャ世界においても「〔数学者と区別される〕計算家たちの方は，エジプトやバビロニアの先人たちとおなじように，分数あるいは分数と整数の和などを平気で数として扱い，何の躊躇も感じていなかった」*9．

　数の概念は，基数にせよ序数にせよ，数えるという働きから生まれたのであろう．そしてそれは，測るという操作に適用されることになる．測定では，尺度の分割を増せばそのことによって測定の精度は向上するにせよ，けっして真値には到達することのない量を扱わなければならない．古代国家が成立し，強力な王権のもとで大規模建造物の構築が始まるとともに，建築資材の規格の統一のために物指しの使用も始まったと思われる．しかし石塊や木材を物指しで測ればかならず端数が残る．1未満の数のこのような出現は数の概念を得てのち最初にその概念の拡張を促す要因であった．

　しかしギリシャの哲学者たちはそのような拡張を拒否し，除法によって導入された分数にかわるものとして整数の比を語ることによって，1未満の数を整数の世界に引き戻したのである．つまるところ，プラトンの数学は，技術にはもとより，自然科学のための道具としても，およそ不適切なものであった．

　ヘレニズムの時代に古代ギリシャの数学を復元したのは紀元100年ごろのニコマコスで，「算術教科書としてはもっとも早い系統的のもの」とされる彼の『算術入門』は，6世紀のはじめごろにボエティウス（524没）によってラテン語に書き直され「ヨーロッパにおける算術の取り扱いかたを確立した」．中世西欧の数学はそこからはじまったとされる．しかしその内容は数学的には乏し

---

*7　『国家』Bk. 7 §8, 525DE.
*8　Boyer『数学の歴史』1, p. 74.
*9　Bourbaki, 前掲書, 下, p. 11f.

いもので，数を奇数と偶数に分類したり，たとえば $6 = 1+2+3 = 1×2×3$ のようにその数がその因数の和に等しい数を完全数と言う，というような個々の数のもつ特殊な性質に着目しその形而上学的意味を問うものであった．それは，言うならばピュタゴラスやプラトンの哲学の理解に必要とされる数学の解説であり，それゆえ「算術の計算規則や練習問題，および実用的な算術が欠けている」ことを特徴とする[*10]．

そしてそのような数学観は「六は……その約数を合計すればそれ自身が完成される最初の数であり，神がその創られたもの〔天地〕を完成された日の数である．そういうわけであるから，数の理論は軽んじるべきではない．……神を賛美して〈あなたは総てを量と数と重さに配置された〉といわれているのは，理由のないことではない」と『神の国』に書き記し，そして『キリスト教の教え』で「数と音楽は聖書の多くの箇所で高い地位を占めている」のであり「数に通じていないと聖書のなかに転義的で神秘的に述べられた多くの箇所を理解できない」と説いた，ローマ帝国末期の教父アウグスティヌス（604没）の見解をとおしてキリスト教社会に受け継がれてゆく[*11]．

セビリアの司教イシドルス（636没）の7世紀はじめの『語源論』にも「数の科学は疎かにされるべきではない．というのも聖書の多くの節には数に多大な謎が込められていることが見て取れる．……モーセやエリアや主御自身が断食した40日は，数の理解なくしては理解しえないのである」と書かれている[*12]．たとえば3は三位一体の数，6は天地創造の日数，7は大罪の数でもあればマグダラのマリアにとりついた悪霊の数でもあり，10は十戒の数，12は旧約ではイスラエルの民，新約では12使徒を示唆する，というわけである．

このような理由で，キリスト教は異教徒ギリシャ人の作った数学を許容した．アウグスティヌスの研究者が指摘しているように，この時代には「数のシンボリズムなどの異教的〔つまり非キリスト教的〕思考様式が人々の中に深く浸透していた」のである[*13]．しかし，その数学は，個々の数のそれぞれに固

[*10] Cajori『初等数学史』上，pp. 82-85.
[*11] Augustinus『神の国』（三），p. 81,『キリスト教の教え』pp. 108, 106.
[*12] Isidorus, *Etymologies*, Bk. 3, Ch. 4.1, p. 126.
[*13] 水落「アウグスティヌスと学問」p. 16.

有の哲学的ないし神学的な意味を与えようとする点においては一種の形而上学であり，およそ実用性のあるものではなかった．

　西欧中世の高等教育機関でその後何世紀にもわたって教えられてきた数学は，まさにその手の代物であった．東ゴート王国のテオドリックに仕えた6世紀ローマのカッシオドルス（c. 485生まれ）の『（聖書ならびに世俗的諸学研究の）綱要』に書かれている数学は，このような，それもきわめて簡単な数の分類の説明であり，また数の象徴的解釈である．実際，「偶数」をさらに「2の累乗で生じる数，2の奇数倍で生じる数，2の偶数倍で生じる数」に分類する等の分類法が何通りも延々と語られ，さらには新旧の聖書に現れる数をいくつも拾い集めてそれぞれに殊更な意味付与がなされている．他方では，四則演算（加減乗除）の説明すらない．そしてそこに記されている数学の歴史は，前4世紀のギリシア人ニコマコスが記述し，2世紀のローマ人アプレイウスと6世紀のボエティウスがそれをラテン語に翻訳したという話で終っている[*14]．

　それからさらに6世紀後，西ヨーロッパがイスラム社会に継承されていたギリシャの学芸に接し新たな知的覚醒をむかえた12世紀に，その時代の高等教育機関であったサン・ヴィクトル修道院付属学校の校長フーゴー（c. 1096-1141）が著した教育論『ディダスカリコン』の「算術」の項目には「算術は偶数と奇数という構成要素をもっている．偶数のあるものは2の累乗，他のあるものは2×奇数，他は奇数×2の累乗である．奇数にも三種類があって，その一は第一次的で合成されていない数〔素数〕，その二は第二次的で合成された数，その三は自体的には第二次的で合成された数であるが，他の数との関係においては第一次的で合成されない数である」とあり，事実上これですべてである．記されている算術の歴史はカッシオドルスのものとおなじで，おそらくカッシオドルスの書を下敷きにして書かれたのであろう[*15]．ヨーロッパではニコマコスの『算術入門』とそのボエティウスによるラテン語訳『算術教程』の無内容な数学が千年にわたって教えられてきたのである．

　その傾向は，13世紀以降，高等教育機関として大学が創られるようになったのちにも，基本的には変わらなかった．中世の大学は算術と幾何学を四科の

[*14] Cassiodorus『綱要』pp. 380-8.
[*15] Hugo de Sancto Victore『ディダスカリコン』pp. 61, 80.

一部として教育したが，その算術の内容は，哲学的・形而上学的な数論がもっぱらで，使用する数字も計算には不向きなローマ数字が主流であった．ようするに実際的な計測や実用的な計算技術としての算術は重視されていなかったのである．いや，実用数学にかぎらず，大学では数学そのものが軽視されていた．15 世紀の中期にいたるまで，「(ヨーロッパにおける) 大学の数学研究はまことに不熱心な状態で，やっと維持されていたにすぎない」のであった[16]．

ちなみに，自然哲学について言うと，古代以来「世界は数学的カテゴリーにのっとって構成されても分節化されてもいなかった」ので「自然哲学において数学はほとんどいかなる役割もはたしていなかった」[17]．アリストテレス自然学で唯一例外的に数学的なのは運動理論であった．14 世紀には，オクスフォードやパリのスコラ学者のなかから，ブラッドワディーンやジャン・ビュリダンやニコル・オレームたちにより，そのアリストテレスの運動学にたいする批判としての，やはり数学的な運動理論の提唱が見られた．こうして中世後期に自然哲学における数学の重要性がそれなりに認められていったことは事実である．しかしそれらの議論も恣意的な仮定にもとづく論証のエクササイズに終始していたのであり，その運動理論を実際の観測，つまり実験と測定によって検証するという姿勢はまったく見られなかった[18]．「すべては想像にのっとって (secundum imaginationem) 定式化され分析されていた」[19]．実際「これらスコラ学者の業績がいかに印象的であろうとも，彼らが実際に事物を計測しなかったという事実には，驚嘆せずにはいられない」のである[20]．したがってそこからは，測定量の扱いという問題が生まれることはなかった．

2. 天文学と 60 進小数

しかし，実際に数学を必要とする人たちの世界，計算や計測にかかわる人たちの世界では，カッシオドルスやニコマコスによって伝えられたものとは別の

---

[16] Cajori，前掲書，上，p. 277.
[17] Bennett, 'The Challenge of Practical Mathematics', p. 176.
[18] Grant『中世における科学の基礎づけ』p. 238f..
[19] Murdoch and Sylla, 'The Science of Motion', pp. 206-264, esp. p. 247.
[20] Crosby，前掲書，p. 94.

数学が教育され使用されていた．とりわけ商人の世界では，13世紀以降の商業の発展によって，両替や利息計算や利益配分等にかなりの計算力が必要とされるようになっていた．また「中世の産業革命」[*21]という言葉に見られるように，中世後期には技術も高度化し，航海術の発展もあいまって，この方面からも実用的な数学や幾何学が求められていたのである．そんなわけで，商人や職人の子弟にたいして，イスラム社会から伝えられたそのような実用数学が都市の算数教室で教えられていた．しかしそれはアカデミズムの学者が携わるものではなかった．商業や手仕事は学者の手出しするものとは考えられていなかったのである．

この点について，地理学史の研究者 Robert Karrow Jr. の論文「地図学発展の知的基礎」には「1400年までには，商人や天文学者や船乗りたちの実用数学が中世の数学者の過剰に哲学的な数論にとってかわった」とあるが[*22]，この指摘は示唆的である．というのも著しいことに，ここでは「天文学者」は，「実用数学」の使い手としての「商人」や「船乗り」と同列に置かれ，「哲学的な数論」にたずさわる「数学者」に対置されているからである．

実際，古代以来，天文学は異質の学問であった．ギリシャで生まれた学問は自然学にせよ宇宙論にせよ総じて思弁的な論証の学であったが，それにたいして天文学は，定量的で継続的な観測にもとづいて星辰の運行を数学的・幾何学的な法則に捉え，そのことをもって星辰の運動を予測することをその責務としたのである．というのも，もともと天文学は，農業を経済的基盤とする古代国家において，農業と宗教的祭祀に必要とされる暦算，および星占い，ないしその発展形態としての占星術のための実学として誕生したからである．天文学は古代において技術的応用を目的とする唯一の学問だったのであり，天文学それ自体のための天文学のようなものは，古代においては存在していなかったのである．

なんらかの原理にもとづいて自然的世界を説明する古代の自然学や宇宙論

[*21] Gimpell『中世の産業革命』．
[*22] Karrow Jr., 'Intellectual Foundations of the Cartographic Revolution', p. 160. なお，本稿では日本と中国以外の歴史上の人物の名前はカタカナで，現代の欧米やアラブの研究者や歴史家の名前はアルファベットで表記する．

は，言葉の学問であって，その正しさは定義や論証の正確さに根拠づけられていた．それにたいして，現象の予測を目的とする数学的天文学においては，その正しさは予測と観測の定量的な一致に求められていたのである．それゆえ，天文学だけは，精密な測定と込み入った実用数学を必要としていた．実際，古代において，何年間にもわたる継続的天体観測がおこなわれ，そしてすでにそのための道具として球面三角法さえ形成されていたのである．

要するに天文学は，観測によってその理論の正否が判定される，言うならば，当時としては唯一の仮説検証型の学問であった．

中世ヨーロッパの大学で天文学の入門書としてひろく用いられた『天球論』は13世紀にイギリス人ホリウッドのジョンことサクロボスコ（1256没）によって書かれた．彼はそのほかに『一般アルゴリズム』と『暦算法』の書を著している．その『一般アルゴリズム』は，小さな冊子であるけれども，記数法，加減乗除の四則演算，平均計算，等分割法，級数，開平の手順が証明ぬきに記されたもので，大学や教会で通常使用されていた扱いにくいローマ数字ではなく商業の世界のインド・アラビア数字が用いられている，実用数学の教科書であった．天文学教育にはこのような実際的な数学の教育を必要としたのであう．

天文学が実用数学を必要としたことは，古代においても，観測量を扱わねばならない天文学では数学についてのプラトンの規範が無視されているばかりか，社会的には使われていた分数すらも退けられ，主要に60進小数が使用されていたことからも見てとることができる．そのことは，空間内の点の位置変化（運動）を時間的に追跡する天文学の扱っている数が本質的に連続量であることによる．古代天文学は，紀元2世紀のアレクサンドリアのクラウディアス・プトレマイオスによって集大成され，彼の主著『数学集成』によって今に伝えられている[*23]．その『数学集成』には書かれている：

　　算術計算においては〔これまでの〕分数システムは使いにくいため，われわれは60進法のシステムを使用する．**そしてわれわれは，つねに近似**

[*23] 同書はイスラム社会に継承され「偉大なる書」を意味するアラビア語「アルマゲスト」と語られ，12世紀にイスラム社会から西欧社会に伝えられたため，通常『アルマゲスト』と称されているが，本稿では原題に忠実に『数学集成』と表す．

をより向上させるために，その方式で感覚によって到達しうる精密さとの違いが無視しうる程度になるところまで掛け算や割り算を進める．[*24]

古代ギリシャの数学者の大部分が数学を純粋の抽象理論とみなしていたのにひきかえ，天文学だけではなく占星術や地理学や音楽にも著述のあるプトレマイオスは，ギリシャで最初の応用数学者であり，その関心は実際的な問題に向けられていた．そのうえヘレニズム期の天文学ではバビロニア数学の影響が支配的であった．星占いを重んじ観測天文学が発展していたバビロニアでは位取り表記をともなった60進法が使用されていたのである[*25]．

そして特筆すべきことは，プトレマイオスが近似という観念をうけ容れていたことである．そもそもプトレマイオスにとって量はつねに測定によって得られるものであり，数はそれを可能なかぎりの精度で表現するものであった．60進小数の桁数を上げてゆけば，望みの程度に真値に近づくことが可能であり，それゆえ必要な精度が確保されたならば，有限の桁で打ち切ってもよいというプトレマイオスの見解は，数の連続体にかんする素朴ではあるが直感的な把握を示している．古代ギリシャの数学にはなかった観念である．厳密には無限小数によってしか表しえない無理数を適当な桁の有限小数で打ち切る（まるめる）という行き方は，のちに「プトレマイオスの病（morbus Ptolemaei）」と呼ばれることになる[*26]．

ここに60進小数とは，次のようなものである．『数学集成』第1巻9章（英訳では10章）には「円周を360度に分割したときに，弧にたいする弦の長さを，直径を120単位としたときの単位で，半度ごとに表した表」，つまり現代風にかけば，円の半径を $r = 60$ として $r\,\text{chord}\,\theta = 2r\sin(\theta/2)$ の表が与えられているが，たとえばその第2列目つまり $\theta = 1°$ の値は $\alpha\beta\nu$ とある（図1.1）．ギリシャ数字で α は1，β は2，ν は50ゆえ，これは

[*24] 『数学集成』，Toomer英訳 *Ptolemy's Almagest*, p. 48，藪内訳『アルマゲスト』p. 18. 引用は英訳より．強調は山本による．
[*25] Neugebauer, 前掲書, 第2章; Cajori, 前掲書, 上, p. 37f.; D. E. Smith, *History of Mathematics*, Vol. 1, p. 41; Boyer, 前掲書, 1, p. 388; Rutten『バビロニアの科学』pp. 134-9.
[*26] Briggs, *Arithmetica Logarithmica*, Ch. 3.

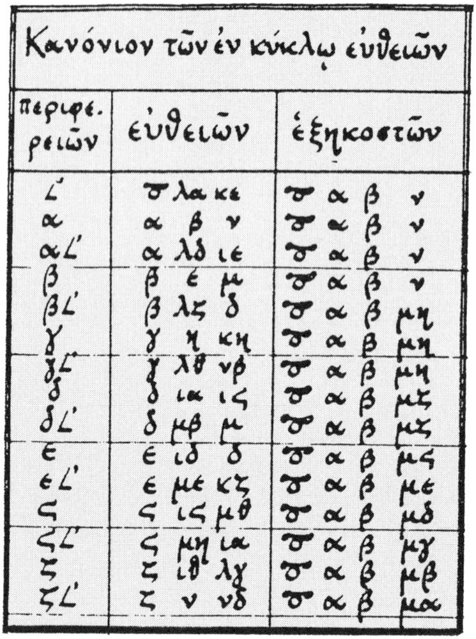

図 1.1 プトレマイオスの『数学集成』における弦（chord）の表の一部
Eli Maor, *TRIGONOMETRIC DELIGHTS* (Princeton University Press, 1998) より

$$60 \text{ chord } 1° = 120 \sin\left(\frac{1°}{2}\right) = 1 + \frac{2}{60} + \frac{50}{60^2}$$

を表している．現在使用されている 10 進小数では，たとえば 3.1415 は

$$3 + \frac{1}{10} + \frac{4}{10^2} + \frac{1}{10^3} + \frac{5}{10^4}$$

を表しているが，それと同様に考えれば，上記の弦の式は，60 進小数の小数一桁目が 2，小数二桁目が 50 を表す位取り表記にほかならない．この 60 進小数の現代的な表記法は，はじめの弦の場合，Toomer の英訳では 1 ; 2, 50，藪内の邦訳では 1ᴾ2′50″．以下，本稿では，60 進小数をこのどちらかで表記する．

　後々に必要となるので，上記の弦の式について若干の注釈をしておこう．「弦」は文字通り，図 1.2 において直線 AB の長さを表す．そしてそれは，図 1.1 のように角度と弦の長さを対応づける数表で与えられているが，現代の私

たちはそこに「関数概念の萌芽をみることができる」[*27]．それは現代から見れば∠AOB ＝ θ の関数と考えられるが，当時は，あえて「関数」と見るならば，むしろ円弧 AB の関数と見られていた．プトレマイオスが使用している三角関数はこれだけである．そしてプトレマイオスは，通常，その円の半径を $r = 60$ にとっている[*28]．のちにはむしろ正弦のほうが便利だということになって，正弦 (sin) が主要に使用されるようになるが，その場合も，正弦は三角比 $\overline{AC}/\overline{OA}$ ではなく図の AC の長さ $\overline{AC} = r\sin(\theta/2)$ そのものを指していた．それに応じて余弦も，現在考えられるように $\overline{OC} = r\cos(\theta/2)$ ではなく，元々の意味は図の $\overline{AH} = r\sin(\pi/2-\theta/2)$ であった．後には正接 (tan) も使われるようになるが，それも図の接線の長さ $\overline{DE} = r\tan(\theta/2)$ を，そして余接は $\overline{GF} = r\tan(\pi/2-\theta/2) = r\cot(\theta/2)$ を，それぞれ指している．

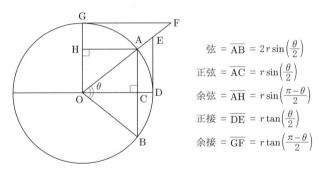

図 1.2 弦と正弦と正接，そして余弦と余接

　話を 60 進小数に戻すと，上述のサクロボスコの『天球論』には，角度にたいして 60 進小数が「天文学者にならえば，〔角度の〕1 度は 60 分に分割され，また 1 分は 60 秒に分割され，1 秒は 60 忽に分割され，以下同様に続く (Secundum astronomos iterum quilibet gradus dividitur in 60 minuta, quodlibet minutum in 60 secunda, quodlibet secundum in 60 tertia et sic deinceps)」と説

[*27] 志賀『数学という学問』II，p. 147．
[*28] 円の半径は 60° の円弧の弦に等しく，それゆえ半径を 60 にしたのだと考えられている．そして $r = 60$ ととる方式は中世のイスラム社会においても標準とされていた．King, 'Ibn Yunus', *DSB*, XIV 参照．

明されている[*29]．角度だけではない．サクロボスコとほぼ同時代の 13 世紀のノヴァラのカンパヌス（1296 没）の『惑星の理論』は，彼が考案した円盤の組み合わせで惑星の運動を表示する一種のアナログ計算機「イクエイトリアム」を説明したものであるが，そこには，たとえば地球のまわりの太陽軌道の大きさについて，図 1.3 のように，円軌道の中心を C，長短軸上の遠地点を A，近地点を B，地球を D として，その間の距離がつぎのように記されている：

図 1.3　天動説での太陽の軌道
C が軌道中心，D が地球

したがって，地球の半径を 1 ととるこの単位で，太陽にたいする直線 DB〔の長さ〕は 1204 と 58 分 58 秒，直線 AC〔の長さ〕は 1257 と 22 分 24 秒である（Erit ergo linea DB in sole 1204 partes 58 minuta et 58 secunda secundum partes illas de quibus semidiameter terre est pars una. Et linea AC erit 1257 partes 22 minuta et 24 secunda）．[*30]

ラテン語原文での 60 進小数の表記法を示すために，あえて原文を挙げておいた．'minuta' のもともとの意味は「微小な」で丁寧に書けば 'prima minuta pars' すなわち「第 1 次の微小部分」とすべきものであろう．同様に 'secun-

---

[*29]　Thorndike 編，羅英対訳 *The Sphere of Scrobosuco and Its Commetators*, p. 88，邦訳『天球論』p. 70．「第 3 次の微小部分」すなわち 60 進小数の小数点以下 3 桁（tritia）の訳語「忽」は訳者横山雅彦氏の造語．

[*30]　*Campanus of Novara and Medieval Planetary Theory ; Theorica planetarum*, p. 332f.．太陽までの平均距離 $\overline{AC} \approx 1257^p$ はプトレマイオス以来のもので，実際の約 1/20．

da' は 'secunda minuta pars' すなわち「第 2 次の微小部分」の略で，ここから時間や角度のような現在でも 60 進小数が使用されている量にたいして，小数第一位を「分 (minute)」，小数第二位を「秒 (second)」という呼び方が生まれたのは言うまでもない．しかしもともとは，'minuta' や 'secunda' は，このように時間や角度だけではなく，すべての測定量にたいして使用されていたのである．

それゆえ，中世の文献で，とくに時間について 60 進小数が使用されているときには，'minuta' や 'secunda' を機械的に「分」や「秒」と訳すのは危険がともなう．一例をあげておこう．コペルニクスが地動説を提唱した有名な『天球回転論』は，1543 年に出版されているが，やはり 60 進小数が使用されている．そのなかに，1 恒星年 (太陽が恒星天球上の同一地点に戻ってくる時間) について，つぎの記述がある (図 1.4)．図のローマ数字を含む部分，直訳すると「これは日で数えた場合に 365 単位と，1 次の微小量 (primorum) 15，同 2 次 (secundorum) 24，同 3 次 (tertiorum) 10，これは一様な時間で言って 6 単位と 1 次の微小量 9，2 次 40 である」[*31]．すなわち

$$\left(365+\frac{15}{60}+\frac{24}{60^2}+\frac{10}{60^3}\right)\text{日} = 365\text{日}+\left(6+\frac{9}{60}+\frac{40}{60^2}\right)\text{時間}$$
$$= 365\text{日}6\text{時間}9\text{分}40\text{秒}.$$

'minuta' や 'secunda' はあくまで単位の 60 分の 1，60^2 分の 1 を表すゆえ，単位が 1 日のときは，1 minuta は 1 分ではなく 24 時間/60 = 24 分，したがって 15 minuta は 6 時間を表す．まして単位が時間の単位ではないときは，'minuta' は時間の「分」とはまったく無関係である．

そして，この 60 進小数が，西欧の天文学においてはじつに 16 世紀末まで使用され続けることになる．実際にも，1596 年に出版されたヨハネス・ケプラーの『宇宙の神秘』では，太陽-惑星間の距離が，地球軌道の半径を単位とする 60 進小数で表されている (図 1.5)．

もっともそれは占星術師をふくむところの天文学者のあいだの話であって，

[*31] Copernicus, *De revolutionibus*, Lib. III, Cap. 14, folio 81r, Rosen, 英訳 *On the Revolutions*, p. 147. 高橋訳『天球回転論』(p. 181) では「(365 と 15 分 24 秒 10 毛) 日」と，論理的ではあるがしかし誤解されかねない書き方がされている．

Nni magnitudinem & eius æqualitatē, quam Thebith Benchoræ prodidit, uno duntaxat secūdo scrupulo inuenimus esse maiorem, & tertijs x. ut sit dierum ccclxv. scrup. primorum xv. secundorum xxiiii. tertiorum x. quæ sunt horæ æquales vi. scrup. prima ix. secunda xl. pateatꝗ certa ipsius æqualitas ad non errantium stellarum sphæram. Cum ergo ccclx. unius circuli gradus multiplicauerimus per ccclxv. dies, & collectum diuiserimus

図 1.4　Copernicus『天球回転論』(1543) 第 3 巻 14 章より
CCCLXV = 365，XV = 15，XXIIII = 24，
X = 10，VI = 6，IX = 9，XL = 40

			°	′	″	°	′	″	°	′	″	°	′	″	°	′	″
♄	Altiss.		9	42	0	9	59	15	10	35	56	11	18	16			
	Humil.		8	39	0	8	20	30	8	51	8	9	26	26			
♃	Altiss.		5	27	29	5	29	33	5	6	39	5	27	2			
	Humil.		4	58	49	4	59	58	4	39	8	4	57	38			
♂	Altiss.		1	39	56	1	39	52	1	33	2	1	39	13			
	Humil.		1	22	26	1	23	35	1	18	39	1	23	52			
terra	Altiss.		1	0	0	1	2	30	1	2	30	1	6	6			
	Humil.		1	0	0	0	57	30	0	57	30	0	53	54			
♀	Altiss.		0	45	40	0	44	29	0	45	41	0	42	50			
	Humil.		0	40	40	0	41	47	0	42	55	0	40	14			
☿	Altiss.		0	29	24	0	29	19	0	30	21	0	28	27			
	Humil.		0	18	2	0	14	0	0	14	0	0	13	7			
☉	Altiss.		0	2	30	0	0	0	0	0	0	0	0	0			
	Humil.		0	1	56												

図 1.5　Kepler『宇宙の神秘』(第 2 版 1621) の太陽から惑星までの距離の表
地球の軌道半径を 1 とし，60 進小数で表されている．なお図は 1621 年の第 2 版のもの．

アカデミズムの哲学者は,「天文学の分数」と語られていた60進小数をかならずしも好んでいなかったようである．14世紀のパリ大学のニコル・オレームは，天体運動についての論考『天体運動の共役と非共役について』において,「知覚される不一致がないということのみを考慮する天文学者」の60進小数を，厳密な数学的議論の使用には適しないと判断している．すなわち「天文学者たちは，彼らの目的にとってもっとも適切であるとして60進の比例を使用してきた．しかし，議論がより数学的なこの小著では，〈通常の vulgaris〉と呼ばれている正確な分数を使う必要がある」，というのも「連続体が自然学の分数〔60進小数〕によってどれほどまでに分割されようとも，しかし2, 3, 5以外の任意の素数ないし素数の倍数によって割られた部分ないし約数には〔60進小数では〕達することはできない」からである[*32]．つまりオレームにとって

$$\frac{1}{7} = 0.14285714\cdots \quad と \quad \frac{8}{60} + \frac{34}{60^2} + \frac{17}{60^3} + \frac{8}{60^4} + \cdots = 0.14285709\cdots$$

は，後者の60進小数の桁数をいくら増やしてもけっして一致することはなく，したがって60進小数の体系では1/7や2/7や1/13のような数は存在しない，あるいは表現できないと考えられたのである．

　天体の運動についても，観測をはなれて思弁的な議論に終始しているアカデミズムの学者と，実際の観測を問題にする実務家との違いであろう．

3. 60進小数のアルゴリズム

　天文学ではこれだけ長くにわたって60進小数が使用されてきたのであるからには，そのアルゴリズムつまり計算技法についての教科書のようなものがあるはずであろう．実際，パリの天文学者ジャン・ド・リネール（ラテン名ヨハネス・リネリウス）によって1320年頃に書かれた『通常の分数と自然学の，分数のアルゴリズム（*Algorismus de minutiis tam vulgaribus quam physicis*)』があり[*33]，標題どおり，通常の分数と60進小数のアルゴリズムが書かれている．これは1483年にパドヴァで，1540年にヴェネツィアで印刷されているか

[*32] *De commensurabilitate vel incommensurabilitate motuum celi* in *Nicole Oresme and the Kinematics of Circular Motion*, pp. 178f., 192f., 186f..

ら，この時代にまで読まれていたのであろう．

イギリス人ノーフォークのトマス・ブランドヴィル（1560-1602）の1590年代に出版された『算術について（*Of Arithmetike*）』には，第1章から6章までが整数，7章から26章までが分数（Fractions），そして27章から29章までが「天文学の分数」（Astronomicall Fraction）すなわち60進小数の算術が論じられている．末尾には当時「ピュタゴラス表」と言われていた10進法の九九の表（縦横に1から9までの数を並べて1×1＝1から9×9＝81を記した乗法表）と同様の60進法の乗法表（The Sexagenaire Table）つまり縦横に1から59までを並べ，1×1＝1から59×59＝58 1を記したものが与えられている（60進法で58 1は10進法で58×60＋1＝3481を表す）．中世からこの時代まで，通常の整数の計算でも九九の表を使っていたのであり，まして60進法の掛け算では，対応する乗法表を絶対的に必要としたであろう．

第27章「天文学の分数について」の冒頭にはつぎの説明が見られる：

> これらの分数は，星辰の運動や時間の変化を計算しなければならない人たちにとってきわめて必要とされるために，これらの足し算，引き算，掛け算，割り算の仕方をここに記すのがよいと私は考えた．というのも，時間の測定はつねに，きっちり1年とか，ひと月とか，1日とか，1時間になるわけではなく，また天体の運動がつねに丸々一回転や，整数の度や端数のない度で測られるわけでもなく，したがって正確な測定値を得るために，古代の著者たちによって，整数と呼ばれるひとまとまりを小さい部分に分割するのがもっともよいと考えられた．そしてその目的のための〔分割〕数としては60以上に適切なものは考えられない．というのも，60は2, 3, 4, 5, 6, 10, 12, 20, そして30で割り切れるように，100以下の数で60ほど多くの約数を持つ数はないからである．そして彼らは通常の部分を持たないひとまとまりを60の〔1次〕微小量（分：minutes）に，そしてすべての微小量を60個の2次〔微小量〕（秒：secunds）に，そし

---

*33 Sarton, 'The Scientific Literature transmitted through the Incunabula', p. 113；Poulle 'John of Ligneres'；Mahony, 'Mathematics', p. 152, p. 173 n.29；Byrne, 'The Stars, the Moon, and the Shadowed Earth : Viennese Astronomy in the Fifteenth Century', p. 46.

てすべての2次〔微小量〕を60個の3次〔微小量〕(忽：thirds)に，そしてめったにないことであるがもしも必要であればさらに4次，5次，6次，7次，8次，9次，10次，等のように分割する．そして〔1次〕微小量〔分〕は頭のうえに1本の，2次〔秒〕は2本の，3次〔忽〕は3本の斜線を引いて記す．それゆえ $2\overset{\prime}{3}\cdot\overset{\prime\prime}{6}\cdot\overset{\prime\prime\prime}{7}\cdot\overset{\prime\prime\prime\prime}{8}$ は23分6秒7忽8肆を表す．（図1.6a）[*34]

足し算，引き算は，説明するまでもない．掛け算については図1.6bで十分であろう．

割り算については，60進小数にたいしてだけではなく分数にたいしてもかなり複雑な議論がなされていてそれはそれで興味深いが，本稿の主題とすこし外れるので素通りして，60進小数の開平を見ることにしよう．「天文学の分数の平方根をどのように作るのか」と題した第29章には書かれている：

> この点の最大の困難は，平方根の正しい分母を見いだすことにある．もしも分数が2次（秒：seconds）であれば，その平方根は1次（分：mynutes）であり，分数が4次（fourths）であれば平方根は秒（2次：seconds）となる．……もしも問題が3次（thirds）であれば，開平をなしうる前に，はじめにそれらを4次に還元しておかなければならない．そして，その分母が偶数ではなく奇数〔の冪〕のときにも同様の処理をしなければならない．

すなわち，現代風に書けば，

$$\sqrt{a''} = \sqrt{\frac{a}{60^2}} = \frac{\sqrt{a}}{60} = (\sqrt{a})',$$

$$\sqrt{b'''} = \sqrt{\frac{b}{60^3}} = \sqrt{\frac{b \times 60}{60^4}} = \frac{\sqrt{60b}}{60^2} = (\sqrt{60b})''.$$

説明はさらに続けられている：

[*34] Blundevile, *Of Arithmetike*, folio 29v, 30r. 60進小数第4桁の「肆（シ）」は漢数字の四を著す漢字で，第3次にたいする横山氏の「忽」（*29）に倣った山本の創案．

> **Of Astronomicall Fractions.** 30
>
> ter 100. that receiueth so many Diuisions as 60 which may bee diuided many sundrie waies, that is by 2.3.4.5.6.10.12.15.20 and by 30. and therefore they diuided euery whole thing that had no vsuall parts into 60. minutes, and euery minute into 60. seconds, and euery second into 60. thirds, and so forth vnto 60. fourthes, fifts, sixts, seuenths, eights, ninthes and tenths, and further if næde were but that seldome chanceth. And you haue to note that minutes are marked with one stræke ouer the head, seconds with two strækes, thirds with thræ strækes, and so forth thus, $\frac{'}{23}.\frac{''}{6}.\frac{'''}{7}.\frac{''''}{8}$. &c. which do signifie 23. minutes 6. seconds 7. thirds, and 8. fourths.

図 **1.6a** 60 進小数の説明と表記法　Blundevile『算術について (*Of Arithmetike*)』より

Int.gra	′	″	‴	⁗	V	VI	VII	Denominations
0	1	2	3	4	5	6	7	Naturall numbers.
29	31	50	7	30				The multiplycand.
13	10	35	1					The multiplyor.
				29	31	50	7	30	
			1015	1085	1750	245	1050		The seuerall products.
	290	310	500	70	300			
377	403	650	91	390				
389	6	24	2	31	12	37	30	The general product or totall summe.

図 **1.6b** 60 進小数の掛け算　Blundevile『算術について (*Of Arithmetike*)』より

　厳密な意味での 60 進法であれば，図 1.1 のように，0 から 59 までのそれぞれにたとえば $\alpha, \beta, \ldots\ldots$ のような 60 個の異なる記号をあてがうべきあるが，そうではなく，このように 10 以上の数に 10 進法の表記である 10，11，…… を使用しているかぎりで，これは 60 進法の表記としては不徹底で，「混合 60 進法」とでも言うべきものである．そして中世西欧の天文学ではこれが普通に使われていた．

1600″ の平方根を求めるならば 40′ が得られる．しかし数が複合的であるならば，つまり整数とひとつの分数，ないし異なる分母を有するいくつもの分数からなるならば，開平が可能となる前に，はじめのそれらを偶数の〔冪の〕分母の分数に還元しておかなけらばならない．たとえば 4 度 25 分の平方根を得たいならば，割り算のところで学んだように，60 進の積とつぎの分数の和でもって度を分に，そして分を秒に還元して，望みどおりその全体の平方根をとる．そのようにすることで，秒の和が 15900″ であってその平方根が 126″，その結果を 60 で割るならば 2 度 6 分であることを見いだす．

すなわち

$$\sqrt{4°\,25'} = \sqrt{4\times 60' + 25'} = \sqrt{(4\times 60 + 25)\times 60''} = \sqrt{15900''}$$
$$= 126' = 2°\,6'.$$

4. 10 進小数への接近

ブランドヴィルの記している 60 進小数のこの開平の計算法は，じつはすでに 15 世紀半ばに語られていた．

西欧でプトレマイオスと同程度の精密な観測と厳密な計算にもとづく天文学が復活したのは，15 世紀のウィーンであった．

西欧の大学は 12 世紀以降にフランスやイタリアやイングランドで創設されたが，中部ヨーロッパは当初，大学の不毛地帯であり，プラハやクラクフやウィーンに大学が創られたのは，ようやく 14 世紀の中期以降であった．そしてなかば自然発生的に誕生し，やがて教会権力を後ろ盾にして発展したフランスやイタリアの大学と異なり，中部ヨーロッパの大学の創設は世俗君主の強いイニシアティブによるもので，そのため大学は法律から外交，さらには医学・医療にいたるまで，実際的な問題について王や君主から諮問されることになり，いきおい学問や教育にどちらかというと実際的な性格を与えることになった．そして国家の重大事の日取り等を決定し，王やその家族の将来を予測する占星術は，その実際的な問題のうちのきわめて重要なテーマのひとつであった．当

時の大学における天文学研究の存在理由である[*35]．

　ハプスブルク家のルドルフⅣ世によって 1365 年に創設されたウィーン大学は，1378 年から 1417 年まで続いた教会大分裂（シスマ）を契機にパリから移ってきたザクセンのアルベルトゥスやハインリヒ・フォン・ランゲンシュタインが中心となってパリの最新の学問を持ち込むことによって，14 世紀末にはヨーロッパの有数の大学に発展することになる．そしてウィーンの天文学の教育は，1416 年から 25 年まで数学と天文学をウィーン大学で教授したヨハネス・ド・グムンデン（c. 1380-1442）により土台が築かれる．

　こうして 1446 年にウィーン大学に学生登録し，その後に大きな影響を与えた教科書『惑星の新理論』を著したゲオルク・ポイルバッハ（1423-61），さらにはポイルバッハの教え子で，三角法を天文学の補助学から数学の一分野として独立させた『三角形総説』を著し，そしてプトレマイオスの『数学集成』の明快で正確な解説書としてポイルバッハが手がけた『数学集成の摘要』を完成させたラテン名レギオモンタヌスことヨハネス・ミューラー（1436-76，図1.7）を輩出することになる．

　グムンデンはイスラムの研究者の方式を発展させる形で，たとえば $a = 1; 2, 50$ のような 60 進小数にたいする開平 $\sqrt{a}$ の計算を必要な桁数までとるために，n と m を自然数として

$$\sqrt{a} = \frac{1}{60^n \times 10^m} \sqrt{a \times 60^{2n} \times 10^{2m}}$$

のように処理する方式を考えていた[*36]．ブランドヴィルの語っている処方とおなじであり，実質的には 60 進小数で表されている数 a を 10 進整数に変換して開平し，あらためて 60 進小数に戻すことに相当する．10 進法と 60 進法が混在している点で中途半端ではあるが，煩わしい 60 進小数を排し，正弦の値を必要な桁まで整数で表す方式を編みだした点において，重要な一歩であった．そしてこの時代には，三角関数としては正弦が用いられていたが，グムンデンはその半径をプトレマイオス以来の $r = 60$ にかわって $r = 600000$ にと

[*35] 詳しくは，拙著『世界の見方の転換』1，第 2 章を参照していただきたい．
[*36] Sarton, 'The First Explanation of Decimal Fractions and Measure 1585', p. 170f.; Mundy, 'John of Gmunden', p. 199.

図 1.7 ラテン名レギオモンタヌスことヨハネス・ミューラー
Regiomontanus on Triangles（1967）より

る方式を考案したと言われる[*37]．その計算処方はポイルバッハ，そしてその弟子レギオモンタヌスにも引き継がれていった．

　ポイルバッハは数学の入門書を書いているが，それは死後の 1492 年にはじめて印刷され，1530 年になって出版されている[*38]．そしてまた彼は正弦表を作成しているが，これについては「15 世紀には，新しい正弦表を計算したポイルバッハ，そしてその教え子のレギオモンタヌスのおかげで，ヨーロッパの学者たちは，一般にアラブの三角法を知ることになった」という数学史家 David Eugene Smith の評を引いておく価値がある．とりわけ，プトレマイオス以来，天文学では主要に使用されていた「弦」概念にかわって，イスラム天文学の影響を受けて「正弦」を取りあげ，しかもそれを，それまでの角度で 1°ないしせいぜいが『数学集成』にあるように角度 $0.5° = 30'$ 刻みではなく，$10'$

[*37] Bond, 'The Developemnt of trigonometric methods down to the close of the XVth century', p. 320 ; Zeller, *The Development of Trigonometry from Regiomontanus to Pitiscus*, p. 16.

[*38] D. E. Smith, *Rara Arithmetica*, p. 53f., idem, *History of Mathematics*, Vol. 1, p. 259, n6.

刻みの詳細な表にしたことの意義は大きい[*39]．

　ポイルバッハの教え子であったレギオモンタヌスは，1461年のポイルバッハの死後イタリアにわたり，その地で天文学の愛好家ビアンキーニと文通をしていたが，そのビアンキーニの1464年2月5日の書簡には，$\sin 75°\, 41'\, 30''$ の値が58138と記されている[*40]．これは角度 θ の正弦を $60000 \sin\theta$ としたものに他ならない．$r = 60000$ ととるグムンデンとポイルバッハの方式はこのようにある程度知られ使われていたのかもしれないが，レギオモンタヌスが三角法についての包括的な書籍，1464年頃に書き上げられ1533年になってはじめて出版された『三角形総説 (De triangulis omnimodis)』で使用したことによって，正弦概念とともに広く普及することになる．

　もちろんレギオモンタヌスにおいても，正弦は三角比ではなく，円弧に対応する直角三角形の辺の長さで定義されていた（図 1.2）．同書第1巻の定理20には「すべての直角三角形において，その鋭角〔の頂点〕のひとつが中心となり，その斜辺が半径となる円を描くとき，その鋭角に向かい合う辺が，その辺に隣り合う弧の正弦である」と記されている．そして同書には，第1巻定理29の「直角の正弦 (sinus quadrantis) は60000」，第4巻定理21の「半直径ないし全正弦 (semidiameter sive sinus totus) は60000」，あるいは定理25の「全正弦 (sinus totus) すなわち四分弧の正弦は60000」といった表現に見られるように，円の半径を $r = 60000$ とする方式が全面的に採用されている．

　10進小数にむけてのさらなる，そして決定的な飛躍は，レギオモンタヌスが1467年の『方向表』で，三角法計算の半径を $r = 100000$ と改めたことにある．このときにはたとえば $\sin 60° = \sqrt{3}/2$ が86602と表される．もちろんこれは $\sin 60° = 88602/100000 = 0.88602$ としたことである．なお，ここではじめて正接 (tan) の表が与えられたが，そこには $\tan 45°$ がたしかに100000と

[*39] Pedersen, 'The Decline and Fall of the *Theorica Planetarum* : Renaissance Astronomy and the Art of Printing', p. 162；Hellman & Swerdlow, 'Peurbach'；D. E. Smith, *History of Mathematics*, Vol. 2, p. 609．なお「正弦」はすでにイスラム世界では9世紀の天文学者アル＝バッターニたちによって使用されていた：Hartner, 'Al-Battani'；Cajori 前掲書，上，p. 263；矢島『アラビア科学史序説』p. 209；al-Daffa『アラビアの数学』p. 74f. 等参照．

[*40] Regiomontanus, 'Der Briefwechsel Regiomontan's mit Giovanni Bianchini, Jacob von Speier und Christian Roder', p. 241．原文50138は誤植．

Tabule directionū profectionūq3 famosissimi viri Magistri Joannis Germani de Regiomonte in natiuitatibus multum vtiles.

Tabula Secunda

Numerus		Numerus		Numerus	
0	00000	31	60086	61	180402
1	1745	32	62486	62	188075
2	3492	33	64940	63	196263
3	5240	34	67452	64	205034
4	6992	35	70022	65	214450
5	8748	36	72654	66	224607
6	10511	37	75356	67	235583
7	12278	38	78129	68	247513
8	14053	39	80978	69	260511
9	15838	40	83909	70	274753
10	17633	41	86929	71	290422
11	19439	42	90040	72	307767
12	21256	43	93254	73	327088
13	23087	44	96571	74	348748
14	24932	45	100000	75	373211
15	26794	46	103551	76	401089
16	28674	47	107236	77	433148
17	30573	48	111062	78	470453
18	32492	49	115037	79	514438
19	34433	50	119177	80	567118
20	36396	51	123491	81	631377
21	38387	52	127994	82	711569
22	40402	53	132704	83	814456
23	42448	54	137639	84	951387
24	44522	55	142813	85	1143131
25	46631	56	148253	86	1430203
26	48772	57	153987	87	1908217
27	50952	58	160035	88	2863563
28	53170	59	166429	89	5729796
29	55432	60	173207	90	Infinita
30	57734				

図 1.8 Regiomontanus の『方向表』(1490) の正接 (tan) の表
Zeller, *The Development of Trigonometry* (1946) より

Tabula fœcunda.

Gra.	Part. æqual.	Gra.	Part. æqua.	Gra.	Par. æqua.
1	5729799	31	166429	61	55432
2	2863563	32	160035	62	53170
3	1908217	33	153987	63	50952
4	1430203	34	148253	64	48772
5	1143131	35	142813	65	46631
6	951387	36	137639	66	44522
7	814456	37	132704	67	42448
8	711569	38	127994	68	40402
9	631377	39	123491	69	38387
10	567118	40	119197	70	36396
11	514438	41	115037	71	34433
12	470453	42	111062	72	32492
13	433148	43	107236	73	30573
14	401089	44	103551	74	28674
15	373211	45	100000	75	26794
16	348748	46	96571	76	24932
17	327088	47	93254	77	23087
18	307767	48	90040	78	21256
19	290422	49	86929	79	19439
20	274753	50	83909	80	17633
21	260511	51	80978	81	15838
22	247513	52	78129	82	14053
23	235583	53	75356	83	12278
24	224607	54	72654	84	10511
25	214450	55	70022	85	8748
26	205034	56	67452	86	6992
27	196263	57	64940	87	5240
28	188075	58	62486	88	3492
29	180402	59	60086	89	1745
30	173207	60	57734	90	0

図 1.9 Petros Apianus 著 Gemma Frisius 校訂 *Cosmographia*（1584 年版）の余接表

されている（図1.8）．そして1468年には，レギオモンタヌスはハンガリーの首都ブダで角度 1′ 刻みの正弦表を計算したが，それは $r = 10^7$，すなわち全正弦を $r \sin 90° = 10000000$ としたものである*41．この方式であれば，必要な精度にあわせて，有効数字を何桁にでも拡張することができる．完全な10進表記法であり，10進小数発見の一歩手前であった．

そしてこのレギオモンタヌスの表記法（準10進小数）は，その後，コペルニクスやケプラーにも踏襲されることになる．コペルニクスは1543年出版の『天球回転論』第1巻に半弦（事実上の正弦）の表を与えるところで記している：

　　数学者の通常の慣わしにしたがって，私は円を 360° に分割した．直径には，古代の人たちによって 120 単位が使用されていた．しかし後の著者たちは，それらの線分にたいする数値の商や積にこみ入った分数が生じるのを避けたいと考えた．実際，それらは多くの場合，割り切れず，しばしば2乗してもそうである．そこでその後の著者たちは，インド数字〔アラビア数字〕が使われるようになってからは，直径に 1200000 単位や 2000000 単位あるいはその他の値を使用した．この記数法は，ギリシャやローマのものであれあるいは他のものであれ，それらすべてにくらべてたしかに優れていて，計算がずっと速くなる．そこで私もまた，いかなる明白なエラーを避けるのに十分なように，直径にたいして 200000 単位を採用した〔つまり $r = 100000$〕．値が整数比にならない場合でも，近似を得るにはそれで十分である．*42

同様の方式はペトロス・アピアヌス（1492 – 1552）とゲンマ・フリシウス（1508 – 1555）による『コスモグラフィア』の余接表にも使われている（図1.9, 図は1585年版のもの）．そしてヨハネス・ケプラーの1609年の『新天文学』には「角DCEを 45° とすると，その正弦は 70711 である」「角QAZは 83°22′55″

---

*41　Bond, 前掲論文, p. 304；Sarton, 前掲論文, p. 171, Zinner, *Regiomontanus : His Life and Work*, p. 95.

*42　Copernicus, *De revolutionibus*, Lib. 1, Cap. 12, folio 12r, Rosen 英訳 p. 27. 高橋訳 p. 49.

> Et procedant ainsi continuellement par mediation jusques à ce qu'on viene par tout à primes de nombre non pair, la disposition du quart du cercle de 90 deg. medié, avec les arcs de complemét, sera comme ici dessous.
>
> | Arcs. | Sinus. |
> |---|---|
> | +90. 0. | 1000000000. |
> | +45. 0. | 707106782. |
> | +22. 30. | 382683432. |
> | +67. 30. | 923879533. |
> | 11. 15. | 195090322. |
> | 78. 45. | 980785280. |
> | 33. 45. | 555570233. |
> | 56. 15. | 831469612. |
>
> Concluſ. Faisant donc le raid d'un cercle 1000000000, nous avons trouvé la longueur de tous les sinus, & leurs sinus de complemet procedans de mediation de 90 deg. jusques à ce qu'on viene à primes de nombre non pair.

図 1.10 Simon Stevin *Cosmographie* の一部 *Les Oeuvres Mathematique* (1634) 所収 正弦の値が $10^9 \sin\theta$ で表されている.

でその正接は 864092 である」等とある．これもまた $r = 100000$ としたものである[*43]．

この方式はその後も半径をさらに拡大して使い続けられた．

スコットランドのジョン・ネイピアの 1614 年の書『驚くべき対数規則の記述』には，「半直径ないし全正弦を有理数 10000000 とせよ」とあり，同時期に書かれ彼の死後の 1619 年に出版された『驚くべき対数規則の構成』には「最大の正弦を，経験の乏しい人たちは 100000 ととり，学識に富む人たちは，そのかわりに 10000000 ととる」とある[*44]．後章に見るように，1620 年に死亡したネーデルランドのシモン・ステヴィンは 10 進小数を明確な形で定礎した人物であるが，死後 1634 年に出版された彼の『数学著作集』に収録されている

[*43] Kepler『新天文学』pp. 119, 278. 正しくは $100000 \tan(83°22'55'') = 861896$.
[*44] Napier, *Descriptio*, 原典 p. 3, 英訳 p. 4, *Constructio*, 原典 p. 6, 英訳 p. 8.

宇宙誌の論考には，半径を $r=1000000000$ ととる正弦の値が記されている（図 1.10）．

レギオモンタヌスのこの方式が広くそして永く使われていたこととともに，年々，有効数字の桁が拡大していったことがわかる．そしてその流れはレティクスによる 15 桁の正弦表の作製へと発展してゆく．

ドイツの数学者でヴィッテンベルク大学の数学教授ヨアヒム・レティクス（1514 – 1576）はポーランドに出向き，コペルニクスに『天球回転論』の出版を促したことで知られる．そして彼は，同書の三角法についての部分だけを 1542 年に独立に出版し，そこに半径を 10^7 に拡大した正弦表を付け加えている．

その後もレティクスは，半径をさらに拡大した正弦表の作成に挑んでゆくのであるが，正弦と余弦の値が既知の角度からその半分の角度の正弦を求める彼の手法の一端を図 1.11 に示しておく．解読の結果を図 1.2 の記号にあわせて記すと，図で $\theta/2 = 18°$，$r = \overline{\text{OA}} = 10^{15} = 1000000000000000$ として，正弦の値を事実上，10 進小数で小数点以下 15 桁求めたことになる．

Basis. 18 part.	951056516295153	$\overline{\text{AH}} = \overline{\text{OC}} = r\cos 18°$ を表す,
Sinus versus.	48943483704847	$\overline{\text{CD}} = \overline{\text{OD}} - \overline{\text{OC}} = r - \overline{\text{OC}}$,
Quadratum.	2395464597166623821011293409	$\overline{\text{CD}}^2$
Quadrat. Perpend.	954915028125260258392212252809	$\overline{\text{AC}}^2 = (r\sin 18°)^2$,
Quadrat.	978869674096926496602325462 18	$\overline{\text{CD}}^2 + \overline{\text{AC}}^2 = \overline{\text{AD}}^2$,
Radix.	312868930080461	上記の平方根 $= \overline{\text{AD}}$,
Dimidata.	156434465040230	上記の半分 $= \overline{\text{AD}}/2 = r\sin 9°$.

図 1.11 レティクスによる半角の計算　Zeller, 前掲書より．

THESAVRVS MATHEMATICVS
sive

CANON SINUUM
AD RADIUM
1. 00000. 00000. 00000.

ET AD DENA QVÆQVE SCRVPVLA
secunda Quadrantis:

UNA CUM SINIBUS PRIMI
ET POSTREMI GRADUS, AD
EVNDEM RADIVM, ET AD SINGVLA
scrupula secunda Quadrantis:

ADIVNCTIS VBIQVE DIFFERENTIIS PRIMIS ET SE-
cundis, atq; vbi rei tulit, etiam tertijs.

IAM OLIM QVIDEM INCREDIBILI LABORE
& sumptu à GEORGIO JOACHIMO RHETICO supputatus:

AT NVNC PRIMVM IN LVCEM EDITVS,
& cum viris doctis communicatus

A
BARTHOLOMÆO PITISCO
GRUNBERGENSI SILESIO.

CVIVS ETIAM ACCESSERVNT:

I. Principia Sinuum, ad radium, 1.00000.00000.00000.00000. quàm accuratissimè supputata.
II. Sinus decimorum, tricesimorum & quinquagesimorum quorumq; scrupulorum secundorum per prima & postrema 35. scrupula prima, ad radium, 1.00000.00000.00000.00000.00.

FRANCOFURTI
Excudebat Nicolaus Hoffmannus, sumptibus
JONÆ ROSÆ ANNO
cIɔ. Iɔ. XIII.

図 1.12 ピチスクス『数学の至宝 半径 1,00000,00000,00000 にたいする正弦表』(1613) の扉　Zeller, *The Development of Trigonometry* より

そしてレティクスの計算結果は，彼の死後，1613年にバルトロメオ・ピチスクスにより『数学の至宝　ないし半径1,00000,00000,00000にたいする正弦の表』の標題で出版された（図1.12　カンマによる5桁ごとの数字の区切りは原文ママ）．角度10秒刻みで有効数字15桁の正弦と余弦の表である．驚くべき力業である．

　こうしてレギオモンタヌスは，精密な観測に依拠した天文学の形成にむけての，もっと広く言うならば，測定量一般をあつかう数学的自然科学全般のために必要な数学的道具を創りだす最初の一歩を踏みだした．10進小数の自覚的な形での考案は，次章に見るように16世紀後半にネーデルラントの技術者シモン・ステヴィンの登場を待たねばならなかったが，そのステヴィン自身が「レギオモンタヌスの正弦表は，半径を10000000に分割するもので，私が追究してきた10進法に完全に先行するものである」と認めている[*45]．

[*45] Stevin, *De Wysentyt*, PW. III, p. 600f.

第2章
10進法と10進小数

1. 10進法と10進位取り表記

　前章ではプトレマイオス以来の天文学に即して60進小数の展開を概観した．60進小数は，天文学ではこのようにすでに古代から使われていたのである．しかしにもかかわらず西欧では10進小数は16世紀にいたるまで考案されなかった．このことは現代の私たちにはかなり不思議なことに思われる．その点から考えてゆこう．

　算術史上の最大の発明は，0(ゼロ)をふくむインド・アラビア数字を用いた10進位取り表記と言われているが，ヨーロッパがそれをイスラム世界から学んだのは，12世紀以降である．そのひとつのチャネルは9世紀のペルシャ人天文学者フワリーズミー（c. 800-847以後，図2.1a）の代数学の書が12世紀にラテン語に翻訳されたことであり，そしていまひとつのチャネルは，13世紀のピサの商人の子でイスラムの教師から商業数学を学んだフィボナッチことピサのレオナルド（c. 1170-1240以後，図2.1b）によるアラビア数学の紹介であった[*1]．

[*1]　1703年に哲学者のライプニッツは「ギリシャ人やローマ人は十進法的記数法を知らず，したがってその恩恵を蒙っていなかった．ヨーロッパ人がそうした記数法を知るに至ったのは，ジェルベールのおかげである」と語っている（「0と1の数字だけを使用する二進法算術の解説」p. 13）．オーリヤックのジェルベール（1003没）は999年から1003年までシルベスターⅡ世として法王を務めた人物で，彼がイベリア半島でイスラム社会から数学や天文学を学んだのは10世紀中期とされる．しかし実際には，彼は言うならば「孤立特異点」のような存在であって，彼によって伝えられたイスラム社会の数学がヨーロッパ社会に広く受け容れられ普及することはなかったようである．

フワリーズミーの9世紀の書『ジャブルとムカーバラ』の冒頭には記されている：

> ムハンマドは語った．人に数の大切さを見出す力を与えたもうた造物主・神を讃えよ．実際，人が必要とするすべての事柄が数え上げを要するという事実を顧みることによって，私はすべての事物が数をともなうこと，そしてまた数は単位から構成されるものに他ならないことを見出した．したがって単位はすべての数の内に含まれている．そればかりか私は，すべての数が単位から10まで進むように整列されることを見出した．数10は単位と同様に扱われ，この理由で単位の場合と同様に2倍，3倍にされ，その2倍により20が，3倍により30が生じる．そしてそのように〔数を〕掛けてゆくことによって100に到達する．ここでふたたび，この数100は数10と同様に，2倍，3倍にされる．そして2倍，3倍，等とすることによって数100は1000に成長する．同様に数1000をさまざまな数により倍化することで，無限にいたるまでの数の考察も可能になる．*2

フワリーズミーのフルネームは，ムハンマド・イブン・ムーサー・アル＝フワリーズミーで，引用冒頭の「ムハンマド」は自身を指している．ここには10進法の原理が明快に説かれている．こうして10進位取り表記とセットになって10進法がヨーロッパに伝えられた．

13世紀のはじめ，1202年には，フィボナッチが「13世紀ラテン世界において最高峰の数学書」*3 と称される『アバコの書 (Liber abaci)』を著したが，その冒頭には「インドの九つの数字は9, 8, 7, 6, 5, 4, 3, 2, 1 である．これ

---

*2 フワリーズミーの書の鈴木孝典による原典からの全文邦訳は，伊東編『数学の歴史 II 中世の数学』pp. 331-344 にあり．12世紀のイギリス人チェスターのロバートによるラテン語訳は *Robert of Chester's Latin Translation of Al-Khwārizmī's AL-JABR, A New Critical Edition* に，その Louis C. Karpinski による英訳の一部は Grant ed., *SBMS*, pp. 106-111 に収録されている．ここでの引用は，フワリーズミーの書の西欧への影響を見るという立場から，ロバートによるラテン語訳とそれにたいする Karpinski の英訳に依拠した．フワリーズミーの書について，詳しくは三浦「アラビアの計算法」，同「西洋中世における「アラビア式計算法」の導入」を見ていただきたい．

*3 三浦『フィボナッチ』p. 16.

図 2.1a　アル゠フワリーズミー
現在のウズベキスタン，ヒヴァで生まれた9世紀のアル゠フワリーズミーを記念するソヴィエト連邦の切手

図 2.1b　フィボナッチ
本名ピサのレオナルド，後世の書に描かれた想像上の肖像

らの九つの数字とアラビアでゼフィルムと呼ばれる記号0でもって，以下に示すように任意の数字を表すことができる」と始まり，インド・アラビア数字と10進位取り表記が紹介されている[*4]。

そして，前章に触れたようにその世紀のなかばに，サクロボスコによって算術書『一般アルゴリスム（*Algorismus vulgaris*）』が書かれたが，その冒頭には10進位取り表記が，それ以上ないくらいに丁寧に説明されている。

[*4] *Fibonacci's Liber Abaci*, p. 17. なお「アバコ（イタリア語で abaco または abbaco，ラテン語で abacus）」は，狭義には当時の算板を指すが，広義には算板と無関係に商業を目的としインド・アラビア数字を用いた計算技術そのものを意味していた．三浦，上掲書には，フィボナッチの同書について「ここでアバクスは筆算による計算法を示すと考えてよい」とある (p. 128)．「アバクス」のこの意味については，更に Van Egmont, 'Abbacus arithmetic', p. 200, 同, 'The Commercial Revolution and the Beginnings of Western Mathematics in Renaissance Florence, 1300-1500', p. 17, Sigler, 'Introduction', in *Leonardo Pisano Fibonacci : The Book of Squares*, p. xvii，および Grendler, *Schooling in Renaissance Itary : Literacy and Learning 1300-1600*, p. 307f. 参照.

すなわち，一から十までの整数は「ディジタス（digitus：指）」と呼ばれ，他方「十等分されたときになにも余らぬようにされうる数」つまり三十や六百等は「アルティクルス（articulus：関節）」と呼ばれる．そしてアルティクルスとディジタスからなる数つまり三十七や六百八等は「ミクスタス（mixtus：合成数）」と呼ばれる．「どんなディジタスもそれにふさわしい単一の数字で記されねばならない」のであり，それらは 1，2，3，4，5，6，7，8，9，および 0 で記される．「その十番目〔0〕はテータ（theta），あるいは円（circulus），あるいはゼロ（cifra），あるいはなにも意味しないので何もないものの数字（figula nihil）と呼ばれているが，場所を占めるものであるから，他のものにたいして意味を持つことになる．」実際「ひとつ，または複数個のゼロがなければ純粋のアルティクルスは表現されえない．」そして「すべてのアルティクルスは，はじめ〔右〕に置かれた〔いくつかの〕ゼロと，そのアルティクルスがそれによって名づけられるようなディジタスとによって表現されなければならない．」たとえば，アルティクルスの三十つまり十で割ってディジタス三になるアルティクルスは一つの 0 の左に 3 を書いて，そしてアルティクルス三百は，はじめに置かれた二つの 0 の左に 3 を書いて記される．そして「十から百までの数は百をのぞいてすべて二つの数で記されねばならない．もしそれがアルティクルスなら，はじめ〔右〕に置かれたゼロと，そのアルティクルスがそれによって名づけられるところのディジタスを示す左に記された数字によって記され，もしそれがミクスタスなら，そのミクスタスの一部であるディジタスが記され，アルティクルス〔を指す数〕はその左に置かれるであろう」．つまり三十七は 37 と記される．そしてさらに続けられている：

　　百から千までの数は千をのぞいてすべて三つの数字ないし零で記されねばならない．千から千の十倍までは四つで〔記されねばならない〕等々．最初の場所〔右端〕に置かれた任意の数はディジタスを示し，〔右から〕二番目はその十倍を，三番目はそのディジタスの百倍を，四番目の場所のは千倍を，五番目の場所のは千の十倍を，六番目の場所のは千の百倍を，七番目の場所のは千の千倍を，と，十，百，千というこれらの三つで乗ずることにより無限にいたるまで同様である．これらすべてはつぎの格言に

含まれている.「後の場所に置かれた任意の数字は,前〔の場所に置かれた数字〕の十倍を示す.」*5

いま読むと,わかりきったことをくどくど書いているようであるが,それほどまでに西欧社会にとって 10 進位取り表記は目新しく馴染みうすいものであった.実際に,10 進位取り表記の西欧社会への浸透にはかなりの時間を要している.西欧中世の大学ではインド・アラビア数字さえほとんど使われていない.前章に見たように,16 世紀半ばのコペルニクスの『天球回転論』でさえ,主要にローマ数字が使われていたのである(図 1.4).

そもそも西欧社会にとって 10 進法は,それほど馴染みやすいものではなかったと思われる.その点については,じつは日本人はヨーロッパ人よりも優位な位置にいた.というのも,日本では,数詞の表記法と発音が

$$
\begin{array}{l}
\overset{イチ}{一},\quad \overset{ニ}{二},\quad \overset{サン}{三},\quad \overset{シ}{四},\ \cdots\cdots,\quad \overset{ク}{九}, \\
\overset{ジュウ}{十},\ \overset{ジュウイチ}{十一},\ \overset{ジュウニ}{十二},\ \overset{ジュウサン}{十三},\ \overset{ジュウシ}{十四},\cdots\cdots,\ \overset{ジュウク}{十九}, \\
\overset{ニジュウ}{二十},\ \overset{ニジュウイチ}{二十一},\ \overset{ニジュウニ}{二十二},\ \overset{ニジュウサン}{二十三},\ \overset{ニジュウシ}{二十四},\cdots\cdots,\ \overset{ニジュウク}{二十九}, \\
\overset{サンジュウ}{三十},\ \cdots\cdots,\ \cdots\cdots,\ \cdots\cdots,\ \cdots\cdots,\ \cdots\cdots,\ \cdots\cdots.
\end{array}
$$

のように 10 進法にのっとっている.そして算術においても,たとえば 10 + 2 = 12 の表記と読み方は「十足す二は十二」,同様に 8 × 10 = 80 は「八掛ける十は八十」であって,これは完全に 10 進法にもとづいている.

しかしヨーロッパの諸国にとってはそうではない.ゲルマン系の言語では,英語では 10 (ten) の次は 11 (eleven),12 (twelve) でようやくその後に 13 (thirteen) と続く.同様にドイツ語でも 10 (zehn),11 (elf),12 (zwölf) でその後に 13 (dreizehn),オランダ語でも 10 (tien),11 (elf),12 (twaalf) そして 13 (dertien) となっている.これらには 12 進法の影響が顕著に認められる.12 進法は 12 個を 1 ダース,12 ダースを 1 グロスという呼び方にも残されている.他方,ラテン系の言語を見ると,フランス語では 20 が vingt であるのに

---

*5 サクロボスコ『一般アルゴリズム』の英訳は Grant ed. *SBMS*, pp. 94-101,三浦伸夫による邦訳は,伊東編,前掲書,pp. 149-164 にあり.

たいして，80 が quatre-vingts，つまり 4×20，120 が six-vingts，つまり 6×20，300 が quinze-vingts，つまり 15×20 で，ここには 20 進法の名残が認められる．

いずれにせよ，ヨーロッパ社会では 10 進法と異なる数体系が支配していたのである．

2. 度量衡と 10 進法

ヨーロッパにおいて 10 進法の普及と 10 進小数の発明を阻んだ大きな理由の一つは，貨幣と度量衡のシステムの有する社会的慣性にあったと考えられる．その点でも，日本や中国との対比が啓蒙的であろう．実際，J. Needham の書には「〔古代中国には〕数学の分野にすばらしい業績がありました．十進法の位取りや，空位によるゼロの表示は，どこよりも早く黄河流域ではじまっていましたし，それにつれて十進法の度量衡が発達していました」とある[*6]．度量衡のシステムと数のシステムは密に連関しているのである．現実に，古代中国において形成された命数法は，10 進法の昇冪の順に「十」「百」「千」「万」……，降冪の順に「分」「厘」「毛」「糸」……とあり，度量衡もこれに準じている（中世以前は「分」「毛」「厘」の順）．こうして中国では度量衡の 10 進法への統一が進むにつれて，小数の概念が登場してきた．「分」「厘」は長さの単位としてまず登場し，それが次第に小数の位として使われるようになったと言われる[*7]．したがって，宋の時代（960-1270）の中国で，楊輝（Yang Hui）が 1261 年に 24.68×36.56 = 902.3008 の計算をしていたのは不思議ではない[*8]．

日本の度量衡も中国伝来のもので，これに倣っている：

長さ（度）： 1 尺 = 10 寸 = 100 分 = 1000 厘 = 10000 毛 = ……，
容積（量）： 1 石 = 10 斗 = 100 升 = 1000 合 = 10000 勺 = ……，
質量（衡）： 1 両 = 10 匁 = 100 分 = 1000 厘 = 10000 毛 = ……．

もちろん，長さにおける 1 里 = 36 町，1 町 = 60 間 = 360 尺，質量における

[*6] Needham『ニーダム・コレクション』p. 202.
[*7] 足立『$\sqrt{2}$ の不思議』p. 37.
[*8] Struik, 'Simon Stevin and the Decimal Fractions', p. 97.

1 貫 = 6.25 斤，1 斤 = 16 両といった例外はあるものの，基本的には 10 進法が貫かれている．そのため日本では，10 進法はきわめて当たり前のことと受け止められた．1871 (明治 4) 年に明治新政府が「新貨条例」で円・銭・厘という 10 進法にもとづく新貨幣を発行したのは，自然な成り行きと言える．

しかしここでも，西洋では事情がまったく異なる．古代ローマは 12 進の分数を発展させていたと言われるが[*9]，しかしそこで使用されていた単位は

  長さ： 1 ペース = 16 ディギトゥス

  重さ： 1 リブラ = 12 ウーンキア = 288 スクリブルム

で，規則性は見られない．時代がくだって，10 世紀のシャルトルのフルベルトゥス (c. 970-1028) の詩には，重量単位について

リブラもしくはアスは 12 オンスから成る．……．1 オンスは 24 スクリプルスから成る．……．1 スクリプルスは 8 カルクスから成り立つ，

とうたわれている[*10]．その後の西欧の貨幣体系の典型として，ゲルマン世界のイギリスとラテン世界のイタリアのものを挙げておこう：

  英： 1 ポンド = 20 シリング， 1 シリング = 12 ペンス，

  伊： 1 リラ = 20 ソルディ， 1 ソルディ = 12 ディナール．

ここにも 12 進法と 20 進法の顕著な影響が窺われる．

多くの度量衡の単位にしても同様である．イギリスでは，

  長さ： 1 ヤード = 3 フィート = 36 インチ，

  質量： 1 ポンド = 16 オンス = 256 ドラム = 7000 グレーン

で，それぞれ歴史的由来はあるのかもしれないが，およそ合理性を欠いている．オランダの 15 世紀はじめの『ブリール法典』によれば，長さの単位が

  1 ルーデ = 12 フット = 144 ダウム

と定められ，ここではこのかぎりで 12 進法が貫かれている[*11]．10 進法はかならずしも「当たり前」のことではなかったのである．

[*9] Cajori『初等数学史』上，pp. 96, 101.
[*10] Fulbertus『詩集』pp. 49-51.
[*11] 中澤「ラインラント尺度に見る中世，近世ヨーロッパの計量標準制度」より．

そして貨幣単位や計量尺度の継続性は，社会的安定性から要請されることであった．したがって，フワリーズミーの書などによって10進法のシステムがヨーロッパに紹介されても，日常用いられる貨幣や度量衡のシステムの有する社会的な慣性が10進法の小数への適用を阻むことになった．

18世紀の化学革命の中心人物であったフランス人アントワーヌ・ラヴォアジェ（1743-1794）は，化学研究における精密な質量測定の重要性を説いたことで知られている．そのラヴォアジェが主著『化学原論』において，当時フランスで使用されていた質量単位，リーブル，オンス（＝1/16リーブル），グロス（＝1/8オンス），グレーン（＝1/72グロス）の不便を訴え，それにかえてリーブルの10進分割を提唱し，「この10進法計算に少しでも慣れれば，あらゆる実験がそれによって単純かつ平易になることに誰でもが驚かされるであろう．……10進法で表された生成物については，どのような換算や計算も簡単に行うことができる」と語ったのは，じつにフィボナッチの書から600年近く後の1789年のことであった[*12]．

しかし貨幣制度や度量衡の改革は，経済的・社会的に甚大な影響をもたらすものであり，強大な権力によってしか成しえない．フランスが度量衡のシステムに10進法にもとづくメートルとキログラムを導入したのは，ラヴォアジェの提唱した翌1790年，革命政府の力によってであった．

中世において，近代の分析化学の先行形態として精密な測定を必要とし，かつ実行していたのは，冶金や試金の領域においてであった．中世のヨーロッパでは貨幣経済の浸透によって金属精錬と冶金そして貨幣鋳造の技術が発展していったが，それには精密な重量測定が必要とされていたのである．そのさいに用いられる分銅のシステムが重量単位を決めていたのであるが，それはじつに複雑なものであった．たとえば1556年に出版された当時のドイツの鉱山業・冶金業・試金業全般について詳述したラテン名アグリコラことゲオルグ・バウアー（1494-1555）の書『デ・レ・メタリカ（金属について）』に記されている分銅システムは，常衡（重量）と金衡（計量）の二種類あり，常衡では，ZをZentner，PをPfund，MをMark，SをSicilicusとして

[*12] Lavoisier『化学原論』p. 189f.

1Z, 1/2Z, 1/4Z, 4/25Z, 2/25Z, 1/25Z, 1/50Z, 1/100Z = 1P,
1/2P = 1M, 1/2M, 1/4M, 1/8M, 1/16M, 1/32M = 1S, 1/2S, 1/4S,

そして金衡では D を Drachme, P を Pfund, S を Sicilicus として

1D = 100P, 1/2D, 1/4D, 4/25D, 2/25D, 1/25D, 1/50D,
1/100D = 1P, 1/2P, 1/4P, 1/8P, 1/16P, 1/32P, 1/64P = 1S.

これだけでも相当に複雑であるが，実際にはこれでも一部であり，地域により，職種によりさまざまに異なるシステムが使われていた．鉱山師と試金師の間で異なるだけではなく，金の試金師と銀の試金師の間でも異なるシステムが使われていたのである[13].

　日々これを使用している試金技術者はその不便さを身にしみて感じていたと思われる．この時代にワイセンブルクの試金技術者シュライトマンが完全に10 進法にしたがった分銅システムを提唱しているが，それは日常の経験にもとづくものであろう．死後の 1578 年に出版された彼の『試金小著 (*Probierbüchlein*)』には書かれている．はじめにもっとも感度のよい天秤でも検出不可能な小さい同質量の錘を 10 個作製する．「それはきわめて小さいので，2 個とか 3 個とか 4 個では，いかに鋭敏で正確な秤でも検出できないが，しかし 10 個ではそこそこの傾きを与えるものでなければならない」．そのさい，それらの小さい錘が「検出不可能であるがたがいに等しい」質量を持つようにするには，極細のワイヤを太いワイヤにきっちり巻き付けひと巻ごとに切り離して輪を作ればよい．こうして作られた最小単位の錘を彼は「原子 (atomus)」ないし「破片 (Stüplin)」と名づける．次に，1 個でもってこの「原子」10 個と釣り合う錘 (10 単位の錘) を作り，さらに 20, 30, 40, ……, 90 単位の錘，まったく同様にして 100, 200, 300, ……, 900, 1000, 2000, 3000, ……, 9000 単位の錘を順に作ってゆく[14].

---

[13] Agricola, 邦訳『デ・レ・メタリカ』p. 229f., 独訳 *De Re Metallica Libri XII*, p. 255. より．Zentner = 46.7712 kg, Drachme = 0.5 (常衡) Sicilicus = 3.654 g で，Pfund と Sicilicus は常衡と金衡で値が異なる．当時の冶金業・試金業について詳しくは，拙著『一六世紀文化革命』1，第 4 章を参照していただきたい．

[14] C. S. Smith, 'A Sixteenth-Century Decimal System of Weights' より．

しかしこのシュライトマンの完全10進システムも，普及しなかったようである．

いずれにせよこのシュライトマンのシステムも，最小単位から順に大きくしてゆくかたちで形成される昇冪の10進法であり，単位を分割する降冪の10進法，つまり10進小数に発展してゆくものではなかった．

3. 商業数学の発展

中世イスラム社会は基本的に商業社会であり，その数学は，ギリシャの哲学的で思弁的な数学と異なり，実用的で計算を重視する商業数学であった．そしてそのヨーロッパへの移植と影響は，インド・アラビア数字の有用性を確信し，アラビアの商業数学や代数学とともに完璧に使いこなしていたフィボナッチの『アバコの書』によるところが大きい．Werner Sombart の書には「〔西欧中世における〕商人の計算発生の地は，やはりイタリアであった．もっと正確にいうと，フィレンツェであった．1202年のレオナルド・ピザノの書『算術〔アバコ〕の書』とともに正確な計算の基礎が築かれた」とある[*15]．

ピサのレオナルド，別名フィボナッチの数学開眼は，アルジェリアのブギア（現ブーギー）で故国ピサの商人にかかわる仕事（領事のようなものらしい）に従事していた彼の父が，息子を商人にする目的で当地に連れてゆき，イスラム社会の数学を学ばせたことによる．『アバコの書』の序文には大略次のように書かれている．「父は私にインド・アラビア数字と計算法を熱心に学ばせた．私はそれが大変楽しかったので，その後，エジプト，シリア，ギリシャ，シチリア，そしてプロヴァンスと商用で旅をするあいだも数学の学習を継続し，その地での学者たちとの議論を通して学んでいった．しかしそれらの計算法は，ピュタゴラスのやり方も含め，インドのものに比べるとほとんど誤っていると，私には思われた．そこでインドの方法をもっと厳格に捉え，私自身の考えたものをも付け加え，またユークリッド幾何学の優れたところも取り入れて，

[*15] Sombart『ブルジョア』p. 175.

15の章からなる本書を書き上げた.」*16

　現代の数学史では,『アバコの書』は,その第15章の方程式論が重視されているが,当時の商業数学のエンサイクロペディアと称された同書が中世社会に現実に影響を与えたのは,むしろ利息計算や両替や共同経営での利益配分といった多くの例題をともなった商業数学についての記述であった*17.そのため同書は大学では重視されなかったようである.

　もともと中世ヨーロッパにおける学校は,汎ヨーロッパ的権力としての教会の主導で作られ,教会の管理下に置かれていたのであり,少数の知的エリートのための汎ヨーロッパ的言語としてのラテン語教育が中心で,基本的にはキリスト教イデオロギーを注入することを目的としていた.当然そこで商業数学が教えられることはなかった.当時のキリスト教では商業が詐欺的な営みと見られ,忌避されていたのである.他方,12世紀中期以降に創設された大学での教育も,支配エリートや聖職者を養成するためのもので,数学教育はやはり軽視され,とりわけ計算技術は商人のための技術として貶まれ蔑ろにされていた.イギリスの支配エリートのための名門校で,その卒業生の大部分がオクスフォードかケンブリッジ,そして陸海軍の士官学校に進学するイートン校が設立されたのは1446年であるが,そこで算術が必修科目となったのは,ようやく1851年であったと言われる*18.

　それにたいして,計算技術を重視する商業数学は都市の商人のあいだに浸透していった.13世紀以降,商人が商品をたずさえ異国を旅してまわる遍歴商業から都市に定住し為替手形をもちいて遠隔地の代理人に支払いを依頼する定住商業へと移行したこと,さらには商業規模が拡大しヨーロッパ各地に支店網を有する共同経営組織が広く作られるようになったこと,等の結果,商業においては文書による契約が不可欠となり,正確な情報伝達,記帳による商品と資本の厳格な管理,そして通貨の両替や利息および利益配分の込み入った計算が重要になり,商人にとって読み書きの能力と計算の技能は欠かせないものにな

---

*16 *Fibonacci's Liber Abaci*, p. 15f. この部分の原文と英訳はGrimm, 'The Autobiography of Leonard Pisano', p. 100にあり.
*17 その内容と例題は三浦『フィボナッチ』第10, 11, 12章に詳しい.
*18 デップマン『算術の文化史』p. 237.

っていった．そのため北イタリアや中部ヨーロッパの都市の商人たちは，自分たちの目的にかなった学校，端的に「読み書きそろばん」の学校を自分たちの手で作り始めた．

　こうしてイタリアやネーデルラント，のちにはドイツの都市には，商人や職人の子弟のために俗語（各国語）で教育する習字教室や実用数学を教える算数教室が形成されていった．1300年頃のフィレンツェには，そのような算数教室が6校あり，それぞれ200人前後の生徒が学んでいたとされる[19]．それにともない，そのような学校で教える数学教師という職業が生まれることになったが，その教師たちの大部分は大学とは無縁であった．そして中世後期のヨーロッパでの数学の発展，とりわけ計算技法の改良と普及は，このような都市の算数教室の教師たちに大きく負っている．そして彼らそれぞれが自分たちの教室での教科書として算術書を執筆したのであるが，そのさいに，かならずしも直接的ではないにせよ，影響を与えたのがフィボナッチの書であった．

　かくしてインド・アラビア数字の使用は，商業の世界に浸透していった．13世紀末のフィレンツェの両替商のギルドではアラビア数字の使用を禁じたことが知られているが，それは商業の世界にアラビア数字が浸透していたことを裏返しに示している[20]．きわめて初期の印刷された商業数学の書である，15世紀後期に活躍したイタリアないしプロヴァンスの算術家フランチェスコ・ペロスの1492年の『算術の技芸（*Arte de arithmetica*）』の扉のイラストには，0から9までのアラビア数字が描かれている（図2.2）．象徴的である．

　当時の商業数学は，学問としての数学ではなく，商業実務のための技術であった．したがって求められていたのは証明ではなく計算手順の教示と説明であるが，それは通常はいくつもの実例で与えられていた．そしてその基本は加減乗除の四則演算と，通常「三数法」とか「三数の規則」と称され，ときに「商業数学の黄金律」とも呼ばれた比例計算であった．「三数の規則」は，一般的

---

[19] 清水『イタリア商人の世界』pp. 26, 252；Struik, 'The Prohibition of the use of Arabic numerals in Florence,' p. 292；Sombart 前掲書，p. 176．ただしこの数字は少し過大と見られている．Grendler，前掲書，p. 71f.，拙著『一六世紀文化革命』1，第5章3参照．

[20] Struik，同上論文；Cajori『初等数学史』上，p. 238．

図 2.2 Francesco Pellos『算術の技芸』扉

には与えられた三つの数から第四の数を求める仕方を与えるものであるが，その基本形はある商品の A 量の価格が a のとき，その B 量の価格 b はいくらかというものである．リヨンのニコラ・シュケーの 1487 年の『数の科学における三部分』には「三数の規則がそのように呼ばれるのは，それがつねに三つの数を必要とするからであり，そのうちの最初の二つがある定まった比にあるときに，この規則は，第二の数が第一の数と比例にあるのと同様に，第三の数にたいして比例するような第四の数を見出すものである」と記されている[*21]．

その具体例はフィボナッチの『アバコの書』の第 11 章にいくつも記されている．後期中世西欧の商業数学の書に書かれている例の多くは，この書を下敷

[*21] Chuquet, *The Triparty*, p. 70.

きにしたものと見られている．そのヴァリエーションには，たとえば「ある布地 10 ブラッキアは 3 リラに相当し，胡椒 43 ポンドは 5 リラに相当する．その布地 50 ブラッキアは胡椒いくらに相当するか」といった「物々交換の問題」から，「二人の人物がいて，一方は 1390 年 1 月 1 日に 1260 リラ出資して商会を立ち上げ，他方は 1390 年 11 月 1 日に 3128 リラ出資し，1392 年 8 月 1 日に 2768 リラ 12 ソルディ 8 ディナールの利益をあげた．それぞれの取り分はいくらか」というような，いわゆる「利益配分の問題」も含まれ，とくに後者のような問題は当時の商人たちにはかなりの難題であった．

「三数の規則」の比例問題の解法は，天下りに $(a \times B) \div A$ によって b が得られると当時は教えられていた．実際，シュケーの先述の書には「この規則の手順は，第三の数と第二の数を掛け合わせて，次に第一の数で割る」とあり，同様に，1617 年のジョン・ネイピアの書『ラブドロギアエ』にも「順三数法においては，第二と第三の数が掛け合わされ，その積を第一の数で割らなければならない」と単純に書かれている[*22]．しかしこの論理自体がその時代には難解とされていた．その難解さは，理論的には a と B を掛けあわす根拠がよく理解されなかったことにあったようだが，それと同時に，実際的には貨幣や計量単位の換算の複雑さも影響していたし，そのうえ分数による扱いがその煩雑さを増幅させていた．

こうして都市の算数教室で開発され蓄積されていった計算技法は，15 世紀中期の印刷術の発明をうけて公表されはじめた．現在知られているはじめて印刷された商業数学の教科書は，1478 年にヴェネツィア北方の町トレビーゾで出されたイタリア語の書物（『トレビーゾ算術』）である[*23]．そこにはいくつもの例題が記されているが，そのひとつ「100 pounds の砂糖の価格は 32 ducats である．9812 pounds では幾らか」という単純な問題を見てみよう．使用される貨幣の換算は 1 ducat = 24 grosse，1 grosse = 32 pizoli であり，その解法は，$32 \times 9812 \div 100 = 313984/100$ としたうえで，

[*22] Napier, *Rabdology*, p. 47.
[*23] *Treviso Arithmetic*. D. E. Smith によるその英訳は，Swetz, *Capitalism and Arithmetic : The New Math of the 15th Century* に全文収録されている．以下は，その p. 115 より．Swetz のこの書はこの時代の計算法にも詳しい．

$$\frac{313984}{100} = 3139\frac{84}{100}, \quad \frac{84\times24}{100} = 20\frac{16}{100}, \quad \frac{16\times32}{100} = 5\frac{12}{100},$$

したがって答は　3139 ducats, 20 grosse, 5 と $\frac{3}{25}$ pizoli

というもので，複雑さはもっぱら貨幣の換算からきている．

　いずれにせよ，商業数学の基本がこのように整数と分数であることには変わりはなかった．最初に＋(プラス)の記号が使われたといわれる1489年にライプツィヒで印刷されたヨハン・ウィッドマンのドイツ語の書『算法(*Recheuung*)』には，たとえばつぎの問題が記されている[24]：

9 エル〔の布地〕が 6 フロリンとフロリンの $\frac{1}{3}$ とフロリンの $\frac{1}{3}$ の $\frac{1}{2}$ とフロリンの $\frac{1}{3}$ の $\frac{1}{2}$ の $\frac{3}{4}$ するならば，その 11 エルと $\frac{1}{8}$ はいくらか．

ウィッドマンの解法を忠実に，しかし整理して現代風に記述するならば

$$6 + \frac{1}{3} + \frac{1}{2}\times\frac{1}{3} + \frac{3}{4}\times\frac{1}{2}\times\frac{1}{3} = \frac{53}{8}, \quad 11 + \frac{1}{8} = \frac{89}{8},$$

$$\frac{53}{8} \times \frac{89}{8} \div 9 = \frac{4717}{576}, \quad \frac{4717}{576} = 8\frac{109}{576},$$

$$\frac{109\times20}{576} = 3\frac{452}{576}, \quad \frac{452\times12}{576} = 9\frac{240}{576} = 9\frac{5}{12}.$$

　最後の換算には 1 florin = 20 shilling, 1 shilling = 12 heller が使われ，これより答は 8 fl 3 ss 9 helr $\frac{5}{12}$ ．ここでは，貨幣の換算の複雑さとともに分数による表記と計算の煩わしさが実感されるであろう．ドイツ語で「分数」は 'Bruch (複数 Brüche)' というが，先述のデップマンの書には，ドイツ語に 'in die Brüche geraten (分数におちいる)' 転じて「訳がわからなくなる」という言い方があると書かれている．分数計算は「煩雑」というより「難解」と見ら

---

[24] Glaisher, 'On the early History of the Signs + and – and on the early German Arithmeticians', p. 6.

れていたのである．

　しかしこの時代の商業数学からは，小数にたいする欲求は生まれなかった．当時扱われていたようなそれほど大きくはない数を分母に持つ分数は，整数に準ずる数で，離散性をその特徴とし，他方，桁数を上げることで任意の実数にいくらでも接近可能な小数はむしろ連続性に近親性を有し，両者は性質を異にしている．小数は，プトレマイオス自身が語っているように，幾分なりとも誤差の避けられない観測量にたいする近似が求められる局面で重要とされる．他方，金銭を扱う商業数学には，誤差や近似はそぐわない．

4. イスラム社会での発展

　2世紀のプトレマイオス以来，天文学では60進小数が使用されてきた．そして13世紀以降は10進法が知られていたはずである．にもかかわらず，10進小数の使用は16世紀までみられない．13世紀のヨルダヌス・ネモラリウスは当時の数学や機械学に通じていた有能な人物であったが，彼は $\sqrt{26}$ を $\sqrt{260000}/100 = 509/100$ と求めたうえで，これを 5.09 とすることなく，60進小数で $5;5,24$ と表現している．まったく同様に，その約300年後，16世紀になっても，フランス人でコレージュ・ロワイヤルの教授オロンス・フィヌが $\sqrt{10}$ を求めるのに $\sqrt{1000000} = 3162$ と計算し，ここから $\sqrt{10} = 3.162$ とすることなく，やはり60進小数で $\sqrt{10} = 3;9,43,12$ と表現している[*25]．509/100 から 5.09 への歩みは，私たちにはほんの一歩と思われるが，その一歩を歩むのに何百年も要したのである．人間の思考の慣性の強さを見る思いがする．

　エジプト出身の数学史の研究者 Roshdi Rashed の書『アラビア数学の展開』によると，「ゼロの法則」と呼ばれるこのような開平の仕方，一般的に表すと

$$(a)^{1/n} = \frac{(a \times 10^{nk})^{1/n}}{10^k} \quad (k = 1, 2, \cdots)$$

は，じつは，イスラム社会において，アッ＝サマウアル（1174没）がすでに語っていたそうである[*26]．そしてイスラム世界の数学者の間から，代数方程式

[*25] Tropfke, *Geschichte*, p. 173；Cajori，前掲書，下，p. 35f.
[*26] Rashed『アラビア数学の展開』p. 116.

の解の近似を高めることを目的に，西欧にほぼ400年先んじて10進小数のアイデアが生まれたとされる．そこで Rashed の書の記述に依拠して，そのあたりの消息を辿ることにしよう．

アラブの数学者アル＝ウクリーディシーが10世紀に小数を用いたと伝えられているが[*27]，Rashed は「小数が共通分数計算において不規則に使用されるのと，分数の観念的で明瞭な小数表現が与えられるのとは違うことである」と強調した上で，後者の意味で小数概念を語った，知られている最初として12世紀のアッ＝サマウアルの論考「すべての分割演算，すなわち，除法，平方根の開平，すべての冪に対する辺の開法と，演算において出てくる分数の補正といった演算を無際限に決定するような唯一の原理の提示について」を挙げている．実際，そこにはつぎの表現が見られる：

> 単位（10^0）から始めて，無際限に，10倍ごとに，比例位が与えられらならば，（10^0の）もう一方に，同じ比で，（10分の1ごとの）位をおき，単位（10^0）の位は，整数の位と割られた位との真ん中にあることになる．
>
> そうして，単位（10^0）の位に続く位を10分の1の位と呼び，その次を100分の1の位，その次を1000分の1の位，などと呼ぶ．
>
> もしも，除法や平方根，立方根の一辺，平方の平方を計算する際，あるいは，分割に関する章において，単位（10^0）の位に到達するならば，計算を止めないで，10分の1の列に移して，10分の1を得る．さらに計算を続けるなら，10分の1の下の列に移して，100分の1を得る．[*28]

ここには，通常の10進法が $1, 10, 10^2, 10^3, 10^4, \ldots\ldots$ という昇冪の10進法であることとの対比で，10進小数が $10^{-1}, 10^{-2}, 10^{-3}, \ldots\ldots$ という降冪の10進法であることが，明瞭に示され，同時に，それがいくらでも小さい桁に延長可能で，そのことにより代数方程式の解をいくらでもよく近似しうるという認識が

[*27] Saidan, 'The Earliest Extant Arabic Arithmetic', p. 477f.; Berggren, *Episodes in Mathematics of Medieval Islam*, Ch. 2, §3, pp. 36-39；三浦『フィボナッチ』p. 77f,『数学の歴史』p. 73f.

[*28] Rashed，前掲書，pp. 116, 118 より．

示されている．

　イスラム社会における 10 進小数のこの進んだ理解は，15 世紀のサマルカンドの天文学者ジャムシード・アル＝カーシー（1429 没）に継承されてゆく．

　アル＝カーシーは 1424 年の『円周についての論考』で，じつに円に内外接する正 805,306,368 辺形をもちいて，2π の近似値として，60 進小数で
$$2\pi = 6 : 16, 59, 28, 1, 34, 51, 46, 14, 50$$
を求めているが，それに止まらず，この値を 10 進小数に変換して
$$2\pi = 6.283\ 185\ 307\ 179\ 586\ 5$$
と表現している．これにたいして Rashed は，（1）60 進小数と 10 進小数の間の類比を示したこと，（2）代数方程式の解ではなく，π のような実数の近似のために小数を用いたこと，の二点において，その意義を認めている[*29]．

　のみならず，アル＝カーシーは 1427 年の『計算の鍵』に「天文学者は，分数の分母に一貫して 60 という数とその冪を使っている．彼らは，それら（各単位分数）を，分，秒，忽，肆，……と呼んでいる．私は，天文学者が用いている法則との類推によって，各分母が 10 という数とそれの冪となる分数を導入した．そして私は，そうした各冪（各単位分数）をアシャール，第二アシャール，第三アシャール，第四アシャール（ten, ten second, ten teritia, ten quart）……と呼んでいる」と記し，10 進小数の計算規則を記している．その一例として記されている，$25.07 \times 14.3 = 358.501$ の計算を図 2.3 に示しておく．アル＝カーシーの表記では，小数点はなく，小数部分は整数部分と異なる色で記されている[*30]．

　小数使用におけるアル＝カーシーの先駆性は，彼に先行するイスラム社会での数学の発展とともに，中国数学の影響もうかがわせるが，それと同時に彼が天文学者として観測量を扱っていたことと無関係ではないだろう[*31]．

　それにたいして誤差というものの許容されない商業数学では，貨幣の最小単

[*29] Rashed, 前掲書, pp. 129-131；Neugebauer, 前掲書, p. 20. なお Boyer, 前掲書, 2, p. 180 にもこのことが記されているが，数値がまちがっている．
[*30] デップマン, 前掲書, p. 240；三浦「アラビアの計算術」p. 231；Struik, 'Simon Stevin and the Decimal Fractions,' n. 5；Saidan, 前掲論文, p. 488；Rashed, 前掲書, p. 132.
[*31] アル＝カーシーの生涯については Berggren, 前掲書, pp. 15-21 参照．

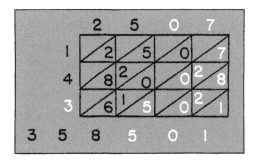

図 2.3 アル=カーシーの小数の掛け算 $25.07 \times 14.3 = 358.501$ の計算．アル=カーシーの表記法では小数点はなく，整数部と小数部は色のちがいで区別されている．ここでは白線の数字が小数部をあらわす．

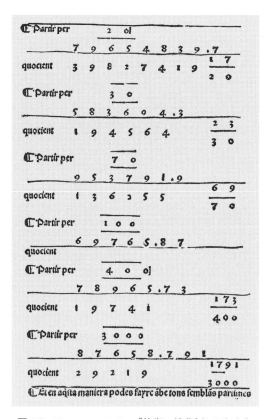

図 2.4 Francesco Pellos『算術の技芸』(1492) より

位まで正確な値が求められるのであり，そのため近似という考え方が生まれにくいと考えられる．そのことが商業数学から小数の概念がはやくに生まれなかった理由であろう．数学者・森毅の書にあるように「小数というのは，本来的に誤差感覚に結びついている．この点では分数のほうが整数的なのである」[*32].

5. 小数概念への接近

ともあれ「サマルカンドで活躍した15世紀の数学者〔アル=〕カーシーの頃を境に，数学研究の最先端はアラビア世界から西洋に移行していく」[*33]．そして1478年の『トレビーゾ算術』につづき，同様の商業数学の書籍がつぎつぎ印刷されていった．商業数学の書の出版点数が増加するとともに，現在使用されているプラスやマイナスや根号などの算術記号が次第に確定され普及してゆくことになった．整数部分と小数部分の分離を表す小数点についていうと，やはり初期の印刷物にその萌芽を認めることができる．

先述のペロスの『算術の技芸』に，はじめて小数点が現れた．著者ペロスはニースの出身で，トリノで出版された同書の内容は，整数の演算から始まり，比例，平方根，立方根，分数の演算，三数の規則，その他，利息計算等が扱われている．ようするに商業数学の標準的な書である．図2.4に示したように，そのなかに小数点が記されている．図は

$$796548397 \div 20 = 79654839.7 \div 2 = 39827419\frac{17}{20},$$
$$\cdots\cdots\cdots\cdots\cdots,$$
$$7896573 \div 400 = 78965.73 \div 4 = 19741\frac{173}{400},$$
$$87658791 \div 3000 = 8765.791 \div 3 = 29219\frac{1791}{3000}$$

を表している．つまり

[*32] 森『指数・対数のはなし〔新装版〕』p. 24.
[*33] 三浦『数学の歴史』p. 76.

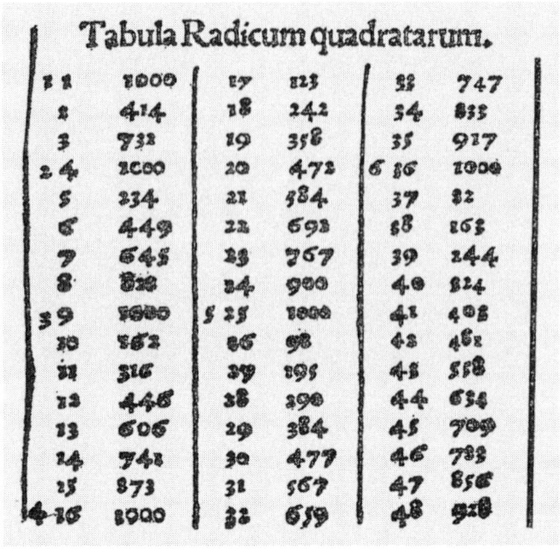

Tabula Radicum quadratarum.

1 1	1000	17	123	33	747
2	414	18	242	34	831
3	732	19	358	35	917
2 4	2000	20	472	6 36	1000
5	234	21	584	37	82
6	449	22	693	38	163
7	645	23	767	39	244
8	828	24	900	40	324
3 9	1000	5 25	1000	41	403
10	162	26	98	42	481
11	316	27	195	43	558
12	446	28	290	44	634
13	606	29	384	45	709
14	741	30	477	46	783
15	873	31	567	47	856
4 16	1000	32	659	48	928

図 2.5 Adam Riese 平方根表 (1522)
整数部分が 1 の列には $\sqrt{1}$，$\sqrt{2}$，$\sqrt{3}$ があり，同様に整数部分が 2 の列には $\sqrt{4}$，$\sqrt{5}$，$\sqrt{6}$，$\sqrt{7}$，$\sqrt{8}$ があり，いずれも右側に小数部分が記されている．つまり左の列の 1 行目は $\sqrt{1}=1.000$，2 行目は $\sqrt{2}=1.414$，右の列の最下行は $\sqrt{48}=6.928$ をあらわす．
D. E. Smith, *History of Mathematics*, vol. II より

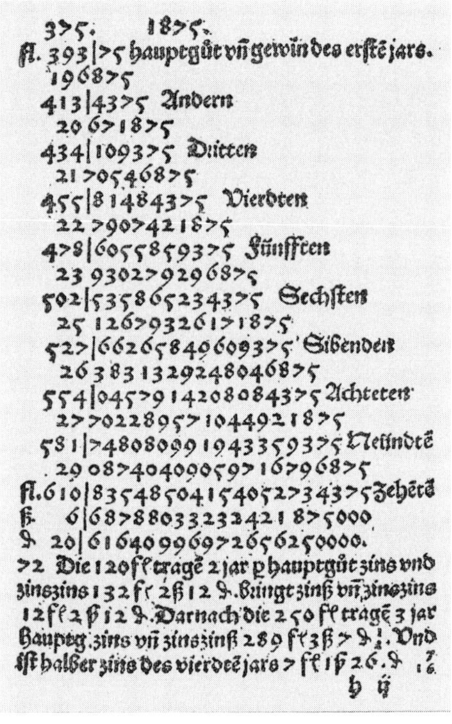

375. 1875.
fl. 393|75 hauptgůt vñ gewin des erstē jars.
196875
413|4375 Andern
20671875
434|109375 Dritten
2170546875
455|8148437 5 Vierdten
227907421875
478|6055859375 Fünfften
23930279296875
502|535865234375 Sechsten
2512679326171875
527|66265849609375 Sibenden
263831329248046875
554|045791420808437 5 Achteten
277022895710449218 75
581|748080991943359375 Neündtē
29087404090597167968 75
fl.610|83548504154052734375 Zehētē
ß 6|68788033232421875000
₰ 20|61640996972656250000.
72 Die 120 fl tragē 2 jar p hauptgůt zins vnd
zinszins 132 fl 2ß 12 ₰. Bringt zinß vñ zinszins
12 fl 2 ß 12 ₰. Darnach die 250 fl tragē 3 jar
haupeg. zins vñ zinszinß 289 fl 3ß 7 ₰ 1/2. Vnd
ist halber zins des vierdeē jars 7 fl 1ß 26 ₰ 1 7/16.

図 2.6 Christoff Rudolff『例題小論集』
$375 \times \left(1+\frac{5}{100}\right)^n$ の表
D. E. Smith, *History of Mathematics*, vol. II より

$$796548397 \div 10 = 79654839.7,$$
$$7896573 \div 100 = 78965.73,$$
$$87658791 \div 1000 = 87658.791$$

であり，10，100，1000 のそれぞれで割ると除数のなかの 0 の数だけ被除数の桁が下がり小数点以下の数の桁数が増すという意味において，小数の意味と小数点の機能が正しく捉えられている．図は Sarton の論文，および D. E. Smith の『稀少算術 (*Rara Arithmetica*)』からのものであるが，Smith は「ペロスは小数の発明の真近にまで来ていた．実際，図に示されているように彼は小数点を用いていた．しかしながら彼が小数の現実の価値についてなんらかの確かな理解を有しているとは言えない」と評している．実際，ペロスは小数にたいして大きな数で割るさいの演算の途中での補助的役割を与えているだけで，それ以上に小数に固有の意味や価値を論じることをしていない．そして小数点という自身の発明品をそれ以上普及させようとはしなかった[*34]．

　ドイツの算術教師，坑夫出身のアダム・リーゼ (1489-1559) の 1522 年の算術書には，小数点は使用されていないものの，整数部分と小数部分を分離して記した平方根の表が載せられている（図 2.5）．

　つぎに整数部分と小数部分の分離を縦棒で記した，つまり小数点に相当する記号を縦棒で表したのは，1530 年にアウグスブルクで出版されたクリストフ・ルドルフの書『例題小論集 (*Exemple Büchelin*)』であった（図 2.6）．ルドルフはドイツ語ではじめて代数学の教科書を書いたことで知られるが，この『例題小論集』もドイツ語で書かれている商業数学の問題集であり，そこに図 2.6 の複利表が記されている．表は $375(1+5/100)^n, n = 0, 1, 2, 3, \cdots$ を表している．わかりやすく書けば

$375 \times \left(1 + \dfrac{5}{100}\right)^0 = 375,$ $\qquad 375 \times 5 = 1875,$

$375 \times \left(1 + \dfrac{5}{100}\right)^1 = 375 + 18.75 = 393.75,$ $\qquad 39375 \times 5 = 196875,$

[*34] Sarton, 'The Scientific Literature transmitted through the Incunabla,' pp. 114, 160 ; D. E. Smith, *Rara Arithmetica*, p. 50. ; 同 *History of Mathematics*, Vol. 2, p. 238f. ; Swetz，前掲書，p. 229.

$$375 \times \left(1 + \frac{5}{100}\right)^2 = 393.75 + 19.6875 = 413.4375, \qquad 4134375 \times 5 = 20671875,$$
………………

となる．増加分（差分）にたいしては小数点としての縦棒が記されていないことを見ると，10進小数の数学的な意義を十全に把握しているようには見えないし，小数表現に積極的な意味を与えているようにも思えない．

そしてまた表ではこの後も，べき乗（nの値）が大きくなるとともに小数以下の桁数が増加しつづけていることからわかるように，これらはあくまで厳密な値として記されている．このかぎりでルドルフにも，小数を連続量の近似値として用いるという指向性はないと思われる．

そして 1579 年にフランスのフランソア・ヴィエト（ラテン名ヴィエタ：1540-1603）は，『数学のカノン（*Canon mathematicus*）』において，直径 100,000 の円の円周を 314,159,265,36 と表記している[*35]．ここでは小数部がアンダーラインで記されている（数字を 3 桁ごとにカンマで区切るのも新しい表記法と思われる）．そしてヴィエトは 60 進小数を退け，10 進小数を選んだといわれる．10 進小数にたいする認識が少しずつ浸透してきたことがわかる．

このように西欧においてステヴィン以前に小数を使用した例は散見されるが，しかし Rashed が語っているように，「彼らの小数に関する知識は断片的であり，かつ部分的でしかなかった」[*36]．

それにたいして，単に小数の記数法を考案しただけではなく，10 進小数の意義を十分に理解し，そのアルゴリズムを正確に論じることによって，10 進小数を数学理論の内部にはじめて明確に位置づけたのが，新生ネーデルラント共和国の技術者シモン・ステヴィン（1548-1620）であった．

6. ステヴィンの『十分の一法』

ステヴィンの『十分の一法』は小さなパンフレットであり，1585 年にフラ

[*35] Boyer, 'Viète's Use of Decimal Fractions,'；同『数学の歴史』3，p. 52f.
[*36] Rashed，前掲書，p. 85.

ンス語 (*La Disme*) とオランダ語 (*De Thiende*) で出版された (図 2.7)[*37].

構成は，序文，第 1 部，第 2 部，補遺よりなり，その序文の冒頭には「十分の一法」について「それは（一言で言うならば），実際的な活動において直面し，加減乗除によってなされるすべての計算や演算を，分数を用いることなく，整数によって（仏 par nombres entiers，蘭 door heele ghetalen）行う術を教示するもの」と明記されている．

第 1 部は以下の「定義」にあてられている（強調原文ママ）：

定義 1. 十分の一法は，10 進法の考えにもとづいて考案された，それを用いてどのような数でも書き表すことのできる通常のアラビア数字を使用した算術の一種であり，実務で出会うどのような計算も，それによって，分数を用いることなく整数だけで遂行することができる[*38]．

定義 2. 前に置かれているすべての整数（仏 nombre entier，蘭 heel ghetal）は **始元**（仏 Commencement，蘭 Beghin）と呼ばれ，印(しるし)（signe, Sijn）⓪ を有する[*39]．

[*37] ライデンで出版されたオランダ語版 *De Thiende* は，Robert Norton による英語の対訳つきで *The Principal Works of Simon Stevin*, Vol. 2a. *Mathematics*, pp. 386-455 に，フランス語版 *La Disme* は *Les Oeuvres Mathématiques de Simon Stevin*, Ⅰ, pp. 206-213, および G. Sarton, 'The first explanation of decimal fraction' の末尾 pp. 230-244 に，それぞれ収録されている．二つは内容的には差がない．Norton の訳は 1608 年のもので，Struik ed. *SBM*, pp. 7-11 にも再録されている．その他に，フランス語版からの Vera Sanford による英訳が Smith ed. *SBM*, pp. 20-34 に，そして銀林浩による邦訳『小数論』が森毅，前掲書, pp. 177-194 に収録されている．オランダ語からの独訳は *Ostwald Klassiker der exakten Wissenschaften*, Neuefolge, Bd. 1 にあり．

なお，同書は小さなパンフレットゆえ，引用のさいも頁を注記しない．

[*38] ここに「十分の一法」と訳した語は，仏語で disme，蘭語で Thiende．仏語の disme はラテン語の decima（十分の一）に由来する言葉と思われる．Norton の訳では dime, Sanford の訳では decimal number, 銀林の訳では「小数」．しかし文意からして，そしてまた定義 4 との整合性からして，この disme ないし Thiende は新しい「数」としての「小数」ではなく新しいアルゴリズムとしての「小数算術」を指す言葉と見るべきであろう．実際，仏語版では，Disme est une espece d'Arithmetique とあり，蘭語版では Thiende（十分の一法）と Thiendetal（十分の一数）が区別されている．そして Norton による英訳では Thiende に dime が，Thiendetal に dime number があてられ，またこの区別は独訳にも Thiende と Thiende-Zahl として踏襲されている．

[*39] 「前に置かれている」はオランダ語の voorgestelde を独訳 vorgelegte に倣って訳したもの．英訳の propounded (Norton), given (Sanford) はとらなかった．

図 2.7 『十分の一法』(1585) オランダ語版の扉

定義 3. 始元の単位 1 の十分の一は **1 次** (Prime, Erste) と呼ばれ，印 ① を有する．1 次の十分の一は **2 次** (Seconde, Tweede) と呼ばれ，印 ② を有する．そして以下の小さい単位についても同様にする．

定義 4. 定義 2 と定義 3 で定義された数を，一般に**十分の一数** (Nombres de Disme, Thiendetalen) と言う．

要するに整数部は桁数によらず全体として「始元」であり，その後に印 ⓪ が付される．そして 10 進位取り表記での小数は，各次数ごとに後に，ないし上に，①，②，③，……が付される．たとえば 123.456 は 123 ⓪ 4 ① 5 ② 6 ③，または 123456 のように記される．このとき始元は 123，印は ⓪ が 1，①

が $\frac{1}{10} = 10^{-1}$，②が $\frac{1}{100} = 10^{-2}$，③が $\frac{1}{1000} = 10^{-3}$，……を表し，その印の前の数字はその印の多重度を示す．つまり 123⓪ は 123×1 = 123，4① は $4 \times \frac{1}{10} = \frac{4}{10}$，……，したがって 123⓪4①5②6③ は $123 + \frac{4}{10} + \frac{5}{100} + \frac{6}{1000}$ を表す．そして定義 3 の説明には「⓪以外では，印の多重度は 9 を越えない．たとえば 7①12② はなく，そのかわりに，同じものとして 8①2② と記される」とある．小数部の位取りの意味を明らかにしたものでもあれば，60 進小数との違いを明確にしたものとも言える．

第 2 部では，こうして定義された小数の四則演算の規則が語られる．

命題 1 は足し算の方法で，27⓪8①4②7③ と 37⓪6①7②5③ と 875⓪7①8②2③ の和を求めるという実例で説明されている．つまり「数を右図〔図 2.8〕のように〔⓪①②③の印の下に〕揃えて置き，（『算術』の第一の問題によって）通常の整数の和の仕方で足す．その和は 941304 であり，それは数字の上の印に従えば 941⓪3①0②4③ である」と与えられている．数字が欠けているときには，たとえば 8⓪5①6② に 5⓪7② を足すときには，後者を 5⓪0①7② としておけばよい．

命題 2 は引き算で，例は 237⓪5①7②8③ から 59⓪7①4②9③ を引き剰余を求めよというもので，これも単純に印の下に数字を揃えて整数と同様に引き算を実行し，その後で印をつければよい．すなわち 237578－59749 = 177829，したがって，答は 177⓪8①2②9③．

命題 3 は掛け算で，「数 32⓪5①7② と数 89⓪4①6② が与えられたとき，その積を求めよ」という問題の解法が記されている．すなわち「数を図〔図 2.9〕のように〔印の下に〕揃えて置き，（『算術』の第三の問題によって）通常の整数の掛け算の仕方で掛ける．こうしてその積 29137122 が得られる．その印が幾らであるかを見出すために，最後の印〔の数〕を足し合わせる．〔この場合〕一方は ②，もう一方も ② ゆえ，和は ④ であり，それゆえ末尾の数字の印は ④ である．これがわかれば他の印もすべて順に判明し，それゆえ求める積は 2913⓪7①1②2③2④ である．」

命題 4 は割り算で，「被除数が 3⓪4①4②3③5④2⑤，除数が 9①6②

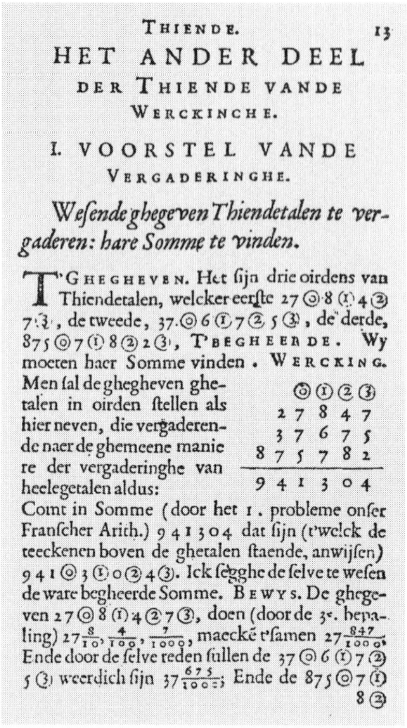

THIENDE. 13

HET ANDER DEEL
DER THIENDE VANDE
WERCKINCHE.

I. VOORSTEL VANDE
VERGADERINGHE.

Wesende ghegeven Thiendetalen te vergaderen: hare Somme te vinden.

T'GHEGHEVEN. Het sijn drie oirdens van Thiendetalen, welcker eerste 27⓪8①4②7③, de tweede, 37⓪6①7②5③, de derde, 875⓪7①8②2③, T'BEGHEERDE. Wy moeten haer Somme vinden. WERCKING. Men sal de ghegheven ghetalen in oirden stellen als hier neven, die vergaderende naer de ghemeene maniere der vergaderinghe van heelegetalen aldus:

⓪①②③
2 7 8 4 7
3 7 6 7 5
8 7 5 7 8 2
9 4 1 3 0 4

Comt in Somme (door het 1. probleme onser Franscher Arith.) 941304 dat sijn (t'welck de teeckenen boven de ghetalen staende, anwijsen) 941⓪3①0②4③. Ick segghe de selve te wesen de ware begheerde Somme. BEWYS. De ghegeven 27⓪8①4②7③, doen (door de 3e. bepaling) $27\frac{8}{10}, \frac{4}{100}, \frac{7}{1000}$, maeckē t'samen $27\frac{847}{1000}$. Ende door de selve reden sullen de 37⓪6①7②5③ weerdich sijn $37\frac{675}{1000}$; Ende de 875⓪7①8②

図 2.8　Simon Stevin『十分の一法』
小数の足し算の説明

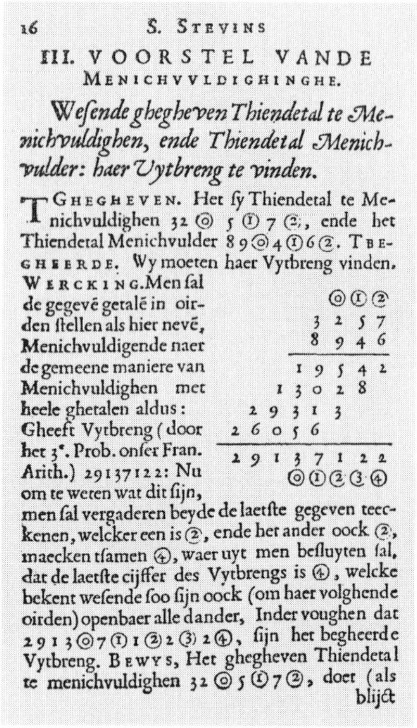

16 S. STEVINS

III. VOORSTEL VANDE
MENICHVVLDIGHINGHE.

Wesende ghegheven Thiendetal te Menichvuldighen, ende Thiendetal Menichvulder: haer Vytbreng te vinden.

T'GHEGHEVEN. Het sy Thiendetal te Menichvuldighen 32⓪5①7②, ende het Thiendetal Menichvulder 89⓪4①6②. T'BEGHEERDE. Wy moeten haer Vytbreng vinden. WERCKING. Men sal de gegevē getalē in oirden stellen als hier nevē, Menichvuldigende naer de gemeene maniere van Menichvuldighen met heele ghetalen aldus: Gheeft Vytbreng (door het 3e. Prob. onser Fran. Arith.) 29137122: Nu om te weten wat dit sijn,

⓪①②
3 2 5 7
8 9 4 6
1 9 5 4 2
1 3 0 2 8
2 9 3 1 3
2 6 0 5 6
2 9 1 3 7 1 2 2
⓪①②③④

men sal vergaderen beyde de laetste gegeven teeckenen, welcker een is ②, ende het ander oock ②, maecken tsamen ④, waer uyt men besluyten sal, dat de laetste cijffer des Vytbrengs is ④, welcke bekent wesende soo sijn oock (om haer volghende oirden) openbaer alle dander, Inder voughen dat 2913⓪7①1②2③2④, sijn het begheerde Vytbreng. BEWYS, Het ghegheven Thiendetal te menichvuldighen 32⓪5①7②, doet (als blijct

図 2.9　Simon Stevin『十分の一法』
小数の掛け算の説明

のとき，その商を求めよ」という問題の解法が記されている．「印を度外視して，与えられた数を『算術』の第四の問題によって通常の整数の割り算のやり方で割ると，商 3587 が得られる．その印を見出すために，除数の最後の印〔の数〕② を被除数の最後の印〔の数〕⑤ から引くと，商の最後の数字の印がその剰余 ③ として残る．最後の数の印がわかれば，他のすべての〔数字の〕印は順に決められる．したがって求める商は 3⓪5①8②7③ である．」ただし，除数の印〔の数〕が被除数の印〔の数〕より大きいときには，被除数に必要なだけ 0 を追加する．たとえば 7② を 4⑤ で割る場合，被除数を 7000⑤ とし，7000 ÷ 4 ＝ 1750，⑤ − ⑤ ＝ ⓪ ゆえ，答は 1750⓪.

以上は，たとえば 27⓪8①4②7③ が

$$27+\frac{8}{10}+\frac{4}{10^2}+\frac{7}{10^3}=27+\frac{847}{1000}=\frac{27847}{10^3}$$

であることを考えれば，ほとんど自明である．

実際，足し算では，27⓪8①4②7③ + 37⓪6①7②5③ + 875⓪7①8②2③ は

$$\frac{27847}{10^3}+\frac{37675}{10^3}+\frac{875782}{10^3}=\frac{941304}{10^3}$$

のことであり，分子の足し算は整数の足し算とおなじであり，末尾の数字の印の数が全体の冪を決めている．引き算もまったく同様．

掛け算，たとえば 32⓪5①7② × 89⓪4①6② では

$$\frac{3257}{10^2}\times\frac{8946}{10^2}=\frac{3257\times 8946}{10^{2+2}}=\frac{29137122}{10^4},$$

つまり，分子では整数として掛け合わされ，分母では冪が足し合わされる．

同様に，割り算，たとえば 3⓪4①4②3③5④2⑤ ÷ 9①6② は

$$\frac{344352}{10^5}\div\frac{96}{10^2}=\frac{344352\div 96}{10^{5-2}}=\frac{3587}{10^3}$$

を表している．ここでは，分子では整数の割り算，そして分母では冪の引き算がなされる．ステヴィン自身による証明も，事実上これとかわらない．

つまり，現代の表記法に直すと，⓪は小数点，そして印は冪乗を表す．すなわち，27⓪8①4②7③ = 27.847 = 27847×10^{-3}．したがって，ステヴィンが明らかにしたことは，10進小数の演算は冪乗で表したとき，整数部分と，冪指数を別々に計算することが可能ということに尽きている．

なお，以上の論述からわかるように，このステヴィンの表記法においては，実際には小数点の位置を表す⓪と冪を表す末尾の印 $\widehat{n}$ のどちらかだけがあればよく，その途中の印はすべて余分である．その意味では，この表記法はおよそ洗練されていない．Charles Jones の言うように「表記法（notation）はステヴィン自身の寄与の弱い部分」なのである[*40]．しかし，ステヴィン自身この点に気づいていたようで，のちの幾何学の書では $\sqrt{50}=7.07\cdots$, $\sqrt{21}=4.58\cdots$,

---

[*40] Jones, 'The Concept of ONE as a Number', p. 219f.

$\sqrt{2} = 1.41\cdots$ のそれぞれを簡単に 707 ②，458 ②，141 ② のように記している[*41]．

こうして見るとこの『十分の一法』には，まったく当たり前のことしか書かれていないように思われる．ステヴィン自身，冒頭の序文に「ここに提起されていることは，一体何でしょうか．それは何か驚くべき発明なのでしょうか．否，およそそのようなものではなく，あまりにも平凡なのでおよそ発明の名に値しないようなものであります」と断っている．しかし，この『十分の一法』は，10 進小数をはじめて正確に定義し，そして 10 進小数が通常の整数とまったく同様に計算しうることをはじめて示したものとして，特筆されるべきものなのである．その意味では「アラビア数字による計算の技術は，10 進小数の導入において完成を見た」と言うこともできる[*42]．

これまで人類に大きな影響を与えた西欧の書物として『聖書』とアウグスティヌスの『神の国』から Keynes の『雇用の一般理論』と Churchill の国会演説まで 424 冊の書籍を網羅して解説した『印刷と人間精神』という本がある[*43]．その 99 番目にステヴィンのこの『十分の一法』が挙げられていて，そこには「ステヴィンは，静力学，流体静力学，機械学と工学に多く重要な寄与をおこなっているけれども，10 進小数の最初の系統的な扱いを提起した『十分の一法』と呼ばれるわずか 31 頁のこの薄っぺらなパンフレットによって，もっとも良く記憶されている．……10 進小数はずっと以前に開平のために提案されていたけれども，ステヴィンはその日常的使用を提唱し，すべての計算が整数によって成しうるがゆえに分数は余分であると主張した．この発見は，算術において，おそらくインド・アラビア数字の導入以来もっとも重要な発展であろう」と記されている．その評価はけっして過褒ではない．

そしてステヴィンは，『十分の一法』の末尾の「補遺」で，十分の一法のいくつかの分野での応用を，分野ごとに具体的に説明したうえで，度量衡単位系の 10 進化，つまり度量衡に関するそれまでの複雑で無秩序な単位系をすべて

[*41] *OM*, II, p. 390f.
[*42] Pannekoek, *A History of Astronomy*, p. 202.
[*43] *Printing and the Mind of Man*, second, ed. by Carter and Muir, p. 60.

10進法に整理統合すべきことを主張している*44. それはメインとなる「始源」の単位はこれまで使用されていたものをこれまでどおり継続的に使っても，下位の補助単位はすべてその10分の1，100分の1のように統一すべきというもので，彼の小数の数記法にぴったりと対応したものである．しかしステヴィンのその提言がヨーロッパではじめて実現されたのは200年のち，革命後のフランスであった．その点でも，ステヴィンは先駆的であった．そう考えると，中国古代王朝による度量衡の完全10進システムの実施はじつに偉大なる発明といわなければならない．

ステヴィンはさらに数の連続性を主張することによって，数学のギリシャ数学からの離脱を完成させ，その点においても数学史に重要な位置を占めているのであるが，その話題は次章に送ることにしよう．

---

*44 『十分の一法』の「補遺 (Aenhangsel)」は，Smith編の *SBM* には含まれているが，Struik編の *SBM* の英訳にも，銀林の邦訳にも，訳出されていない．

第 3 章
数概念の転換

1. 1の数的身分をめぐって

　前章でネーデルラントの技術者シモン・ステヴィンによる 10 進小数の提唱を見た．実際にはステヴィンは，数学史においては，単に 10 進小数の表記法や計算手順を語っただけではなく，古代以来の数概念を転換させた人物として認められなければならない．

　ステヴィンは，ルネサンス期に輩出した万能の天才の一人であり，物理学においてはガリレオやデカルトやパスカルに先行して静力学や流体力学に大きな足跡を遺し，17 世紀科学革命の先駆者の位置にいる．彼のその側面については Jozef T. Devreese と Guido vanden Berghe の書『科学革命の先駆者　シモン・ステヴィン』および同書に付した私の解説「シモン・ステヴィンをめぐって — 数学的自然科学の誕生 —」を参照していただきたい．

　ここでは，ステヴィンの数学，とりわけ数概念の理解にのみ焦点をあてる．

　1548 年にブルッヘ（現在のベルギーのブリュージュ）に生まれたステヴィンは，若いときに当時の国際的商業都市アントウェルペンで商家の会計出納業務やフランドルの自由庄で金融業の実務に携わっていたと伝えられる．1581 年にライデンに現れ，宗主国スペインにたいする独立戦争の時代に，オランダ共和国の軍事技術者となり，最高司令官マウリッツ公の数学教師にしてアドヴァイザーを務め，新生共和国の財政管理に当時では最新の商業技術であった複式簿記を採用すべきことを提言している．これらのことから推測されるように，

図 3.1　シモン・ステヴィン (1548 - 1620)

　ステヴィンの数学はもともとは商業実務に由来する．実際にも，1582 年の彼の最初の著作は複式簿記と利息表についてのものである．

　他方でステヴィンは，軍事技術者として築城術や航海術も論じ，そればかりか風車の改良や水理工学といった民生用の技術にも手を染め，純学問的方面では，はやくにコペルニクスの地動説を受け容れたことで知られている．そして同時に，ユークリッドやアルキメデスやディオファントスといった古代の数学者の理論にも通暁していた．彼の『数学著作集』には，ディオファントスの書の彼自身による翻訳も収録されている．

　要するにステヴィンは，古代以来の純理論的な数学はもとより，当時の実用的な商業数学，そして技術上の応用数学のいずれにも精通していたのであり，その点において，それまでの数学者とは大きく異なっていた．Jacob Klein のギリシャ数学の書にあるように「ステヴィンは科学の伝統的形式から意識的に身を離し，自身の商業上での，財政上での，さらには技術上での〈実践的な〉経験をその〈理論上の〉関心に役立てようとしている——そして逆に，彼の〈理論〉は自身の〈実践的活動〉に適用されている」のである[*1].

図 3.2 Stevin『算術』(1585) の扉　　**図 3.3** Stevin『数学著作集』(1634) の扉

　彼は『十分の一法』を出版した 1585 年に，『算術 (L'arithmetique)』をフランス語で上梓している (図 3.2)．この『算術』は，大部な書物で，1634 年の『シモン・ステヴィン数学著作集 (Les Oeuvres Mathématique de Simon Stevin)』(図 3.3) には，『利子表』と『十分の一法』とあわせて収録されている．そして現在では『シモン・ステヴィン主要著作集 (Principal Works of Simon Stevin)』Vol. IIa にもとの版の復刻版が収録されている [*2]．しかし同書の重要性は，これまでの数学史ではそれが値するだけ十全には評価されてこなかったように思われる．たとえばオランダの科学史家 Klaas van Berkel の『オランダ科学史』(1985) は，その原題が『シモン・ステヴィンの足跡をたどって』であるにもかかわらず，ステヴィンの数学書としては『十分の一法』と『利子表』

[*1]　Klein, *Greek Mathematical Thought and the Origin of Algebra*, p. 186.
[*2]　以下，引用箇所は *Principal Works* と *Oeuvres Mathématiques* の頁を *PW*, *OM* で指定．

だけが語られ，この『算術』への言及はない．この点では，やはりオランダの数学史家 D. J. Struik の 1958 年の書『ステヴィンとホイヘンスの国 (*Het Land van Stevin en Huygens*)』も，事実上同様である．

しかし数概念の転換という意味では，ステヴィンの『算術』は歴史的な書と見なければならない．

その冒頭の「緒言（Avertissement）」には，

定義 1．算術は数の科学である．
定義 2．数は，それによってそれぞれの事物の量を表すものである．

とあり，それに引き続いて「**1 は数である**(L'UNITE EST NOMBRE)」と大文字で大書されている（図 3.4, 原著の V を U に改めた）．大文字によるその強調により，ステヴィンがこの主張をきわめて重要視していたことが推察される (*PW*, IIa, p. 495, *OM*, I, p. 1)．

現代の私たちにはあまりにも当たり前のことを言っているように思われるが，この時代，「1 が数である」という見解の表明は，数の理解としては，あえて強調しなければならないほどに革新的な，いや革命的なことであった．

しかしこれまで，この点の重要性は数学史でも十全には自覚されていなかったようである．たとえば Cajori の有名な『初等数学史』でも，あるいは D. E. Smith の大部な『数学史 (*History of Mathematics*)』でも，ステヴィンの功績について，この点への言及はない．オランダの科学史家 E. J. Dijksterhuis の書『シモン・ステヴィン (*Simon Stevin*)』でも，ステヴィン『算術』について，無理数を有理数と同格に扱ったことや方程式論への論及はあるものの，1 を数に含めたという点には，触れていない．

そこでこの問題について，少し遡って見ることにしよう．

以前にプラトンが数〔整数〕の単位としての 1 を特別視していたことを見たが，以来，単位としての 1 そのものは数に含められていなかった．平たく言えば，数は単位としての 1 の多数個の集まりであるが，単位の 1 そのものは集まりではないので数ではない，という理解である．そのことを最初にはっきり語ったのは，プラトンの弟子である紀元前 4 世紀のギリシャの大哲学者アリスト

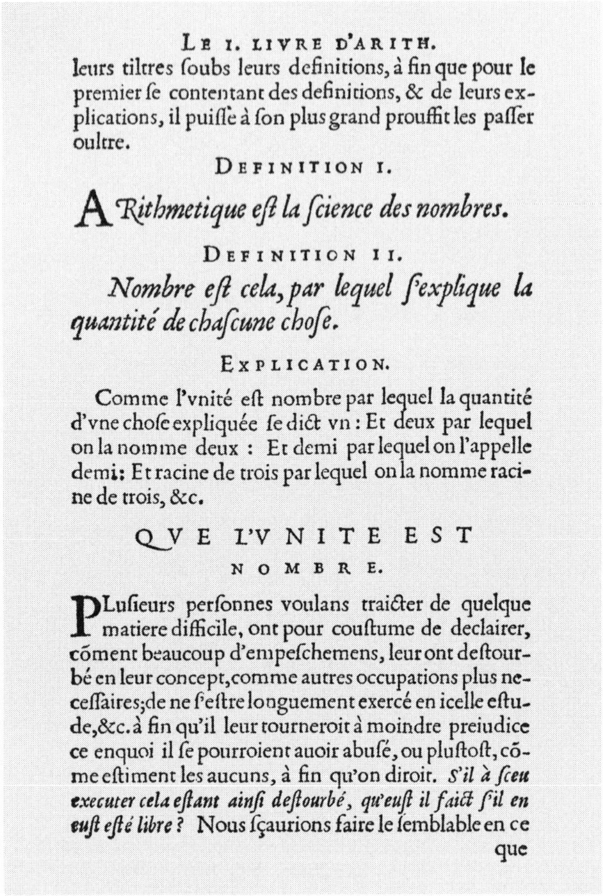

> LE I. LIVRE D'ARITH.
> leurs tiltres soubs leurs definitions, à fin que pour le premier se contentant des definitions, & de leurs explications, il puisse à son plus grand prouffit les passer oultre.
>
> DEFINITION I.
>
> ARithmetique est la science des nombres.
>
> DEFINITION II.
>
> Nombre est cela, par lequel s'explique la quantité de chascune chose.
>
> EXPLICATION.
>
> Comme l'vnité est nombre par lequel la quantité d'vne chose expliquée se dict vn : Et deux par lequel on la nomme deux : Et demi par lequel on l'appelle demi; Et racine de trois par lequel on la nomme racine de trois, &c.
>
> QVE L'VNITE EST NOMBRE.
>
> PLusieurs personnes voulans traicter de quelque matiere difficile, ont pour coustume de declairer, cóment beaucoup d'empeschemens, leur ont destourbé en leur concept,comme autres occupations plus necessaires;de ne s'estre longuement exercé en icelle estude,&c.à fin qu'il leur tourneroit à moindre preiudice ce enquoi il se pourroient auoir abusé, ou plustost, cóme estiment les aucuns, à fin qu'on diroit. *S'il à sceu executer cela estant ainsi destourbé, qu'eust il faict s'il en eust esté libre?* Nous sçaurions faire le semblable en ce que

図 3.4　Stevin『算術』の 1 頁
　　　　「1 は数である」が大文字で強調されている．

テレスらしい．彼の『自然学』には「数は多くの 1 どもであり，そうした 1 どもがどれほど多くあるかを示す量的なものである」とあり，そのうえで**最小の数は，数の端的な意味では，2 である**」とあり，1 が数の範疇から除外されるべきことが語られている．彼の『形而上学』にも「1 は……不可分割的」，「数は不可分割的なものども〔諸単位〕から構成される」とあるだけではなく，さらに「1 が測るもの〔尺度〕であるのにたいして数は測られるものであると

第 3 章 数概念の転換　81

いう，まさにこの関係において，**1 は数とは対立している**」と明記されている．ちなみに 0 は元々から考慮の外にある*3．

　古代数学の集大成である，ユークリッドの『原論』第 7 巻には

　　定義 1．単位とは存在するもののおのおのがそれによって 1 と呼ばれるものである．
　　定義 2．数とは単位から成る多である．

とあり*4，「単位」と「多としての数」の区別から読み取れるように，ここでも 0 はもとより 1 もまた言外に数の外に置かれている．

　そもそも数の定義からして，アリストテレスやユークリッドのものは，とりわけ「単位」としての 1 を基本にとる点において，「量 (quantite) を表すもの」というステヴィンの定義と決定的に異なっている．数を単位の多とするこのユークリッドの定義はターレスまで遡るようであるが*5，ともあれ数のこのユークリッド流の理解は，ローマ帝国から中世ヨーロッパのキリスト教社会にもひきつがれてゆく．5 世紀のボエティウス，11 世紀のサクロボスコ，13 世紀のヨルダヌス・ネモラリウスは，すべてこの定義を踏襲している*6．フィボナッチの『アバコの書』にも「数とは単位の和ないし単位の集まりで，それらの和をとおして数は次々とかぎりなく増加する」とある*7．

　そしてその間，1 は一貫して数とは認められていなかった．

　5 世紀の教父アウグスティヌスの『神の国』には，数を奇数と偶数に分類したうえで「3 は最初の奇数である」とある*8．6 世紀のカッシオドルスの『綱要』の「算術」の章にも「数とは，たとえば 3, 5, 10, 20 のように複数の単

---

*3 順に『自然学』Bk. 3, Ch. 7, 207b8，Bk. 4, Ch. 12, 220a28（太字による強調は山本による），『形而上学』Bk. 10, Ch. 1, 1053a22，Bk. 13, Ch. 9, 1085b33，Bk. 10, Ch. 6, 1057a6．
*4 『ユークリッド原論』p. 149．
*5 Heath『ギリシア数学史』，p. 31．
*6 Boethius, Sacrobosco, Jordanus Nemorarius の算術書の英訳は，Grant ed., *SBMS* にあり．
*7 *Fibonacci's Liber Abaci*, p. 17．
*8 Augstinus『神の国』（三）p. 82．

位から構成される大きさである」とはっきり断られているように，単位 1 そのものは数に含められていない．そして実際，ここでも数は偶数と奇数に分類されるとしたうえで，「〈偶数〉とは，2, 4, 6, 8, 10 のように二つの等しい部分に分けられる数である．〈奇数〉とは，3, 5, 7, 9, 11 のようにけっして二つの等しい部分に分けられない数である」とあり，1 は〈偶数〉にも〈奇数〉にも含められていない．7 世紀のセビリアの司教イシドルスの『語源論』には「数は単位より作られる多である．Unus（1）は数の種子であり，数ではない」と，誤解しようのない形で表現されている．そして 9 世紀のアイルランドのヨハネス・エリウゲナ（ヨハネス・スコトゥス）の『ペリフュセオン（自然について）』にも「モナド（1）は，もろもろの数の始源であり，最初の発出であり，そこからすべての数の複数化が始まる．……モナド（1）は，それ自体としては数でもなく，また数の一部分でもない」とある[*9]．

「1 は数ではない」というこの理解は，イスラム社会にも踏襲された．11 世紀前半のペルシャ人でインドにも長く住んだことのあるホラムズの数学者アル＝ビールーニー（1048 没）は「数とは単位から構成された集まりであり，したがってその集まりから一(イチ)は除外される．よってそれ〔一〕は数とは呼ばれない」と記している[*10]．

その理解は中世末期からルネサンス期にまでひきつがれた．

パドヴァの数学者ベルダマンディのプロスドキモ（1428 没）の 15 世紀初頭の書には「1 は数に非ず（unitas non é numerus）」とある[*11]．その世紀の末，1478 年の『トレビーゾ算術』にも「数はいくつかの単位からなる多である．……2 は最初のそして最小の数である．……数記法は図形で数を表現するものである．それは 10 個の文字ないし図形によってなされる．そのうち最初の図形である i は数とは呼ばれず，数の源泉である」と明瞭に記されている[*12]．そ

[*9] Cassiodorus『綱要』p. 381f.；Isidorus, *Etymologies*, p. 125. 該当箇所は Grant ed. 前掲書 p. 4 にもあり；Johannes Eriugena『ペリフュセオン』p. 541f. 邦訳を引用したが，「モナド」の原語は 'monas' で，ギリシャ語の「1」にあたる．

[*10] 三浦「アラビアの計算術」伊東編『数学の歴史 II』第 2 章, 第 1 節, p. 306.

[*11] D. E. Smith, *Rara Arithmetica*, p. 13f.

[*12] Swetz, *Capitalism and Arithmetic : The New Math of the 15th Century*, p. 41. この時代の印刷書では，活字 i が数字 1 を表すのに使われていた．

して 1557 年にロンドンで出版された，ロバート・レコード (1510-1558) によるイギリスにおける最初の代数学の書『智恵の砥石』には，本文中に「1 は数と呼ばれるべきではない」とあり，さらに欄外にも「1 は数にあらず (One is no nomber)」と，かさねて注意が喚起されている (図 3.5)[*13].

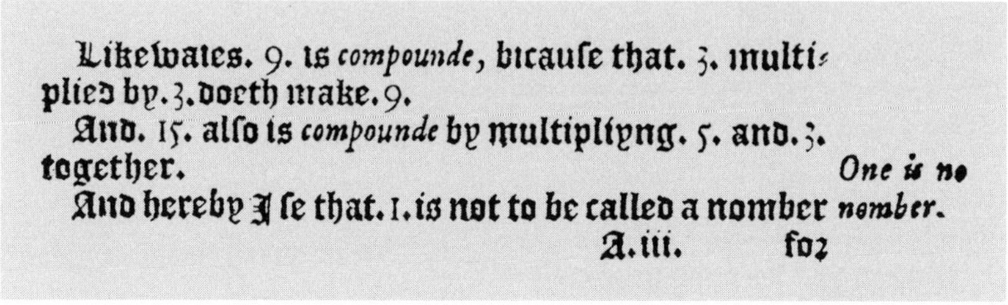

> Likewales. 9. is compounde, bicause that. 3. multiplied by. 3. doeth make. 9.
> And. 15. also is compounde by multiplyng. 5. and. 3. together.
> And hereby I se that. 1. is not to be called a nomber
> A.iii.
> One is no nomber.
> fo2

図 3.5 Robert Recorde『智恵の砥石 (*The Whetstone of Witte*)』(1557) より

1570 年に出版されたユークリッド『原論』のはじめての英訳にイギリス人ジョン・ディー (1527-1608/9) が付した「数学への序説」にも，同様に「数とは単位 (Unit) を数学的に加えたものと定義される．……単位は数学的事物と見なされるが，数ではなく (no number)，不可分割的である」と明記されている[*14]．実に，ステヴィンの書の出る 15 年前である．

この点について，志賀浩二の書には「1 を数の中に含めたのはヨーロッパではステヴィンが最初であった」とある[*15]．しかし先駆者がまったくいなかったわけではない．14 世紀のニコル・オレームの『質と運動の図形化』には「1 は奇数の順序数の筆頭である」とあり，その意味で，1 は数に含められている[*16]．さらに 15 世紀のニコラ・シュケーの『数の科学における三部分』には，誤解のない形で書かれている：

> ここでは数は，我々の目的にとって役立つかぎりにおいて，単位のいくつかの集まりであるものとしてだけではなく，そこには 1，ないし分数の

[*13] Recorde, *The Whetstone of Witte*, Aiii.
[*14] Dee「数学への序説」p. 645.
[*15] 志賀『数学という学問』I, p. 135.
[*16] Oresms『質と運動の図形化』p. 592.

ような1の部分や1の幾つかの部分も含まれるという，広い意味でとらえられている．[*17]

オレームやシュケーが時代に先駆けていたことは事実である．しかし，1を数に含めることの意義と革新性を明確に理解したうえで，意識的にそのことを表明したのは，ステヴィンの1585年の『算術』をもって嚆矢とする．そのことの意味をより明瞭に際立たせるために，古代以来の数の理解を，さらに見てゆくことにしよう．

2. 離散的数と連続的量の分離

アリストテレスによって，可算的(countable)な量としての「数(多さ)」と可測的(measurable)な量としての「大きさ」がはじめて厳密に区別されるようになった．遠山啓の名著『数学入門』の表現ではリンゴのように「いくつ」と数えられる「分離量」と，ワインのように「いくら」と測られる「連続量」の区別である[*18]．アリストテレスは，その区別に気づいた，知られている最初の人物のようである．彼の『形而上学』では「もののどれだけあるかが〔すなわちその量(ポソン)が〕数えられうるときには，この数えられうる量は〈多さ〉であり，測られうる量であるときには，この量は〈大きさ〉である」と記されている．同様に彼の『カテゴリー論』では「〈量〉は，そのあるものは分離的なものであるが，そのあるものは連続的なものである」とあるように，「量」は可算的な個数と可測的な大きさの双方を包摂するカテゴリーとされている．そしてその可算性と可測性の区別はまた離散的数と連続的量の区別にも対応している．さらに彼の『自然学』に「連続的なものがすべて可分割的であるものどもへ可分割的であることは明らかである」とあるように，その数(多さ)と大きさの区別は分割が不可か可能かに対応している：

[*17] Chuquet, *The Triparty*, p. 146.
[*18] 遠山『数学入門』上，p. 24.

数の場合には，極小への方向では〔分割にたいして〕限りがあるが，より多への方向では，常にあらゆる多さを超過してゆく．しかるに他方，大きさの場合には，これと正反対に，より小への方向では，無限なるものはすべて大きさを超過してゆく〔すなわちますます小さいものに無限に分割されてゆく〕が，より大なる方向では無限な大きさは存在しない．

そして量にたいするこの区分は，「数（多さ）」つまり個数に関する学としての算術（数論）と「大きさ」つまり角度や長さや面積や体積に関する学としての幾何学の区分に厳密に照応させられている．そのことは「分離的なものというのは，例えば，数や言葉であり，連続的なものというのは，例えば，線，面，物体〔立体〕，さらにそれにならんで，時や場所である」という『カテゴリー論』の記述からも明らかであろう．アリストテレスは『分析論後書』において「幾何学に属することを算術をもちいて論証してはならない．……算術に属する論証を大きさに付帯する事項に適用してはならない」と明言し，その両者の混同を戒めている[*19]．

このアリストテレスの議論は，師プラトンが「自由民にとっては，なお三つの学問があります．計算と数に関するものがひとつの学問であり，線，面，立体の測定がひとつのものと見なされて第二の学問であり，第三は星々が本来どのように運行するかという，星々の相互の軌道に関するものです」と『法律』において語った区別を，数概念を厳密化することによって根拠づけたものと言える[*20]．その後の中世の大学での自由学芸の分類に当てはめれば，算術と音楽が離散的数の科学で，幾何学と天文学が連続的量の科学にあたる．

量の区別にもとづく学問のこの区分は，もともとは紀元前6世紀にピュタゴラス教団が非共測量（無理数）に逢着したことを契機に始まったようである．

アリストテレスによれば「ピュタゴラスの徒は……数学的の数から感覚的な諸実体が合成されると言っている．けだし，かれらは全宇宙を諸々の数から

[*19] 『形而上学』Bk. 5, Ch. 13, 1020a8, 『カテゴリー論』Ch. 6, 4b20, 『自然学』Bk. 6, Ch. 1, 231b15, Bk. 3, Ch. 7, 207b3. 『カテゴリー論』Ch. 6, 4b25, 『分析論後書』Bk. 1, Ch. 7, 75a39–b5.
[*20] 『法律』Bk. 7, 817E.

作りあげている」とある．ピュタゴラスの徒にとって，世界は数によって秩序づけられ，世界における調和は数の厳密な比で表されることであった．そしてその数は整数に限られていた．にもかかわらず彼らは，整数の単位に大きさを考えていた．上記の引用のあとにアリストテレスは続けている．「しかしその数というのは単位的な数ではなく，かえって彼らは単位そのものを或る大きさのあるものと解している．」[*21]

　つまるところピュタゴラスの徒は，離散的数と連続的量の区別をわきまえず，したがって可測的であることはとりもなおさず可算的であると理解していたことになる．要するにピュタゴラス教団は，可感的世界の存在物を計数可能な単位の集まりに，つまり離散的数に還元しようとしたのである．そのような彼らにとって，正方形の対角線の長さがその辺と整数の比で表せないことの発見は，教理の根幹を揺るがす重大事であった．数えることと測ることが同一視され，可算なるものは可測であると見られているかぎり，「数えられない」ということはとりもなおさず「測りえない」ことを意味するからである．

　爾来，古代ギリシャ数学はこのアポリアに悩まされることになる．

　プラトンの『テアイテトス』には「3平方尺の正方形や5平方尺の正方形などの辺にあたるものについて，……長さのままで計ると1平方尺の正方形の辺とはおなじ単位の尺度では計りきれない」とある[*22]．つまり面積がそれぞれ $S=3$, $S=5$ の正方形の辺 $l=\sqrt{3}$, $l=\sqrt{5}$ は面積が $S=1$ の正方形の辺 $l=\sqrt{1}=1$ とは同じ尺度（単位）で測定できない（非共測）という意味で通約できないのであるが，このように「正方形の辺として取り扱えないもの」を「ひとつに総括する」言葉が「不尽数」つまり無理数とされる．

　しかしこういう言い方はむしろ後からの解釈であって，ピュタゴラスの徒にとっては，1辺が長さ1の正方形の対角線や面積が3平方尺や5平方尺の正方形の辺は「数で表現することのできる長さをもたない」と言うべきなのであろう．'ἄλογον (比を有さぬもの)' は 'ἄρρητον (語りえないもの)' なのであり，それゆえにこそ「数がすべてのものの実体である」というテーゼを信奉する彼

[*21] 『形而上学』Bk. 13, Ch. 6, 1080b18.
[*22] 『テアイテトス』5, 147D.

らには，その発見はスキャンダラスであった．

　アリストテレスによる，「数の学」としての算術（数論）と「大きさの学」としての幾何学の峻別は，この困難——幾何学的な量は離散的な数だけでは表せないという困難——を回避するためのものとしてあり，その二分法は，基本的にその後も踏襲されることになる．そのことは，ユークリッドが『原論』の第1巻から第6巻までを幾何学に，そして第7巻以降を数論に，截然と分離したやり方にも見て取れる．同様に5世紀の新プラトン主義者プロクロスにとっても，算術と区別されるところの幾何学の特徴は，それが非通約量と無限分割可能量を扱うことにあった*23．

　しかし，もともと「数」と「大きさ」の区別のないピュタゴラス学派においては，数の始源としての単位（1）と線分や半直線の始点としての端点は無自覚に混同されていた．「混同」という表現が相応しくないのであれば，その両者は類比的（analogous）に見られていたと言い直してもよい．それにたいしてアリストテレスの『自然学』には「単位〔1〕と点とはおなじものであることはできない」とあり，『形而上学』にも「点は単位とおなじではない」と，いくつもの例をあげて，算術の概念と幾何学の概念の相違を説いている．それと同時に，同書は「かれら〔ピュタゴラスの徒〕が誤謬を犯すに至った原因」として「かれらはあの1を……点として取り扱った」ことを指摘している*24．すなわち，ピュタゴラス学派においては「単位1は"位置のない点"」であり，「点は"位置をもつ1"」にほかならないのであった*25．

　アリストテレスの忠告にもかかわらず，1と点の混同，あるいは数体系における1と直線における点の類比というピュタゴラス学派の混乱は，その後の数学にも影を落としている．その典型を1世紀のギリシャの数学者でピュタゴラス主義者ニコマコスの『算術入門』に見ることができる：

---

*23　K. Hill, 'The Evolution of Concepts of the Continuum in early modern British Mathematics', p. 37.
*24　『自然学』Bk. 5, Ch. 3, 227a29，『形而上学』Bk. 11, Ch. 12, 1069a12, Bk. 13, Ch. 8, 1084b24.
*25　伊東『数学の歴史』I，第1章「ユークリッド以前」p. 34.

単位は位置および点の性格を有し，区間の始点であり数の始源であるが，それ自体は区間ではないし数でもない．……
　　　点は拡がりをつくりだすもとであるが，しかしそれ自身は拡がりではない．それはまた線をつくりだすもとであるが，それ自身は線ではない．……
　　　同様に数のなかで単位1はすべての数をつくりだすもとであり，それ（すべての数）は1次元的に1ずつ前進させられる．[*26]

　5世紀のボエティウスの『算術教程』には「1は長さを有する数ではないけれども，長さにのびてゆく数の始まりである」とあり，9世紀のヨハネス・エリウゲナの『ペリフュセオン』には「存在するすべてのものは，……ひとつの始源から発出する．丁度すべての数がモナド〔1〕から出て来，すべての半径が中心から出て来るように」とあり，そして，より明瞭な形では，12世紀のイギリスのソルスベリーのヨハネスの『メタロギコン』にも「点は線にとっての……限界である．同様に1が数の，瞬間が時間の……始まりである」とあるが，ここに私たちはニコマコスの影響を見てとることができる[*27]．
　そしてさらに300年後，15世紀のルネサンス期のウィーンの人文主義者で天文学者のゲオルク・ポイルバッハの『算術書』には「1は数ではなく数の始源である (Unitas autem non est numerus.: sed principium numeri). そのゆえに，幾何学において点が量にたいして関係しているように，算術においてはそれ〔1〕は数にたいして関係している」と明記されている[*28]．
　一方では，離散量的数（個数）と連続量的量（大きさ）を峻別しつつ，他方では，1と点をそれぞれ個数と大きさの始点であるとして類比的に捉え，時には混同する，古代以来の混乱した数概念は，数学の新たな発展，とりわけ方程式論さらには解析学への展開にとっての大きな障害であった．

[*26] Nicomachus, *Introduction to Arithmetic*, p. 832f. Bk. 2, Ch. 6-3, Ch. 7-1, 7-3. 後半の訳は，伊東，同上，p. 35 より．
[*27] Boethius, *On Arithmetic*, Bk. 2, Ch. 5, p. 22; Johannes Eriugena, 前掲書, p. 565; Johannes Saresberiensis『メタロギコン』p. 704.
[*28] Klein, 前掲書, p. 288 n. 297 より．

3. 数の連続体への展望

　古代以来の離散的数（個数）と連続的量（大きさ）の区別自体を廃棄することで，数概念を完全に刷新したのは，「1 は数である」と断言し，そして先に見た「定義」に「数はそれによってそれぞれの事物の量を表すものである」と明記したステヴィンであった．

　ステヴィンは『算術』冒頭の「緒言」につづいて，つぎの三段論法を掲げている：

　　部分は全体とおなじ素材である．1 は 1 から成る多の部分である．
　　それゆえ 1 は 1 から成る多の素材とおなじ素材のものである．
　　しかしながら 1 から成る多の素材は数である．
　　したがって 1 の素材は数である．（*PW*, Ⅱa, p. 496, *OM*, Ⅰ, p. 1）

「パンの一部はパンである」ように，部分は全体とおなじ性質のものであり，したがって数の単位つまり数の部分としての 1 は数とおなじもの，すなわち数に他ならない，ということになる．ここで「1 (unité：単位)」は数とおなじ「素材 (matiere)」から成ると言うとき，暗黙のうちに 1 (単位) が分割可能であると見なしていることになる．きわめて重要な点である．

　そして「1 は数ではない」というそれまでの 2000 年におよぶ主張の誤りは，1 を「数の始源ないし始点 (principe ou commencement du nombre)」と見る誤りと補完しあっている，とステヴィンは考える．すなわち「1 は部分に分割可能であるが点は分割不可能であり，1 は数の部分であるが点は直線の部分ではない」．それゆえボイルバッハのように比喩的に語るのであれば，長さの始点としての点に対比させるべき数の始点は 1 ではなく 0 でなければならないのである．というのも「点がそれ自体としては線ではなく線に付属するように，0 はそれ自体としては数ではなく，数に付属する」のであり，「点が部分に分割されないように，0 も部分に分割されない」し，また「線に点を加えても線が伸びないように，数に 0 を加えても数が増すことはない」からである．したがって「0 が〔数の〕真のそして自然な始源である (le 0 est vrai & naturel commencement)」(*PW*, Ⅱa, pp. 498-500., *OM*, Ⅰ, p. 2).

　このステヴィンの正鵠を射た議論の根底には，ギリシャ数学以来の誤りが「始源を表記するために必要な装置，すなわち 0 の欠落 (faute d'appareil nec-essaire, nommément de chiffres)」に由来する，という彼の『宇宙誌』における瞠目すべき理解がある[*29]．

　単位としての 1 を分割可能と見なし，数の始点を 1 ではなく 0 に置いたことは，ステヴィンにあっては，これまでの離散的なシステムとしての数という理解から，それ自体で連続的なシステムを形成するものとしての数，つまり量を表すものとしての数への転換をただちにもたらすことになる．

　実際に以上の議論をふまえてステヴィンは「**数は不連続量ではけっしてない (NOMBRE N'EST POINT QUANTITE DISCONINUE)**」と，ここでも大文字で強調し，「〔数と大きさという〕その二つの量は，不連続と連続という風に区別することはできない」と明快に結論づけている．ステヴィンは「数（多さ）」と「大きさ」の二分法にもとづくアリストテレスの「量の理論」の根幹を否定したのである．「連続的な大きさに連続的な数が対応している」と語られているように，ステヴィンによって数は大きさ（量）を表す名称ないし記号に変わったのだと言える．

　定義 7 には「整数とは，単位または単位から合成される数である」とあるが，これまで「数 (nombre)」と言ってきたものの意味を拡大し変更したため，逆にこれまでの「数」にたいして「整数 (nombre entier)」という言葉を新しく造らなければならなくなったのである (*PW*, Ⅱa, pp. 501f., p. 505, *OM*, Ⅰ, p. 2f.)．ステヴィンが 10 進小数を導入した背景には，数概念にたいするこれだけの理解がともなっていたのである．

　そのステヴィンの立場は，彼の無理数の理解と受容に端的に見てとることができる．

　プラトンと古代数学は単位としての 1 を絶対視し，それゆえ 1 の分割を許さず，分数を整数の比に置き換えたのであるが，そのことが，整数の比に表すこ

[*29] Stevin, *Cosmographie Ⅱ La Geographie* in *OM*, Ⅱ, p. 108.

とのできない $\sqrt{2}$ や $\sqrt{8}$ のような，いわゆる無理数を古代数学が受け容れなかった理由を説明する．これにたいして，1を他の数と同等に見なしたステヴィンは，同時に「$\sqrt{8}$ は数である（$\sqrt{8}$ est nombre）」と宣言して，無理数を他の数と同様に受け容れた．3が2乗して9になる正の数であるのとまったく同様に，$\sqrt{8}$ は2乗して8になる正の数であり，その意味で $\sqrt{8}$ と3は数としての身分に違いがなく，同一のカテゴリーに含められるべきものなのである．

一般的に言うならば「どのような数もすべて平方数，立方数でありうる．したがって任意の平方根は数である（racine quelconque est nombres）」(*PW*, Ⅱa, pp. 530, 531, *OM*, Ⅰ, p. 8)．こうしてステヴィンは結論づける：

> 不条理な，あるいは不合理な，変則的な，不可解な，無理な数などは存在しない．それどころか，数には優れた卓越性と整合性があり，その驚嘆すべき完全性のなかに，われわれは，昼夜にわたり思いをめぐらすべき素材を見出すのである．[*30]

非共測量（無理数）の発見に起源を有する，数論的な量としての数（多さ）と幾何学的な量としての大きさというギリシャ数学の区別は，ステヴィンによって，その根拠をふくめて事実上撤廃されることになった．

ここであらためて，数についてのステヴィンの定義「数は，それによってそれぞれの事物の量（quantité）を表すところのものである」を，ターレスやユークリッドからその後にいたるまでの定義「数とは単位から成る多である」を比べてみると，その違いは決定的である．数を離散的な個数（多さ）に限定していたそれまでの理解にたいして，ステヴィンは「大きさ」で表される連続的な事物をふくめ，すべての事物を一様に「数」で表現し説明することが可能であると，はじめて明言したのである．

[*30] Nous concluons doncques, qu'il n'y a aucuns nombres absurds, irrationels, irreguliers, inexplicables, ou sourds : mais qu'il y a en eux telle excellence, & concordance, que nous avons matiere de mediter nuict & jour, en leur admirable parfection. *PW*, Ⅱa, 536, *OM*, Ⅰ, p. 10.

4. 方程式論をめぐって

　このステヴィンの数概念の特徴は，彼の方程式の扱いに，とりわけ今日言うところの「区間縮小法」ないし「はさみこみ法」による方程式の近似解法の提唱に見て取ることができる．

　ステヴィンは『算術』の代数学つまり方程式論を語っている部分で，方程式 $x^3 = 300x+33915024 = 0$ をつぎのように解いている（*PW*, IIa, p.741ff., *OM*, I, p.88）．もちろん，ステヴィンが方程式を実際にこのように表しているわけではない．彼は未知数 x を ①，x^3 を ③ と記しているが，ここではわかりやすく現代風に書き直した．同様に，彼が関数記号を用いているわけでもないが，ここでは記述の便宜のために $x^3-300x-33915024 = f(x)$ と記す．その場合，この方程式は $f(x) = 0$ と表される．そもそもステヴィンの論述はもっと簡単であるが，数値を補って説明するとつぎのようなものである．

　はじめに $x = 100$ と $x = 1000$ で試みる：

$$f(100) = -32945024 < 0 < f(1000) = 965784976.$$

したがって，解は 100 と 1000 の間にあることがわかる．そこで $x = 200$，$x = 300$，$x = 400$，……と順に試してゆくと

$$f(300) = -7005024 < 0 < f(400) = 29964976.$$

したがって解は 300 と 400 の間．そこで試行解の精度を 1 桁あげて，さらに $x = 310$，$x = 320$，$x = 330$，……と進めてゆくと

$$f(320) = -1243024 < 0 < f(330) = 1922976.$$

つまり解は 320 と 330 の間．さらに $x = 321$，$x = 322$，$x = 323$，$x = 324$ と進めてゆくと，

$$f(323) = -313657 < f(324) = 0.$$

したがって，解（正しくは解のひとつ）が $x = 324$ であることがわかる．

　これはひとつの解が正確に求まるケースであるが，そうでないケースとして，ステヴィンは係数のわずかに異なる方程式，$x^3 = 300x+33900000$ を考える．この場合，同様に $F(x) = x^3-300x-33900000 = f(x)+15024$ を考えると，

$$F(323) = -313657+15024 < 0 < F(324) = 0+15024$$

ゆえ，解は 323 と 324 の間にあることがわかる．そこで同様に $F(x)$ に $x = 323.0$ から順に 323.1, 323.2, 323.3, …… と代入して[*31]，解の見出される範囲をさらに縮めてゆく．この処方によって，近似解の精度は 1 桁ずつ上がってゆく．

もっとわかりやすい例で説明すると，方程式 $x^2 = 8$ の正の解を求めるのに

$$2^2 < 8 < 3^2 \qquad \therefore \quad \sqrt{8} \fallingdotseq 2,$$
$$2.8^2 < 8 < 2.9^2 \qquad \therefore \quad \sqrt{8} \fallingdotseq 2.8,$$
$$2.82^2 < 8 < 2.83^2 \qquad \therefore \quad \sqrt{8} \fallingdotseq 2.82,$$
$$2.828^2 < 8 < 2.829^2 \qquad \therefore \quad \sqrt{8} \fallingdotseq 2.828,$$
$$2.8284^2 < 8 < 2.8285^2 \qquad \therefore \quad \sqrt{8} \fallingdotseq 2.8284,$$
$$\cdots\cdots \qquad \cdots \qquad \cdots\cdots$$

としたことになる．こうしてステヴィンは「このやりかたをかぎりなく進めてゆくと，われわれは求める数にかぎりなく近づいてゆく (Et procedant ainsi infiniment, l'on approche infiniment plus pres au requis)」と結論づけている (PW, IIa, p.743, OM, I, p.88)．結局ステヴィンは，1 を含む整数と有理数，さらには $\sqrt{2}$ のような無理数のすべてを，事実上，実数というひとつのカテゴリーに包摂し，そのどれにたいしても，10 進小数によっていくらでも近く近似しうることを示したことになる．

ブルバキの『数学史』の言うように「ステヴィンはボルツァノの定理〔中間値の定理〕の明晰な観念を（おそらく初めて）つかんだ人であり，さらにこの定理が，数値方程式を系統的に解くための本質的な武器であることを承知していた人である．そしてそれと共に，そこには数の連続体に関する明晰な直観像の生まれていることが認められる」のである．ブルバキによれば「それは非常に明晰で，この像を決定的に正確化するためになすべき事は，もうさほど残っていなかった程のものである」[*32]．

数を連続体として捉え，そして 1 ではなく 0 が始点であることを認めることではじめて，数の体系と直線が正しく対応づけられることになったのである．

[*31] ただしここではステヴィンは小数表現を使用せず，$\dfrac{3230}{10}$ のように記している．

[*32] Bourbaki『数学史』下，p.20.

5. 10 進小数提唱の意義

　そして，数にたいするこの新しい理解を背景にして見直すならば，ステヴィンによる 10 進小数の提唱は，その歴史的意義がより鮮明になるであろう．

　もともと数の体系が連続量であることは，技術者ステヴィンにとっては理屈をこえる日常的経験からの結論であり，それゆえにこそ，真値にいくらでも近づけることの可能な小数が必要とされたと考えることができる．実際，『十分の一法』は冒頭で「世俗人事において出会うあらゆる計算が，分数に依拠することなく整数だけでどのよう行われうるのかを教示する」と宣言し，「天体観測者，測量士，絨毯計量士，ワイン計量官，体積をはかる専門家一般，造幣官，そしてすべての商人に，シモン・ステヴィンは挨拶をおくる」と始められている[*33]．そしてそのあとにも，扱っているのが「世俗人事において出会うあらゆる計算（tous comptes qui se rencontrent aux affaires des Humains)」であることを，再三にわたって断っている．『十分の一法』は，観念的で哲学的な数論のための数学書ではなく，実用に供するための算術書であり，そこで扱われている数は，プラトンの言うような「真実在」ではなく，端的に形而下の事物の測定量であった．

　自然の観測は，中世までのラフな測定から精密な測定を求める時代に移り変わっていたのである．『十分の一法』冒頭の呼びかけは「天体観測者，測量士」から始まっているが，この時代の最大の天体観測者でそれまでの天体観測の精度を大幅に更新し，肉眼で可能な観測の極限に到達したと評価されるスウェーデンのティコ・ブラーエは，ステヴィンの 2 歳年長で，ティコのヴェーン島での本格的な観測が始まったのは『十分の一法』出版の 10 年前であった．そしてオランダにおいて正確な土地測量の要求が生まれてきたのは，宗主国スペインにたいする 80 年におよぶ独立戦争の過程でオランダ連邦共和国が形成されていった 1580 年代から 90 年代にかけてであった[*34]．第 1 章に見たように，こ

[*33] 「整数だけで」という表現は，たとえば分数 $\frac{1}{5} + \frac{1}{8}$ を $0.2 + 0.125 = 0.325 = 325 \times 10^{-3}$，ステヴィン自身の表現では 3①2②5③ として，整数と同様に扱いうることを意味している．

[*34] 中澤「ラインラント尺度に見る中世・近世ヨーロッパの計量標準精度」参照．

の時代には有効数字の桁数が 10 を越える三角関数表が必要とされ，作られていたのである．

そしてより精密な測定の要求は，逐次精度を上げてゆく近似という問題に直面する．『十分の一法』における割り算の説明のところで，割り切れないケースについて書かれている：

> 4①〔= 0.4〕を 3②〔= 0.03〕で割るときのように，商が整数で表せないこともある．そのときには 3 が無限につらなる〔0.4 ÷ 0.03 = 13.333…〕．このような場合には，必要なだけ〔真値に〕近づけば，残りは無視してよい．13⓪3①3$\frac{1}{3}$，ないし 13⓪3①3②3$\frac{1}{3}$，等が求める完全な商であることは確かである．しかし，この十分の一法のわれわれの考案は，すべてを整数で行うことが眼目である．多くの事柄では，マーユ〔半ドゥニエ，小額の小銭〕やグレイン〔微小重量の単位〕の千分の一などを考慮するには及ばない．それは，歴とした天文学者や幾何学者が重要な計算をするにあたって行ってきたことである．実際，プトレマイオスやレギオモンタヌスが弧や弦や正弦の表を（大きな分母の分数を用いればできたかもしれないような）極端に完全なものとして表さなかったが，それというのも（それらの表の目的や狙いを考えあわせれば），その不完全さがそのような〔極端な〕完全さよりも便利だからである．

プトレマイオスは『数学集成(アルマゲスト)』で天文学において扱われる測定量を必要な精度で近似するために 60 進小数をもちいた．かのフィボナッチもまた方程式 $x^3 + 2x^2 + 10x = 2$ の近似解として 60 進小数で $x = 1; 22, 7, 42, 33, 4, 40$ を与えている[*35]．インドの数学にも通じていたとされる 11 世紀のイスラムのアル＝ビールーニー (1048 没) は，方程式 $x^3 = 3x + 1$ の近似解として，やはり 60 進

[*35] たとえば Cajori，前掲書，上，p. 237；Boyer『数学の歴史』2, p. 200；三浦『フィボナッチ』p. 212．これは 10 進小数では小数点以下 11 桁計算したことになる．もちろんフィボナッチ自身が方程式をこのように現代風に表しているわけではない．

小数で 1 ; 52, 15, 17, 13 を求めていたと伝えられる[*36]．彼らがどのようにしてこの解を得たのかはわかっていないが，おそらくステヴィンと同様に区間縮小法ないしはさみこみ法によるものであろう．いずれにせよこれは近似解であり，近似解を表現するには小数がもっとも適しているとフィボナッチもまた判断していたのであろう．小数こそは，桁数を上げてゆくことにより近似の精度をいくらでも上げてゆけるという意味で，近似値の扱いと表現にもっともよく適合しているのである．

まったく同様に，ステヴィンは，測定値を扱うすべての実務において，測定量を必要な精度で表すために 10 進小数を導入した．そしてそのことに数学的基礎づけを与えたのが，ステヴィン自身による数概念の革新であり，暗黙のうちに仮定されている極限概念であった．このことによって，すべての量が，無理数であれ循環小数であれ，10 進小数によって任意の精度で近似することが可能になったのである．

ステヴィンは，数学をプラトンとピュタゴラス的な整数を基本とする離散数の数学，つまり哲学としての数論から，計量と計測の技術に役立つ数学に転換させることによって，その後の実数にもとづく連続数の数学つまり解析学への発展の途を拓き，その後の数学的自然科学に有用な数学をもたらしたのである．数学の歴史においては，まさにその点において特筆されなければならない．

私たちのこの論考における関心から言うならば，ジョン・ネイピアによる対数の形成は，ステヴィンが築いたこの土俵上で可能となったと言える．実際，後に見るように，ネイピアの対数は数を数直線上の点に一対一に対応づけることの可能性を前提として構成されるのであるが，そのことはステヴィンによる数概念のこの転換によって保証されたのである．

次章は，対数の発見にいたる過渡，あるいは幕間狂言として，「積和法（プロスタファエレシス）」をめぐるいくつかのエピソードを紹介し，ネイピアへと話を進めることにしよう．

[*36]　Rashed『アラビア数学の展開』p. 45f.；Cajori, 上掲書, 上, p. 245 n. 19；Boyer, 上掲書, 2, p. 173. Boyer の書に $x^2 = 3x+1$ とあるのは誤り．

第4章
クラヴィウスとネイピア

1. 小数点の導入

　ステヴィンによる10進小数の導入後，その意義を明確に認め，小数点の使用による10進小数の表現を与えたのが，イエズス会のクリストフ・クラヴィウス(1537-1612)とスコットランドの貴族ジョン・ネイピア(1550-1617)であった．

　カトリック教会（ローマ教皇庁）から離脱した英国国教会支配下のイギリスで，ジョン・ディー(1527 - 1608/9)が数学が軽視されていると嘆き，自然学と技術における数学の重要性を語ったのは，1570年，その年に出版された『ユークリッド原論』に付した「数学への序説」においてである．その同じ頃にカトリック世界で数学教育に取り組みを始めたのがクラヴィウスであった．

　宗教改革の真最中のドイツのバンベルクに生まれ，1555年にイエズス会に入会し，ポルトガルのコインブラ大学に学び，1565年から没年までイエズス会の教育機関ローマ学院 (Collegio Romano) の数学教授を勤めたクラヴィウスは，「16世紀のユークリッド」と呼ばれたイエズス会の指導的数学者で，イエズス会における数学と数理科学の教育に力を入れたことで知られる．すなわち「ローマ学院におけるイエズス会のカリキュラムのなかに，そしてその結果としてヨーロッパ全土と新世界におけるイエズス会の学校に，効果的に数学教育を確立させ，一般にヨーロッパの数学教育に遠大な影響をもたらしたのは，クラヴィウスその人であった」[*1]（図4.1）．1596年に生まれたデカルトは，1604

 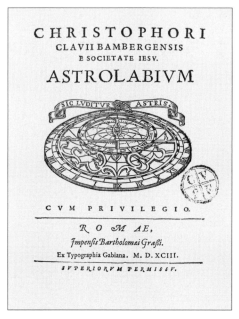

図 4.1　クリストファー・クラヴィウス (1537-1612)

図 4.2a　Clavius『アストロラビウム』(ローマ, 1593) の扉

年から 12 年までラ・フレーシュのイエズス会のコレージュ (中等学校) で学んだが, Bertrand Russell の書には「その学校は彼〔デカルト〕に, 当時の大部分の大学でも得られないほどの, 近代数学における優れた基礎訓練を与えたようである」とある[*2]. クラヴィウスによる教育改革の影響と功績は大きかった. そして彼はまた, 数学や天文学の書も数多く書き残している.

その著書のひとつに 1593 年の『アストロラビウム』がある (図 4.2a). 標題より推測されるように, 天体観測機器の構造と使用法の書であるが, 本文は小さな活字でぎっしり書かれ, 図版や数表も数多く含む, 750 頁を越える大部な書物である. そこに載せられている 32 頁におよぶ正弦と余弦の表は「今日知

[*1] Crombee, *Styles of Scientific Thinking in the Europian Tradition*, Ⅰ, p. 492. クラヴィウスについて詳しくは拙著『世界の見方の転換』3, 第 11 章 9 を見ていただきたい.
[*2] Russell『西洋哲学史』下, p. 35.

SINVVM.
rectis arcuum eiusdem Quadrantis

	45		46		47		48		49		
30	7132504	4.0	7253744	.3	7372773	32.7	7489557	32.1	7604060	31.5	30
31	7134543		7255746		7374738		7491484		7605949		29
32	7136581	33.9	7257747	33.3	7376702		7493410		7607837		28
33	7138618		7259748		7378666		7495336		7609725		27
34	7140655		7261749		7380629		7497262		7611612	31.4	26
35	7142691		7263749		7382592		7499187		7613498		25
36	7144727		7265748		7384554		7501111	32.0	7615384		24
37	7146762		7267746		7386515		7503034		7617269		23
38	7148796		7269744		7388475		7504957		7619153		22
39	7150830		7271741		7390435		7506879		7621037		21
40	7152863		7273737		7392394	32.6	7508801		7622920		20
41	7154895		7275733		7394353		7510722		7624802	31.3	19
42	7156927	33.8	7277728	33.2	7396311		7512642		7626683		18
43	7158958		7279722		7398268		7514561		7628564		17
44	7160989		7281716		7400225		7516480		7630445		16
45	7163019		7283710		7402181		7518398		7632325		15
46	7165049		7285703		7404137		7520316	31.9	7634204		14
47	7167078		7287695		7406092		7522233		7636082		13
48	7169106		7289687		7408046		7524149		7637960		12
49	7171134		7291678		7410000		7526065		7639838		11
50	7173161		7293668		7411953	32.5	7527980		7641715		10
51	7175187		7295658		7413905		7529894		7643591	31.2	9
52	7177213		7297647	33.1	7415856		7531808		7645466		8
53	7179238	33.7	7299635		7417807		7533721		7647341		7
54	7181263		7301623		7419758		7535634		7649215		6
55	7183287		7303610		7421708		7537546		7651088		5
56	7185310		7305597		7423657		7539457	31.8	7652961		4
57	7187333		7307583		7425605		7541367		7654833		3
58	7189355		7309568		7427553		7543277		7656704		2
59	7191377		7311553		7429501		7545187		7658575		1
60	7193398	33.7	7313537	33.1	7431448	32.4	7547096	31.8	7660445	31.2	0

| | 44 | | 43 | | 42 | | 41 | | 40 | | |

complementorum arcuum eiusdem Quadrantis.
Ddd 2

図 4.2b　Clavius の『アストロラビウム』に含まれている正弦・余弦表の1頁

られているかぎり，小数点が，その意義が十分に認められた著作において登場した最初のもの」と評されている*3．その1頁を図に挙げておいた（図 4.2b）．

表は $r = 10^7$ としたときの $r\sin\theta$ と $r\cos\theta$ の値で，上と左の欄の数字は角度 θ（度と分）で sin にたいする角度，下と右の欄の数字は cos にたいする角度を表す．すなわち，たとえば $r\sin(48°46') = r\cos(41°14') = 7520316$ を表し，その横の数字 31.9 は θ の $48°46'$ から $48°47'$ までの間の $\Delta\theta = 1'' = 1'/60$ ごとの $r\sin\theta$ の増分が 31.9 であることを表している．すなわち

$$\{r\sin(48°47') - r\sin(48°46')\} \div 60 = (7522233 - 7520316) \div 60 = 31.9.$$

小数点のより明確な説明は，ジョン・ネイピアによって与えられた．

シェイクスピアとほぼ同年のネイピアはステヴィンより2歳年少で，スコットランド南部の都市エディンバラ近郊のマーチストンに生まれた．1563年に13歳でセント・アンドリュース大学に学生登録しているが，在籍期間は短く，学位を取得することなく退学したものと見られている．1566年には大陸に遊学し，1571年，21歳で帰国し，荘園を相続している．大陸での学習やその後のことはあまり知られていない．1608年以来男爵としてマーチストンの城主を勤めている*4．貴族として生活に困らず，かなり早い時期から数学研究に打ち込んでいたようである．Cajori の書には「ネイピアは，神学と占星術の熱心な研究者であった．そしてローマ教皇が反キリストであることを示しては喜んでいた．しかし彼の天分は数学の研究者としてより以上に発揮された．彼は

---

*3 Ginsburg, 'On the Early History of the Decimal Point', p. 347. See also, Tropfke, *Geschichte der Elementar-mathematik in systematischer Darstellung*, p. 180.

*4 Gridgeman の論文 'John Napier and the History of Logarithms' には，ネイピアについて「広く信じられている通説にもかかわらず，彼自身は男爵（baron）であったことはない．その称号はノヴァスコシアの准男爵の地位（baronetcy）とともに，1627年に彼の息子のアルチバルドに与えられた」とある（p. 50f.）．しかし 1614 年と 1617 年のネイピアの書の扉には Ionne Nepero Barone Merchistonii と記されている（図 5.2a）．そして古くは，ケプラーの『宇宙の神秘』の 1621 年の第 2 版に 'Neperi Baronis Scoti（スコットランドの男爵ネイピアの）' とあり（*JKGW*, Bd. 8, p. 115），イギリスのグリニッジ天文台の初代台長フラムスティードの 1684 年の講義録にも 'Baron of Merchiston' とあり（p. 465），現代でも，Cajori の書や，1915 年にエディンバラの Royal Society が発行した *Napier Tercentenary Memorial Volume* の筆頭に掲載された Lord Moulton の論文でも 'Baron of John Napier' とある．それゆえ，ここでは通説に従った．なお，この後の引用は Cajori『初等数学史』下，p. 44.

40 年以上にわたって，慰みとして数学を考究した」とある．彼がカトリックに強い反感を持つようになったのは，当時の教条的カトリシズムの大国スペインの無敵艦隊(アルマダ)が 1588 年にイングランドを侵攻したことがきっかけだとされている．

　クラヴィウスが生粋のカトリックで，宗教改革の時代に対抗宗教改革の主軸部隊となったイエズス会の教師として，カトリックの若者の教育に生涯を捧げたのにたいして，ネイピアは，一方では，農業技術の改良や戦争機械の発明にも熱心な，その意味でステヴィンに比べうる現実的な人物であり，他方では，ローマの教皇はヨハネ書簡に書かれているアンチ・キリストであると本気で信じているような熱烈なプロテスタントであった．実際にネイピアは 1593 年に痛烈なローマ教皇批判の書『聖ヨハネ黙示録全体の開示』を著したことで大陸でも知られていた（図 4.3a）．クラヴィウスとネイピアの両人の対照は興味深い．結局のところ，当時，数学にたいする関心は，宗派を問わず，それなりに高まっていたようである．カトリック世界ではクラヴィウスが数学教育の重要性を語ったが，プロテスタントの世界では，ドイツ宗教改革の総本山ヴィッテンベルク大学の教授でドイツ宗教改革においてマルティン・ルターの片腕といわれたフィリップ・メランヒトン（1497-1560）が半世紀ほど前に熱心に数学教育を推進していたのであった．

　ネイピアの場合，その数学の関心の中心は，もっぱら新しい計算技法の開発にあった．ちなみに，対数の発見を促すことになるこの時代の天文学の発展の背景に，しばしば遠洋航海の興隆が語られている．しかし Cajori の先の紹介や，Bernard Capp の書『占星術と通俗新聞』に「占星術の偉大な愛好家」とあるように[*5]，ネイピアの場合，そしてまたメランヒトンにとっても，あるいはまたポイルバッハやレギオモンタヌスたちウィーンの天文学者たちにとっても，天文学への関心は，航海術よりもむしろ占星術からの刺激であったと考えられる．

　現代の数学史では，ネイピアはなによりも対数の考案者として知られていて，その意味でステヴィンとならぶ本書の主人公であるが，ネイピア自身は，

[*5]　Capp, *Astrology & the Popular Press*, p. 170.

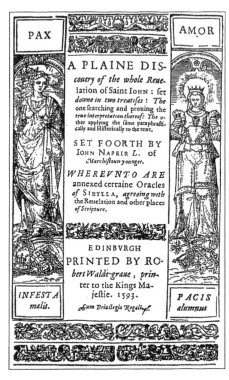 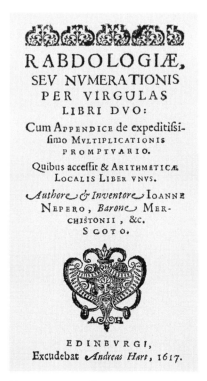

図 4.3a　Napier『聖ヨハネ黙示録全体の開示』(1593) の扉　　図 4.3b　Napier『ラブドロギアエ (*Rabdologiae*)』(1617) の扉

対数も，彼が考案したその他の計算技法とその重要性において差がないと見なしていたようである．そんなわけで対数の発見については次章以降にまわし，ここでは彼の没年の書である 1617 年にエディンバラで出版された『ラブドロギアエ』に眼を向けよう (図 4.3b)[*6]．同書の第 1 部はネイピアが考案した計算用の棒（ネイピアのロッド）とその使用法の説明である．その詳細は次節に見ることにし，さしあたって，その書にある割り算の説明に着目しよう[*7]．

『ラブドロギアエ』の「第 1 部：ロッドの使用一般，第 4 節：割り算」には，

[*6]　「ラブドロギア」(Rabdologia, Rabdologiae はその複数) はギリシャ語の $\rho\alpha\beta\delta o\varsigma$（棒）と $\lambda\acute{o}\gamma o\varsigma$（言葉）ないし $\lambda o\gamma\acute{\iota}\alpha$（集合）からの造語と考えられている．

例として

$$861094 \div 432 = 1993\frac{118}{432} = 1993.273 + \frac{0.064}{432}$$

の計算法が説明されているが，その後に，つぎのように補足されている：

　さまざまな分母を持つ分数による演算操作の困難は，おそらくあなたがたの好みではなく，あなたがたは分母がつねに 10, 100, 1000, 等で整数を扱うのと同じように扱い易い分数（学識ある数学者シモン・ステヴィンによって，その『十分の一法』で，1 次に①，2 次に②，3 次に③と記されたもの）を好まれることでしょう．もしもそうであれば，通常の割り算を終えた所で（図のように）ピリオドないしコンマで終わり（periodis aut commanibus terminatam），被除数ないし余りにたいして 10 分の 1 にたいしてゼロを一つ，100 分の 1 にたいしてゼロを二つ，1000 分の 1 にたいしてゼロを三つ書き加え（そして望むならさらに続けて），上記の計算を続ければよい．私がここで〔図に〕三つのゼロを書き加えておいた〔861094÷432 を 861094.000÷432 と書き直しておいた〕すぐ上の例では，商は 1993.273 であり，それは 1993 個の単位〔1〕と 1000 分の 273 ないし $\frac{273}{1000}$，もしくは（ステヴィンにならって）1993.2′7″3‴ である．最後の余り 64 は，この 10 進計算では重要でないとして無視した．(Rabdologiae 原典 p. 21f., 英訳 p. 31. 原典と英訳で括弧の位置が少し異なるが，原典に合わせた．)

---

*7　テキストは，http : profmarino. it/Nepero/Rabdologiae. pdf に公開されているラテン語原典 *Rabdologiae* と *Charles Babbage Institute Reprint Series for the History of Computing*, Vol. 15 に収録されている英訳 *Rabdology*, translated by W.F. Richardson, introduction by R.E. Rider による．なお，同書およびネイピアが提唱したその他の（対数に関連したもの以外の）数値計算の手法についての紹介と解説は，高橋「ネイピアのラブドロギア」『桜文論叢』第 79 巻 (2011-2), pp. 119-137,「ネイピアのラブドロギア II」同，第 81 巻 (2011-9), pp. 37-55,「ネイピアのプロンプトゥアリウム」同，第 81 巻 (2011-12), pp. 33-48,「ネイピアによる 2 進法算術の発明」同，第 84 巻 (2013-2), pp. 117-141 にあり．

> *In numeris periodo sic in se distinctis, quicquid post periodum notatur fractio est, cuius denominator est vnitas cum tot cyphris post se, quot sunt figuræ post periodum.*
>
> Vt 10000000.04, valet idem, quod 10000000 $\frac{4}{100}$. Item 25.803. idem quod 25$\frac{803}{1000}$. Item 9999998.0005021, idem valet quod 9999998 $\frac{5021}{10000000}$. & sic de cæteris.

図 4.4 Napier『驚くべき対数規則の構成』(1619) より．小数点の使用．

これは 10 進小数の意味と，小数点（ピリオドないしコンマ）によるその表記法を明確に記したものである．ちなみにネイピアがおのれの考案した対数をはじめて公表した 1614 年の『驚くべき対数規則の記述』では，小数は使われていない．小数点がはじめて使用されたのは，エドワード・ライトによる同書の 1616 年の英訳からである．エドワードの英訳を通して，ネイピアは小数点を用いた小数記法の有用性に気づいたのではないかと思われる[*8]．

そしてネイピアの『驚くべき対数規則の構成』が，彼の死後の 1619 年に出版されたが，そこには，小数点としてピリオドだけが使われ，

> その中間でピリオドによって分割された数においては (In numeris periodo sic in se distinctis)，そのピリオドの後に書かれた数は分数 (fractio) であり，その分母はピリオドの後にある数と同数のゼロ (cyphris) がその後に続く 1 である．
>
> すなわち 10000000.04 は 10000000$\frac{4}{100}$ に等しく，また 25.803 は 25$\frac{803}{1000}$ と同じものであり，9999998.0005021 は 9999998$\frac{5021}{10000000}$ と同じものである，等々．

[*8] 岩波書店の『数学入門辞典』の「ネピア」項目に「〔ネピアは〕この本〔1614 年の『驚くべき対数の記述』〕で，……小数点を用いて，整数部分と小数部分を分ける小数の記法を使い，今日の小数記法の基礎を作った」とあるのは，Napier の原著とその英訳を混同したことによる間違い（図 6.2 参照）．

と書かれている（図4.4）[*9]．ネイピアによる小数点の使用が，その普及を大きく促進することになる．そしてその流れは，後章に見るように，対数とりわけ常用対数の考案によって確実なものになる．

2. ネイピアのロッド

ネイピアのロッドは，図4.5に示した数字の書かれた紙を写真のように四角い小さな角棒（virgula）に巻きつくように貼り付けたもので，そうすればロッドのそれぞれの面には各段の九九が記されていることになる．そのさい，ロッドの各面の丁度裏側には，1の段にたいしては8の段，2の段にたいしては7の段，3の段にたいしては6の段，4の段にたいしては5の段が上下逆にくることに注意[*10]．

掛け算は，たとえば1427×365の場合，図4.6aのように4本のロッドを順に1の段，4の段，2の段，7の段が表にくるように並べ，その3行目，6行目，5行目を図4.6cのように縦に並べて，ななめの帯にそって足してゆけばよい．こうして1427×365＝520855が得られる．もっとも，図4.6cのような掛け算は「格子掛け算（gelosia ないし graticola）」と呼ばれ，西欧中世の算術書にすでに書かれていたものであり，とくに新しいわけではない[*11]．

ただ，現代の日本のように小学校で九九を暗記しているということのないこの時代の西欧にあっては，通常，掛け算をするさいには，当時「ピュタゴラス表」と言われていた九九の表を手元に置いておこなっていたという事情がある（図4.7）．17世紀末になっても，ライプニッツが2進法を提唱したとき，その利点として「〔2進法の〕乗法においては，一般に九九表とも呼ばれているピ

[*9] *Constructio*, 原典 p. 7, 英訳 p. 8. See also, Cajori, *A History of Mathematical Notations*, Vol. 1, p. 323f.
[*10] 棒の素材には，木材だけではなく，高級品には骨や象牙が使用されることもあり，そのため「ネイピアの骨（ボーン）」とも言われる．なおネイピアの書では，このほかに 1, 2 — 8, 7, 1, 3 — 8, 6, 1, 4 — 8, 5, 2, 3 — 7, 6, 2, 4 — 7, 5, 3, 4 — 6, 5 の組み合わせが載せられている．写真は 3, 4 — 6, 5, 2, 4 — 7, 5, 0.2 — 7, 9, 1, 3 — 8, 6.
[*11] Cajori『初等数学史』下，p. 28f.; Swetz, *Capitalism & Arithmetic*, p. 208f.; D. E. Smith, *Rara Arithemetica*, p. 35, p. 5 等参照．

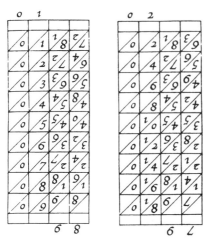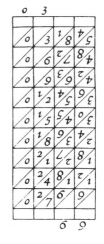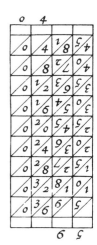

図 4.5　Napier のロッドに使われる紙型

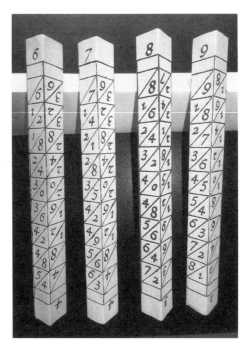

写真　Napier のロッド（筆者の手製）

ュタゴラス表など，まったく必要としない」と記していたのである*12．ネイピアのロッドはいちいち表に頼らなくとも掛け算がスムーズにできるようにしたものである*13．科学史家 Rupert Hall の著書『科学における革命 1500-1759』に「ネイピアのボーンは掛け算表の記憶と長い桁の取扱いの労力を不用にするためのものであった」と指摘されているとおりである*14．

しかしそれだけなら，ネイピアのロッドはそれほど特筆すべきものとは思えない．

ネイピアのロッドの特異なそして注目すべき機能はつぎの点にある．図 4.5 の紙型からわかるように，図 4.6a のように揃えたロッドをそのまま崩さずに上下逆にして裏返すと，図 4.6b のように 8 の段，5 の段，7 の段，2 の段が順に並ぶ．そこで，これを用いて先の計算とまったく同様に図 4.6d のようにして 8572×365 を計算すると 3128780 が得られる．これを 3650000−365 から引くことにより 520855 が得られ，こうして始めの計算の検算をすることができる．もちろん

$$1427 \times 365$$
$$8572 \times 365 \quad (+$$
$$9999 \times 365 = 10000 \times 365 - 365$$

---

*12　Leibniz「すべての数を 1 と 0 によって表す驚くべき表記法」p. 97.

*13　「現代の日本」と書いたが，日本では，すでに『万葉集』の時代に九九が知られていた．実際『万葉集』には「八十一」と書いて「くく」と読ませ，「十六」と書いて「しし」と読ませる，また逆に「二二」と書いて「し」と読ませ，「二五」と書いて「とを」と読ませる歌などが見られる（詳しくは須賀源蔵「「九九」について」参照）．そして福沢諭吉の『福翁自伝』には，自身の幼年時代，1840 年頃の回想に「倉屋敷の中に手習いの師匠があって，其屋には町家の子供も来る．…… 大阪のことだから九九の声を教える．二二が四，二三が六．これは当然の話である」と記されている（『福沢諭吉選集』第十巻 p. 10）．少なくとも商業都市大阪では，江戸末期には現在と同様に寺子屋で九九が教えられていたことがわかる．そもそも日本人は九九を「ニニンがシ，ニサンがロク，……」とリズミカルに発音して覚えるが，西洋にはそのような習慣がなく，たとえば 2×3 ＝ 6 の場合，発音はあくまで 'two times three equals six' であり，現在でも日本のように小学校の教室で九九を唱和して暗記するような教育をしていないと聞く．ちなみに，たとえば「はとや旅館の電話番号 4126」を「電話は良い風呂」，$\sqrt{3} = 1.7320508\cdots$ を「ヒトナミニオゴレヤ」，円周率 $\pi = 3.141592653\cdots$ を「身一つ世一つ生くに無意味」というように語呂合わせで数字を覚える習慣も，西洋にはないそうである．

*14　Hall, *The Revolution in Science*, p. 288.

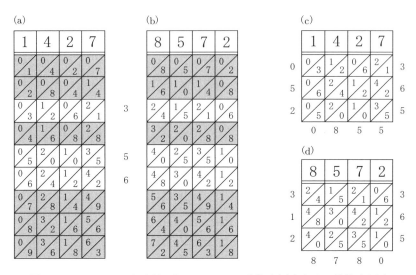

図 4.6 Napier のロッドを用いた 1427×365 の計算 (a)(c) とその検算 (b)(d)

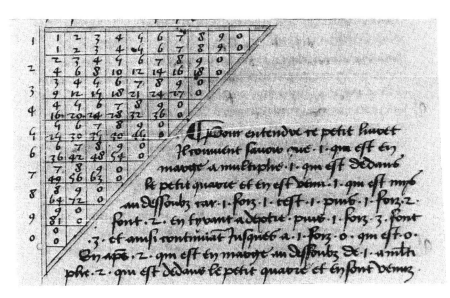

図 4.7 シュケーの 1484 年の手稿に付された九九の表（乗法表）
Chuquet, *Nicolas Chuquet, Renaissance Mathematician* より

の関係を利用したわけで，それがロッドの紙型（図4.5）の特異な作り方の根拠であり，また特筆すべき点でもある．それにしてもネイピアのロッドのこの特異で巧妙な検算機能について，科学史や数学史の書物にはほとんど触れられていないのは不思議である．

　この『ラブドロギアエ』はいくつもの言語に訳され，いくつもの国で出版され，このロッドは「ネイピアの死後，何年間もかなりの人気を博した」と言われる[*15]．実際，イングランドのサミュエル・ピープスは，ネイピアの死後半世紀も後の1667年にネイピアのロッドについて教えられ，その購入を考えている旨を，日記に記している[*16]．ということは，その当時，既成品が市販されていたということである．そのさらに半世紀後，1721年に，エドワード・ハットンはロンドンで出版した自身の書『算術』にネイピアのロッドによる掛け算と割り算そして開平・開立の規則を記していると伝えられる[*17]．「百年以上にわたって，一般の人々は彼〔ネイピア〕を，ネイピアのロッドないしボーンの発明者として記憶していた」のであり，「彼の時代の一般的な評価としては，この『ラブドロギアエ』が彼の最大の仕事とされていた．」[*18]

　そればかりか，大阪書籍の『新数学事典』の「日本数学教育史」項目には「19世紀初葉にはオランダから，また中国からユークリッドの漢訳，三角法，籌算（ネイピア・ロッド）が……〔日本に〕輸入されていた」とある（「籌」は「かずとり」つまり数を数える棒を指す）．ネイピアのロッドは，中国さらには日本にも伝わっていたのだ．

[*15] Baron, 'Napier, John',．
[*16] Pepys『サミュエル・ピープスの日記』，第8巻，1667年9月26日の記述．なお，1633年生まれのピープスは，英国の海軍大臣もつとめたケンブリッジ出のエリートであるが，29歳になるまで九九を知らず，その歳になってはじめて必要にせまられて先生について学んだことが日記に記されている．同，第3巻1662年7月4日，9日，11日，14日．その当時のイギリスでは「算術は，自分のことを商人などより地位が上だと考えている者からは軽蔑され」ていた，つまり計算などは商人や職人にとって必要とされるしもじもの技術で，エリートのするものではないとされていたのである．Thomas『歴史と文学』，p.89．
[*17] Cajori，前掲書，下，p.47．ネイピアのロッドがネイピア没後にどのように言及されていたのかについては，Rider, 'Introduction', in *Rabdology* 参照．
[*18] Sleight, 'John Napier and his Logarithms', p.146 ; Smith, *History of Mathematics*, Vol.1, p.391 ; Gridgeman, 'John Napier and the History of Logarithms', p.53.

しかし私たちにとって興味深いのは，むしろ『ラブドロギアエ』の以下の記述である．冒頭の，スコットランドの大法官アレクサンダー・セトンへのネイピアの献辞は，つぎの一文で始まっている：

> 　計算の実行は，長たらしく面倒なプロセスであり，その退屈さのゆえに，多くの人々が数学の学習を敬遠しております．つねづね私は，私の能力のかぎりをつくして，このプロセスを簡単化しようと，試みてまいりました．すぐる年月に私が私の**対数規則**を創り出したのは，このことを目標にしてであります．そのために私は，長きにわたって努力を重ねてまいりました．（強調は原典の原文ママ）

そして加法と減法の記述の末尾には書かれている：

> 　**これらの棒は計算のより難しい演算操作（掛け算や割り算，開平や開立の計算）のために考案されたものである．足し算や引き算はすべての初心者に扱いうる範囲内にあるため，これらについては省略し，私は掛け算から始める所存である．**（強調は原典の原文ママ）

そして，掛け算の後に割り算を掛け算と引き算の組み合わせで説明したのち，あらためて「**(その計算が演算のもっとも困難な部分であるところの) 掛け算それ自体** (Multipla enim ipsa (quorum computatio gravissima pars operis est))」と記されている（強調山本）[*19]．当時は，掛け算それ自体が大変骨の折れる演算であった．歴史家キース・トマスの書『歴史と文学』には，歴史的には科学革命の時代と称される17世紀のイギリスの現状として，書かれている：

> 　男女を問わず，算術を学ぶ機会に恵まれたり，意欲的に学ぼうとした者にとっても，多くの場合，算術はきわめて難解な科目だった．「たいていの人間がそのため算術の知識を得るのを断念した」と1630年にエドマ

[*19] *Rabdologiae*，上記三つの引用は，順に原典 folio 2, pp. 15, 23，英訳 pp. 3, 25, 33.

ド・ウィンゲートは伝えている．……算術をむつかしくしているのは，その面倒な計算方法でもあった．学習者は最初の二つの法則，足し算，引き算は習得できても，たいていは掛け算，割り算でつまづいてしまうのである．[*20]

ネイピアの問題意識は，その掛け算，そして割り算をいかにすれば容易なものにしうるのかに向けられていた．ネイピアをして対数の考案を促した根本的な動機であろう．

3. 積和と積差の公式

その問題の解決の方向性をネイピアに示唆したのが，大陸の天文学者のあいだでその当時おこなわれていた，三角法の公式をもちいて掛け算を足し算ないし引き算に還元する計算テクニックであったと言われている．

三角法の積差の公式と積和の公式，現代風に言うと三角関数の加法定理を西欧ではじめて語ったのは，ドイツのヨハネス・ヴェルナー (1468-1522) と考えられている．15 世紀末から 16 世紀初頭にかけてドイツの文化の中心であったニュルンベルクに生まれ，インゴルシュタット大学に学び，その後ローマにも遊学したヴェルナーは，1498 年からニュルンベルクの聖ヨハネ教会の牧師を勤め，その片手間に数学と天文学の研究に打ち込んだことが知られている[*21]．

1510 年の頃に書かれたヴェルナーの『球面幾何学』の手稿には

$$\text{積差の公式：} \quad \sin\alpha\cdot\sin\beta = \frac{1}{2}\{\cos(\alpha-\beta)-\cos(\alpha+\beta)\} \tag{4.1}$$

に相当するものが記されていると言われる[*22]．

黄道面の赤道面にたいする傾斜角 (i) がわかっているとして，太陽の黄経

[*20] Thomas, 前掲書, p. 92.
[*21] ヴェルナーについて詳しくは，拙著『世界の見方の転換』1，第 4 章 2 を見ていただきたい．
[*22] Folkerts, 'Werner, Johannes'; Thoren, *The Lord of Uraniborg*, p. 237; Naux, *Histoire des Logarithmes de Neper a Euler*, Tome 1, p. 31. ヴァチカンの図書館で発見された Werner のこの手稿が印刷されたのは 1907 年．

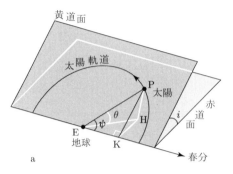 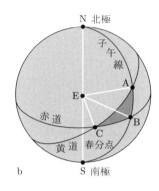

図 4.8　太陽の軌道と赤緯

（春分点方向から黄道にそって測った経度 ϕ）が得られたときに太陽の赤緯（赤道面から測った緯度 θ）を求める式は $\sin\theta = \sin\phi \sin i$ で与えられる（図 4.8a）．この式は，天球上で黄道と赤道，そして赤道と直交する子午線からなる直角球面三角の公式にほかならない（図 4.8b）．上記の積差の公式は，これを計算するために考案されたものと考えられる．

ちなみに，19 世紀フランスの著名な天文学者 Jean Baptiste Joseph Delambre が 1819 年の書『近代の天文学の歴史』に，11 世紀のイスラムの天文学者イブン・ユーヌスが，これらの公式を使用したと記し，以来その解釈は定説のようになって歴史書に踏襲されてきた．たとえば有名な George Sarton の科学文化史や矢島祐利のアラビア科学史やその他多くの文献には，この式がイブン・ユーヌスによりはじめて使用されたと記されている[23]．しかしその後，中世イスラムの天文学史の研究者 David Anthon King の綿密な研究により，Delambre の解釈が誤りであることが示されている[24]．

積差の公式の証明が最初に印刷されたのは，クラヴィウスの先述の『アストロラビウム』であった．同書には定理として書かれている：

---

[23] Voellmy, 'Jost Bürgi und die Logarithmen', p. 14；Sarton『古代中世科学文化史』I, p. 331, idem, *Six Wings*, p. 68, p. 261 n. 151；矢島『アラビア科学史序説』p. 197；Dreyer, *Tycho Brahe*, p. 361；Boyer『数学の歴史』2, p. 174；Naux, 前掲書, p. 30 等．

[24] King, 'The Astronomical Works of Ibn Yūnus', p. 7, p. 149, p. 322, Ch. 15, n. 6, idem, 'Ibun Yūnus' very useful Tables for Reckoning Time by the Sun', p. 360.

任意の弧〔角 α〕の正弦にたいする全正弦〔$\sin 90° = 1$〕の比は，他の任意の弧〔角 β〕の正弦の，その二つの弧の加減法（プロスタファエレーシス）の目的に要求される仕方でこの二つの弧〔角〕を合成した量に比例する．より小さいほう〔の角〕が大きいほう〔の角〕の補角に加えられ，その和の正弦がとられなければならない．そのとき

　1. もしも小さいほうの弧が大きいほうの弧の補角であるならば〔$\beta = 90° - \alpha \therefore \alpha + \beta = 90°$〕，計算された正弦の半分が求める第四の比例項である．

　2. しかしながら，もしも小さいほうの弧が大きいほうの弧の補角よりも小さければ〔$\beta < 90° - \alpha \therefore \alpha + \beta < 90°$〕，小さいほうの弧は大きいほうの弧の補角から引かれ，こうしてわれわれは，以前には足しあわされたおなじ弧の間の差を有し，その差の正弦〔$\sin(90° - \alpha - \beta)$〕が以前に形成された正弦〔1.の $\sin(90° - \beta + \alpha)$〕から引かれることになる．この残りの半分が求められている第四の比例項となる（3. は $\alpha + \beta > 90°$ の場合であり，略）．[*25]

わかり難い表現であるが，この1.は

$$1 : \sin \alpha = \sin \beta : \frac{1}{2} \sin(90° - \beta + \alpha)$$

という主張であり，この場合は $90° - \beta = \alpha$ ゆえ，これは2倍角の公式

$$\sin(2\alpha) = 2\sin\alpha \cdot \sin(90° - \alpha) = 2\sin\alpha \cdot \cos\alpha \tag{4.2}$$

に他ならない．

　同様に2.は

$$1 : \sin \alpha = \sin \beta : \frac{1}{2}\{\sin(90° - \beta + \alpha) - \sin(90° - \alpha - \beta)\}$$

すなわち

[*25] Clavius, *Astrolabium*, p. 179. この部分の英訳は D.E. Smith ed., *SBM*, p. 460 にあり．

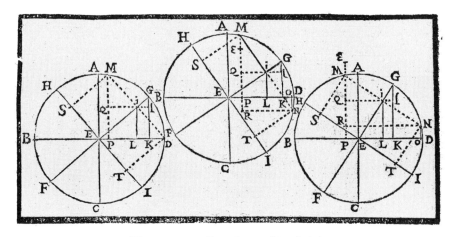

図 4.9 Clavius『アストロラビウム』より

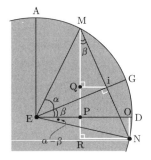

図 4.10 積差の公式の証明

$$\sin\alpha\cdot\sin\beta = \frac{1}{2}\{\sin(90°-\beta+\alpha)-\sin(90°-\alpha-\beta)\}$$

で，これは，$\sin(90°-\theta)=\cos\theta$ を考慮すると，積差の公式 (4.1) に他ならない．またこの式で，$\alpha\to 90°-\alpha$, $\beta\to 90°-\beta$ の置き換えをすれば，これは積和の公式

$$\cos\alpha\cdot\cos\beta = \frac{1}{2}\{\cos(\alpha-\beta)+\cos(\alpha+\beta)\} \tag{4.3}$$

を与える．

図 4.9 はその証明のためにクラヴィウスの書に付されたもので，左が

$\alpha+\beta=90°$ の場合, 中央が $\alpha+\beta<90°$ の場合, 右が $\alpha+\beta>90°$ の場合であるが, いずれも本質的に変わりはないので, 中央の図で説明する. じつは, この証明の部分は D. E. Smith ed., *A Source Book in Mathematics* に英訳されているが, きわめて回りくどく理解しにくい書き方がされているので, ここでは枝葉を端折り整理して表現する. しかしやっていることは, クラヴィウスのものと本質的には変わらない.

図 4.9 で, EA, ED は直交する半径, 半径 EG は弦 MN の垂直二等分線で, 点 i で両者は交わる. ∠MEG = α, ∠GED = β とする. このとき ∠DEN = $\alpha-\beta$ (図 4.10 は説明のための補助図).

点 M から半径 ED に垂線 MP を下ろし, 点 i から DE に平行に iQ, 点 N から DE と PM のそれぞれに平行に NR と NO を引く. 円の半径を 1 とすれば, $\overline{\text{Mi}} = \sin\alpha$ であり, またあきらかに ∠NMR = ∠iMQ = β ゆえ

$$\overline{\text{Qi}} = \overline{\text{Mi}}\sin\beta = \sin\alpha\cdot\sin\beta.$$

他方,

$$\overline{\text{Qi}} = \frac{1}{2}\overline{\text{RN}} = \frac{1}{2}(\overline{\text{EO}}-\overline{\text{EP}}) = \frac{1}{2}\{\cos(\alpha-\beta)-\cos(\alpha+\beta)\}.$$

この二式を等値すれば, 上記の積差の公式 (4.1) が得られる.

同様に, $\overline{\text{MQ}} = \frac{1}{2}\overline{\text{MR}}$ より, 第三の公式

$$\sin\alpha\cdot\cos\beta = \frac{1}{2}\{\sin(\alpha+\beta)+\sin(\alpha-\beta)\} \tag{4.4}$$

が得られるが, その証明は読者のエクササイズとしておこう[*26].

なお, 図 4.9 の左のものは, 中央の図の点 N を点 D に一致させたもので, このとき $\beta=\alpha$ で, 点 R は点 P に一致. その場合, $\overline{\text{Mi}} = \sin\alpha$, $\overline{\text{MQ}} =$

[*26] Gridgeman 前掲論文には, この公式が「クラヴィウスによって発見された」とあるが (p.55), それは違うと思われる. 志賀『数の大航海』p.65f. には, この (4.4) 式に相当するものをフランソア・ヴィエトが 1579 年にほぼ同様のやりかたで導いたとあるが, 直接確かめることができなかった. なお, Zeller, *The Development of Trigonometry from Regiomontanus to Pitiscus*, p.75; Maor『素晴らしい三角法の世界』p.119; Dreyer, 前掲書, p.361 参照.

$\overline{\mathrm{Mi}}\cos\alpha = \sin\alpha\cos\alpha$, 他方, $\overline{\mathrm{MP}} = \sin 2\alpha$ であり, $\overline{\mathrm{MP}} = 2\overline{\mathrm{MQ}}$ と置けば2倍角の公式 (4.2) が得られる.

4. 秘伝としての加減法

　ここで三角法の公式に立ちいったのは, その当時の最大の天体観測者デンマークのティコ・ブラーエ (1546-1601) の観測基地において, クラヴィウスの引用にもあるようにこれらの式が「加減法 (プロスタファエレーシス)」と呼ばれ[27], 積 (掛け算) を和と差 (足し算と引き算) に還元する数値計算のテクニックとして用いられていたからに他ならない. つまり, 数 a と b の積を求めるのに, 正弦表をもちいて $a = r\sin\alpha$, $b = r\sin\beta$ となる角度 α, β を求め,

$$ab = r\sin\alpha \cdot r\sin\beta = \frac{r}{2}\{r\cos(\alpha-\beta) - r\cos(\alpha+\beta)\}$$
$$= \frac{r}{2}\{r\sin(90°-\alpha+\beta) - r\sin(90°-\alpha-\beta)\}$$

として, ふたたび正弦表をもちいて右辺を数値に戻すものである. 数表の読み取りと足し算ないし引き算のみが要求される.

　現代の私たちの感覚からすれば, なんとも迂遠なやり方のように思われる. しかし当時, ティコの天体観測の精度はすでに角度の分の単位にまで達していたのであり, 有効数字7桁の数字の計算が必要とされていた[28]. 7桁の数字どうしの掛け算では要素的演算の回数は $7\times 7 = 49 \fallingdotseq 50$ にものぼり, 九九の表を見ながらの計算は相当大変なものであった. 他方では, 精度のよい三角関数表がすでに作られていた. 実際, 15世紀末には, レティクスの後を継いだヴァレンティン・オットーにより, 正弦表は有効数字10桁で与えられていた. それゆえ, この加減法に依拠した掛け算は, 直接的な計算にくらべて, 精度の点で劣らないばかりか, 労力の点では上まわっていたようである. ティコ自身

---

[27] ラテン語で prosthaphaeresis と呼ばれる「加減法」はギリシャ語の πρόσθεσις (足し算：加法) と ἀφαίρεσις (引き算：減法) からの造語. ただし, コペルニクスやケプラーやプトレマイオスはこの言葉を広い意味に使っていた. コペルニクス, 邦訳『天球回転論』p. 168, 第III巻8章, ケプラー, 邦訳『宇宙の神秘』p. 72, 第1章, 注20参照.

[28] Thoren, *The Lord of Uraniborg*, p. 238.

「プロスタファエレーシスによって，面倒な掛け算や割り算なしに遂行されるこの計算 (haec ratio, quae per $\pi\rho o\sigma\theta\alpha\varphi\alpha\acute{\iota}\rho\epsilon\iota\sigma\iota\nu$ procedit abscue taediosa multiplicatione et divisione)」とある書簡で語っている[*29].

この積差の公式を最初に印刷物で公表したのは，ラテン名レイメルス・ウルススことニコラス・レイマー・ベアー (1551 – 1600) の 1588 年の書『天文学の基礎 すなわち正弦と三角形の新しい理論』だとされる．そのフルタイトルには「Ⅵ．多くの三角形の加減法のみによる解法，Ⅶ．おなじ加減法の説明と証明……を含む」という表現が認められる．クラヴィウスの『アストロラビウム』には，「3 ないし 4 年前，ニコラス・レイメルス・ウルスス・ディスマルススはある小冊子を出版したが，そこで彼は，とりわけ巧妙な手法を提唱している．彼は加減法のみで (per solum prosthapheresim) 多くの球面三角〔の問題を〕を解いている」と，先ほどの引用の前に記されている.

ウルススは，当時デンマークの支配下にあったホルスタインの貧しい養豚農家に生まれ，18 の歳まで豚の世話をしながら独学でラテン語・フランス語・ギリシャ語そして数学と天文学を習得し，最後はプラハのルドルフⅡ世の宮廷数学官，つまりお抱えの占星術師にまで登りつめたという興味深い人物である．天文学者のヨハネス・ケプラー (1571-1630) が学生時代に数学とくに三角法を学んだのは，ウルススのこの『天文学の基礎』であった．ケプラーは 1599 年の知人への書簡で記している：

> プトレマイオスやコペルニクスといった巨匠の理解にかんするかぎり，天文学の諸問題についての彼 (ウルスス) の理解はほとんどゼロのように思えます．しかしそのことは，彼がよき幾何学者にしてよき算術家であることを妨げるものではありません．私は，彼が提唱している数学の諸問題を習得したいと熱望しております．……幾何学の事柄にかんしては〔彼の〕知識は確かです (in Geometricis rebus certa est scientia).[*30]

[*29] Tycho to Hávek, 4 Nov., 1580, *TBOO*, Tom. 7, p. 58.
[*30] Kepler to Herwart von Hohenburg, 30 May 1599. *JKGW*, Bd. 13, Nr. 123, p. 345. 英訳 Rosen, *Three Imperial Mathematicians*, p. 198f. 参照.

しかしウルススが加減法を独立に見出したわけではない．

デンマークの由緒ある貴族の家に生まれたティコ・ブラーエは，学生時代に天文学にはまり，上流貴族としての本来の行路である政治家や軍人・外交官への道を外れ，エーレソン海峡の国王から与えられたヴェーン島に天体観測基地ウラニボルクを建設した不世出の天体観測者であった．肉眼での天体観測の極限を追求した彼は，それまでの角度で 15 分かせいぜい 10 分が限界であった天体観測の精度を 1 桁向上させたのであり，それによってはじめてケプラーによる楕円軌道の発見が可能となった．理論的な面ではティコは，プトレマイオスの天動説とコペルニクスの地動説の中間的・折衷的な体系，すなわち，静止地球のまわりを太陽が周回し，その太陽のまわりを水星・金星・火星・木星・土星がこの順に周回するという地球・太陽中心系を提唱したことで知られている[*31]．

ウルススは，1584 年にデンマーク貴族の従者としてヴェーン島を訪れ，ティコの観測基地に 2 週間ほど滞在している．その後ウルススは『天文学の基礎』を上梓し，他の 5 惑星を引き連れた太陽が静止地球のまわりに周回するという，ティコのものと類似の宇宙体系を公表することになる．実際には，ティコは地球の自転を認めず，恒星天に日周回転を負わせているのにたいして，ウルススの体系では地球が 24 時間で自転し恒星天が静止している点で，さらにはウルススの体系では火星軌道と太陽の軌道が交差しないことや，恒星天が奥行きをもつこと等で，厳密に言うと両者の体系は異なっている．

尊大で猜疑心の強いティコは，ウルススの体系を，ヴェーン島を訪れたときにウルススが不正に盗み取ったものだとして糾弾し，科学史家の多くもティコの言い分を認めている．しかし実際にはティコの体系はそれほど独創的なものではなく，ウルススが独立に考案した可能性も十分に考えられる[*32]．

それはともかくティコは同時に，加減法もウルススの剽窃だとしている．1592 年の書簡で，ティコは厳しく指弾している：

[*31] 詳しくは，拙著『世界の見方の転換』3，第 11 章参照．
[*32] このあたりの消息について詳しくは，拙著『世界の見方の転換』3，第 12 章 5 を参照していただきたい．

ウルススは〔ヴェーン島に滞在中〕この地で，その他の多くの私の書類をこっそり盗み見し，検分しています．彼は多くのものを書き写し，いくつかを記憶し，後にそれらを，恥知らずに自分自身のものだと公言しています．たとえば三角形の込み入った計算の加減法による簡単化……などです．

この後に，さらに続けられている：

　三角形の〔計算の〕簡単化に関するかぎり，ずっと以前，ヴィティッヒが当地にいたときに，私はヴィティッヒと友好的な関係にあり，こだわりなく協力しあっていました．この問題に関して，彼が見出したものと私が見出したものをたがいに交換しておりました．その後，彼は郷里に帰りました．そしてその地から彼は，ヘッセンの方伯であるウィルヘルム伯〔ヴィルヘルムⅣ世〕のもとに赴き，その地にしばらく滞在しました．そして彼は，方伯のところの時計技術者で独学ではあるがきわめて有能な職人のヨースト・ビュルギに，私たちが協力して解明した三角形の神秘のすべてを洩らしたのです．……ウルススは，ヨースト・ビュルギから，ヴィティッヒがビュルギに教えた三角法の簡潔な証明と数値解法を得たのです．*33

　ウルススが加減法をヴェーン島で直接盗んだという指摘と，ヴィティッヒとビュルギ経由で知ったという異なるストーリーが併記されていて，その点からしても信頼性の薄い議論であるが，ともあれ，この文面より加減法がティコの観測基地ではそれまで秘匿されていたことが読みとれる．数値計算のための便法として使われていたその加減法は，ティコの観測基地では一種の企業秘密，門外不出の秘伝として扱われていたのであった．

---

*33　Tycho Brahe to Háyek, 14 Mar. 1592, *TBOO*, Tom 7, p. 322f. なお Rosen, 前掲書, pp. 269-272 参照.

5. スコットランドへの伝播

　上記の書簡ではその秘伝をティコはヴィティッヒとの協同作業で見出したと主張しているが，その後の科学史の研究では，本当はヴィティッヒ単独の考案で，ヴィティッヒがヴェーン島に持ち込んだと考えられている．

　ティコとほぼ同年のパウル・ヴィティッヒ (1546 頃-1586) は，シュレジエンのブレスラウ（現ポーランド領ブロツワフ）に生まれ，ライプツィヒやヴィッテンベルクやフランクフルト・アン・オーデルの大学に学び，1570 年代にはドイツ各地を遍歴しながら天体観測を続け，天文学とくにコペルニクス理論を教授していた．著書は残していないが，詳細な書き込みをしたコペルニクスの『天球回転論』，さらには天文学に関する書付を残している．天文学者にして天文学史の研究者でもある Owen Gingerich の書には書かれている．「この謎の人物，パウル・ヴィティッヒとはいったい何者なのか．ヴィティッヒは何ひとつ出版していないので，彼に関する世評はほとんど伝わっていない．しかし，16 世紀の天文学に関する書簡には彼がたびたび登場することがしだいにわかってきた．ヴィティッヒは非常に頭の切れる人物で，数学の才に長けており，コペルニクスの本を少なくとも四冊保有できるほど豊かで，一箇所に長くとどまることをしなかった．」[*34]

　ヴィティッヒは1580 年にヴェーン島を訪れ，ティコの天体観測に協力している．その時点でティコは，おのれの協力者として彼に心を許していた．ヴィティッヒはとくに数学的能力に優れていたのであり，数学の能力にはいささか見劣りがするティコはその方面での協力を期待していたようである．しかしヴィティッヒは，4ヶ月の滞在の後，家庭的な事情で郷里に帰り，その後，カッセルのヴィルヘルムIV世の観測所に向かっている．ヴィティッヒがヴェーン島に戻らなかったばかりか，ティコのもとで知った新しい観測装置や観測技法をカッセルの観測スタッフのクリストフ・ロスマンやヨースト・ビュルギに伝授したことに，ティコは激怒したのであった．

　しかし，ヴィティッヒはコペルニクスの太陽中心体系だけではなく，その変

[*34] Gingerich『誰も読まなかったコペルニクス』p. 145.

形としてのティコの地球・太陽中心体系のアイデアに連なる体系の図を書き遺しているのであり，ティコが自身のものとして誇る地球・太陽中心系のアイデアについても，それをヴィティッヒから得た可能性は高い[*35]．

そして，三角法の積差の公式をヴィティッヒが自分で見出したのか，それともヴェルナーの草稿から知ったのかはわからないが，それを加減法として数値計算に用いることを着想したのも，そのアイデアをヴェーン島に持ち込んだのも，現在ではヴィティッヒだと考えられている．『ティコ・ブラーエ著作集』の編集者で，ティコの伝記の著者でもあるJ. L. E. Dreyerは，すでに1916年の論文で「1580年のその〔プロスタファエレーシスの〕方法の考案がヴィティッヒ一人に負っているという結論は，避けがたいのではないだろうか」と表明している[*36]．そしてV. Thorenの1990年の書『ウラニボルクの領主』には「ヴィティッヒがヴェーン島に持参し，ティコから高い評価をかち得たものは，第一に数学的変換公式，つまりその世紀末にはギリシャ語でプロスタファエレーシスとして知られていた和と差の公式であった」とある[*37]．ティコと同時代のケプラーも書簡で「ヴィティッヒの加減法（$προσθαφαιρέσει$ Wittichiana）」と記している[*38]．当時，こう呼ばれていたのであろう．いずれにせよそれがティコとヴィティッヒの協同の考案であるというティコ自身の主張は，信憑性が薄い．そしてヴィティッヒがカッセルのビュルギに知らせ，ウルススはそのビュルギから教わったというのが，どうも真相らしい．そして1588年には，ウルススがこの公式を『天文学の基礎』に公表することになる[*39]．

[*35] Paul Wittichについて詳しくは，拙著『世界の見方の転換』3，第11章5を見ていただきたい．
[*36] Dreyer, 'On the Tycho Brahe's Manual of Trigonometry', p. 131.
[*37] Thoren, 前掲書, p. 237. See also Christianson, On Tycho's Island, p. 69.
[*38] Kepler to Hervart von Hohenburg, 18 Oct. 1608, JKGW, Bd. 16, nr. 505, p. 189. もっともケプラーは，1604年に書いた『天文学の光学的部分』では，この加減法について「ティコが長年慣れ親しんだ，そしてクラヴィウスがかなりの程度発展させ，今日ではヨステルによって完成させられたある種の計算法」とも記している；Astronomae pars optica, JKGW, Bd. 2, p. 312f., 英訳，Optics, p. 375. メリキオール・ヨステルは1598年-1600年の間ティコに協力したヴィッテンベルクの天文学者．
[*39] このあたりの事情については，Thoren, 'Prosthaphaeresis Revisited', pp. 32-39に詳しい．なおJardine, The Birth of History and Philosophy of Science, p. 31f., footnote 12；Christianson, 前掲書, pp. 69, 91, 348等参照．

その秘伝のテクニックとしての加減法をエディンバラのジョン・ネイピアに伝えたのは，ジョン・クレイグ（1553？-1620）であったと伝えられる．

　スコットランドに生まれたクレイグは，ルター派宗教改革の中心であったドイツのヴィッテンベルク大学に1570年に入学し，その後しばらくフランクフルト・アン・オーデルの大学で数学や論理学を教授したのち，1584年に郷里に戻り，エディンバラで医療に従事し，ネイピアとは家族ぐるみの付きあいがあったと伝えられる．そしてスコットランドのジェームスⅥ世の侍医を勤めている．

　クレイグとティコのかかわりについて言うと，1577年の彗星をめぐって，彼とティコとのあいだに通信が交わされている．1577年の彗星が出現したのは月より上の現象であって，それゆえ彗星は月下の世界の現象だと見るアリストテレス宇宙論が間違っているというティコの議論を，クレイグは強い調子で批判し，そのことがティコのプライドを傷つけ，ティコが激しく反論したことが知られている[*40]．

　そのクレイグが加減法をエディンバラのネイピアに伝えた経緯については，まったく異なる三つのストーリーが伝えられている．

　天文学史の研究者GingerichとWestmanの論文，あるいはChristiansonの書によると，1576年にフランクフルト・アン・オーデルで学生登録したヴィティッヒがジョン・クレイグと出会い，そのときヴィティッヒがクレイグに面倒な掛け算を簡単にするその旨い方法を教示し，クレイグはそれを自身の保有するコペルニクスの『天球回転論』の余白に書き込み，後にエディンバラに帰郷したとき，ジョン・ネイピアにその方法を伝えたというのである[*41]．

　Florian Cajoriの論文には，アンソニー・ウッド（1632-95）の伝える「明らかに不正確な物語」として，クレイグが「天文学の計算において面倒な掛け算と割り算を省くためのデンマークにおける（ロンゴモンタヌスによると言われ

[*40] Dreyer，前掲書，p. 208f.；Hellman, *The Comet of 1577: Its Place in the History of Astronomy*, pp. 121, 314f.

[*41] Gingerich & Westman, 'The Wittich Connection', 11f.；Christianson，前掲書，pp. 69, 379. フランクフルト・アン・オーデルでのヴィティッヒとクレイグの交流についてはRosen，前掲書，pp. 167-9参照．

る)新しい発明」をネイピアに伝えたとある[*42]. ロンゴモンタヌスことクリスティアン・ゼーレンセン・ロンベルク (1562-1647) はティコの弟子で, 1589年以来ティコの筆頭助手を勤め, 後にコペンハーゲン大学の教授となった人物であり, 対数が発明された後も加減法に依拠して計算していたと伝えられる[*43]. ここで Cajori が「不正確な物語」と言っている理由は, これをもってウッドがロンゴモンタヌスを対数の発明者の一人に数えていることにあるようだ.

他方,『科学伝記辞典』の 'Napier' 項目, あるいは Carl Boyer や志賀浩二の書では, クレイグは, ジェームスⅥ世が未来の花嫁 (デンマークのアン) に会うために 1590 年にデンマークに向かったとき, それに同行し, 途中で嵐を避けるためにヴェーン島に停泊しウラニボルクでティコ・ブラーエの歓待を受け, その地でこの方法を聞き知ったとされている[*44]. しかし, ティコがこのテクニックを秘密にしていたことからすれば, そしてまた, 1577 年の彗星の正体をめぐってクレイグがティコと対立していたことからしても, ティコがクレイグに直接教示したとは考え難いから, クレイグに教えたのがヴィティッヒという説のほうが本当らしい.

一番もっともらしいのは, ヴィティッヒがクレイグに教えたという第一番目のストーリーだが, いずれにせよどのストーリーも, クレイグがネイピアに教え, それからインスピレーションを得たネイピアが積を和や差に変える方法を研究して対数の発見に至ったという点は一致しているので, この部分は信用してよいであろう.

次章はいよいよネイピアによる対数の発明へと進む.

[*42] Cajori, 'Algebra in Napier's Day and alleged prior Inventions of Logarithms', p. 99f.
[*43] Christianson, 前掲書, pp. 313-319.
[*44] Baron, 'Napier, John';Boyer『数学の歴史』3, p. 64;志賀, 前掲書, p. 73.

第5章
ネイピアによる対数の提唱

1. 対数についてのネイピアの著書

　ジョン・ネイピア（図5.1）が長年の対数研究の成果をはじめて公表したのは，1614年の『驚くべき対数規則の記述（*Mirifici Logarithmorum Canonis Descriptio*）』（以下『記述』図5.2a）においてであり，対数にかんして生前に発表された彼の書物は，これだけである．彼の死は1617年であるが，生前に書き残していた『驚くべき対数規則の構成（*Mirifici Logarithmorum Canonis Constructio*）』（以下『構成』）は，没後の1619年に息子のロバート・ネイピアの手によって出版された．

　末尾に対数表が付されている『記述』のフルタイトルは『驚くべき対数規則の記述，および，三角法のみならず他のすべての数学へのきわめて手際よくそして平明に余す所なく説明されたその使用法』で，Alfred Crosbyの『数量化革命』には「この本はどのページも数字が列をなし，数字がさながら滝のように途切れることなく続いていて」と紹介されている[*1]．実際，『記述』には，ネイピアによる対数の定義とその性質，関連した若干の命題，対数表の使用法の記述があり，対数表が45頁におよぶのにたいして，対数の定義や使用法の説明が20頁，三角法についての議論が37頁であり，対数表それ自体が大きなウエイトを占めている．同様に『構成』も，1620年の版では，やはり対数表

[*1] Crosby，前掲書，p.300.

第5章 ネイピアによる対数の提唱　125

図 5.1　ジョン・ネイピア（1550-1617）　その1

図 5.2a　John Napier『驚くべき対数規則の記述』(1614) の扉

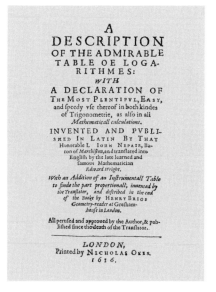

図 5.2b　『驚くべき対数規則の記述』E. Wright による英訳 (1616) の扉

が 45 頁あるのにたいして，その表の構成法についての記述が，付録 (appendix) 等を含めて 63 頁．その当時の三角法の書物にしてもそうだが，この時代の数学の書物は基本的に実用のためのもので，理論体系を展開するというより，むしろ数表それ自体が重視されていたのであり，付されている説明も数表使用のマニュアルに近い．

その意味では，『記述』においても『構成』においても，対数表そのものに重心が置かれている．そしてまたラテン語の canon は，元々は定規のことで，研究社の『羅和辞典』では「1. 規範，規準，2. 一覧表，3. 年貢」とあり，そして以前に触れたピチスクスの『正弦の表』は Canon Sinuum とある（図 1.12）．したがってこのネイピアのふたつの書の標題の 'Logarithmorum Canon' は「対数表」と訳すのが順当かもしれない．実際にもヨハネス・ケプラーが 1624 年の『ルドルフ表』に付した対数表は 'Canon Logarithmorum' となっている．しかし『構成』の対数表の部分は，その冒頭に 'Tabula canonis logarithmorum' と，とくに 'tabula' が付されているので，ネイピアの書の 'canon' は表とその使用法や構成法を含み広い意味に使われているものと理解し「対数規則」と訳した[*2]．

このように，ネイピアが彼の対数研究の成果を公表したのは晩年であったが，研究そのものはもっと早くから構想され着手されていたようである．

のちにネイピアの対数を改良することになるイギリス人ヘンリー・ブリッグスは 1624 年に『対数算術 (Arithmetica logarithmica)』を著すが，その英訳に付された訳者によるブリッグスの伝記には「1594 年の頃にネイピアはティコ・ブラーエに手紙を書き，そこで計算の労力を軽減させるある方法を開発中であると約束している」とある[*3]．そして，1914 年にネイピア対数 300 年を記念して出版された E. W. Hobson の書には「多分ネイピア一家の友人であるトーマス・クレイグと思われるあるスコットランド人が，1594 年に天文学者ティコ・ブラーエに，算術の演算における重要な単純化が使えるようになるであろ

[*2] なお，ラテン語の用法からすると，これら 2 書の標題の 'mirifici' は 'canon' にかかるので，多くの和文の書物では通常『対数の驚くべき規則の……』と訳されているが，ここでは「対数規則」をひとつの単語として扱いたかったので，このように訳した．

[*3] Briggs, Arithmetica logarithmica, 英訳者 I. Bruce による 'Biographical Note' より．

うという希望を与えたということが，ケプラーの書簡から読み取れる」とある*4．それはケプラーの 1624 年 9 月 9 日の書簡で，そこには「あるスコットランド人の 1594 年のティコへの手紙が，ネイピアの驚くべき規則をすでに約束している」とある．この 1594 年という数字にどれほど信憑性があるのかはわからないが，対数の理論を創りだすだけではなく，その理論にもとづいて角度 1 分きざみで有効数字 8 桁の正弦の対数表を実際に計算するには膨大な時間を要することを考えると，対数のアイデアを得たのが 1614 年の『記述』出版の相当以前であろうことは，当然考えられる．

　実際には『構成』のほうが先に書かれたようであり，そして『構成』には対数表がどのように「構成」されたのか，つまり「算出」されたのかが詳しく説明されている．その意味では，『構成』のほうが理論的と言える．分量も多い．おそらくネイピアは，対数の実際的有用性をアピールするために，簡便でマニュアル的性格の強い『記述』の出版を先行させたのであろう．しかしこの小さな書物が，実用数学に革命をもたらしたのである．実際，この『記述』は算術の歴史において，シモン・ステヴィンの『十分の一法』と並ぶ重要な位置を占めている．

　人類に大きな影響を与えた書物を列記した，以前にも触れた John Carter と Percy Muir 編集の『印刷と人間精神』には，書かれている．

　　　彼〔ネイピア〕の『驚くべき対数規則の記述』は，その偉大な発見が，先行者もなければ同時代にはこの分野にはほとんど人もいない状態での，一人の人物による独力でなされた独自の思索による結果であるという点において，科学の歴史において特異なものである．*5

　さしあたって本章では『記述』から見てゆくことにしよう．同書は，ネイピアの生前にイギリス人エドワード・ライト (1558-1615) の手により英訳が作られ，彼の死の直後に息子のサミュエル・ライトによって 1616 年に出版された

---

*4　Hobson, *John Napier and the Invention of Logarithm, 1614*, p. 13. ケプラーの書簡の該当個所は Kepler to Peter Crüger, 9 Sep. 1624, *JKGW*, Bd. 18, Nr. 993, p. 210.
*5　Carter & Muir ed., *Printing and the Mind of Man*, p. 69.

(図 5.2b)．メルカトール投影図法による海図作製法を数学的に解明したことで知られるエドワード・ライトは，航海術や測量術そして数学的機器の製作に精通した実用数学者いわゆる mathematical practitioner であった．その英訳版にネイピア自身が付した序文はつぎのようにはじまっている：

　大きな数の掛け算，割り算，開平，開立ほど，数学の実務において厄介で，計算者を悩ませ，躓かせるものはない．それらはうんざりするほど時間を食うだけではなく，いくつものつまらないミスを引きおこしがちである．そういう次第であるから，私は，これらの障害を取り除くことができる確実で便利な技法がないだろうかと，考えはじめたのであり，この目的で多くの事柄を考えぬいた挙句に，ついにある巧妙にして単純な規則に思いいたったのであるが，それについて，以下に述べる所存である．

この部分はもとのラテン語版のものと大筋において同一であるが，英訳ではその後にさらに書き加えられている：

　この秘密の発明は，（他のすべてのよきものがそうであるように）広く知られることが望ましいゆえに，私は数学者のあいだで広く使用されるように，ラテン語で書き下すのがよかろうと考えた．しかし今日，この島においてこれらの研究やより社会的な利益に関心を有しているわが同国人士が，大変に学識ある数学者を説得してこのテキストを俗語である英語に翻訳していただいたのである．翻訳が完成された時点で，その人物は，私自身に目を通してもらいたいと一部送ってくださった．私は喜んでその仕事を引き受け，それがきわめて正確であり，私の考えているところにも，オリジナルのテキストにもよく整合していることを見出した．

それゆえ，ライトの手になるこの翻訳は，著者ネイピアの認可した英訳と見ることができるので，以下では，この英訳にたよって原典を見てゆくことにしよう．ただし原著は正弦の半径を 10^7 として，すべて整数で論じているのにたいし，英訳は 10^6 で小数点を用いているという違いがある（詳しくは後述）．

2. 『記述』におけるネイピア対数の定義

『記述』の第1章では，いくつかの定義をとおしてネイピア対数が定義されている．

> **定義1** 直線〔半直線〕が一様に伸張する（equaliter crescere）と言われるのは，その直線を描く点が同一時間に同一距離を進む（equalibus momenntis per equalia intervalia progreditur）場合である（図5.3）．[*6]

ノーテーションがネイピアの原著と英訳で少々異なるが，それらをさらに補足変更して説明すると，これは図5.3, 5.5で，$\overline{AC} = \overline{CD} = \overline{DE} = \overline{EF} = \cdots\cdots$ として，動点 B（図5.3では b）が点 $A = B_0$ から同一時間に順に $C = B_1, D = B_2, E = B_3, F = B_4, \cdots\cdots$ と進んでゆく場合である．これは簡単である[*7]．

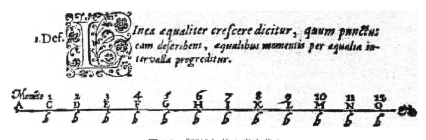

図5.3 『記述』第1章定義1

> **定義2** 直線〔線分〕が比例的に短かくなるように縮小する（proportionaliter in breviorem decrescere）と言われるのは，その直線を記述する点が同一時間に切り取る部分が，そこからその部分が切り取られる直線〔線分の長さ〕とつねに一定の比にある場合である（図5.4）．

わかり難い表現であるが，つぎのように説明される．

---

*6 以下，引用文中のゴシック体による強調は，原著および英訳のイタリック体による強調を表す．
*7 $B_0, B_1, B_2, B_3, B_4, \cdots\cdots$ は山本による補足．

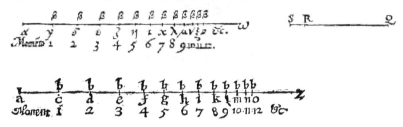

図 5.4 『記述』第 2 章定義 2（上）と英訳の図（下）

　図 5.4 でネイピアは線分 $\alpha\omega$ 上を動点 β が始点 α から順に $\gamma, \delta, \cdots\cdots$ と進むとしているが，英訳にならいノーテーションを少し補足修正して，図 5.5 のように線分を az，動点を b とし，この点が始点 $a = b_0$ から出発して，同一時間に順に $c = b_1, d = b_2, e = b_3, \cdots\cdots$ と進み，進んだ分だけ線分を切り取ってゆくとする．つまり最初，もとの線分 $az = b_0z$ から $ac = b_0b_1$ を切り取り，つぎに残された $cz = b_1z$ から $cd = b_1b_2$ を切り取り，つぎに残された $dz = b_2z$ から $de = b_2b_3$ を切り取り，以下同様にして b が線分上を進んでゆく[*8]．

　こうして動点 b は $b_0 \to b_1 \to b_2 \to b_3 \to \cdots\cdots$ というその動きによって線分を順に縮小させてゆくのであるが，そのさい「比例的に縮小する」とは，その時その時に残されている線分の長さ $\overline{b_nz}$ にたいするそこから切り取られる長さ $\overline{b_nb_{n+1}}$ の比が一定ということである．

　丁寧に言うと，つぎのようになる．ここに「同一時間に (in equall times)」と英訳されているところの「時間」は，原文では momentum で，この単語には「瞬間」の意味もあるが，その「瞬間」とは「きわめて短い時間間隔」の意味と考えてよい．それゆえ線分 az の全長 R にくらべて動点 b がその瞬間に進む距離はきわめて小さく，最初の瞬間に進む距離 $\overline{ac}$ を単位 1 とすると，$1 \ll R$ である．「瞬間的速度」といった概念はガリレオ以前のこの時代には知られていなかったのであり，ネイピアの理解は，十分短いが有限の時間の間，

[*8]　ここでも $b_0, b_1, b_2, b_3, b_4, \cdots\cdots$ は山本による補足．

速度は事実上一定であり，その速度が「瞬間」毎に変化してゆくというものである．そのさい，動点 b がおなじ瞬間に進む距離つまり速度は残されている線分の長さに比例して減少してゆくというのが，この定義の言う「比例的に縮小」の意味で，それゆえ，

$$\frac{\overline{ac}}{\overline{az}} = \frac{\overline{cd}}{\overline{cz}} = \frac{\overline{de}}{\overline{dz}} = \cdots\cdots = \frac{\overline{b_{n-1}b_n}}{\overline{b_{n-1}z}} = \frac{1}{R}. \tag{5.1}$$

そのさいネイピアは，一貫して三角関数の対数を考えているのであり，求めているのは正弦や余弦の対数である．ところですでに見てきたように，この当時，正弦や余弦が表す量は，現代のように三角比ではなく，直角三角形の辺の長さそのもの，つまり斜辺の長さを R として角度 θ の正弦とは $R\sin\theta$，余弦とは $R\cos\theta$ を指している．全正弦は $R\sin 90° = R$ である．したがって，ここで考えられている比例的に縮小する線分の長さは正弦を表す，つまり線分のはじめの長さ $\overline{az} = \overline{b_0z}$ が全正弦つまり R に等しく，動点 b の動きによって切り取られて残った線分の長さ $\overline{b_nz}$ が正弦 $R\sin\theta$ を表す[*9]．

そしてこの定義には，系として

> したがって，このおなじ時間における縮小によって，同様に比例した線分が残されなければならない．

が付されていて，以下の説明が与えられている：

> 縮小されるべき正弦 az, cz, dz, ez, fz, gz, hz, iz, そして kz 等のそれらから切り取られるべき部分 ac, cd, de, ef, fg, gh, hi, そして ik 等のあいだに一様な比例があるならば，残された正弦，つまり cz, dz, ez, fz, gz, hz, iz, そして kz 等のあいだにも，同様に比例がなければならない．

[*9] ネイピアが対数を，通常考えられるように幾何数列（等比数列）と算術数列（等差数列）の対応づけといった算術的考察からではなくて，数直線上の点の運動から幾何学的に構成した背景には，ネイピア対数があくまで三角形の辺の長さで定義されていた，すなわち連続量にたいするものと考えられていたことによるのではないかと思われる．

つまり，あえて現代風に数式を用いて表すと，(5.1) が成り立つならば

$$1 - \frac{\overline{ac}}{\overline{az}} = 1 - \frac{\overline{cd}}{\overline{cz}} = 1 - \frac{\overline{de}}{\overline{dz}} = \cdots\cdots = 1 - \frac{\overline{b_{n-1}b_n}}{\overline{b_{n-1}z}} = 1 - \frac{1}{R},$$

$$\text{i.e.} \quad \frac{\overline{cz}}{\overline{az}} = \frac{\overline{dz}}{\overline{cz}} = \frac{\overline{ez}}{\overline{dz}} = \cdots\cdots = \frac{\overline{b_n z}}{\overline{b_{n-1}z}} = 1 - \frac{1}{R} \quad (5.2)$$

が成り立つということであり，この第2式の各項をすべて掛け合わせることで，切り取られ縮小した線分の長さが得られる：

$$\frac{\overline{b_n z}}{\overline{az}} = \left(1 - \frac{1}{R}\right)^n \quad \therefore \quad \overline{b_n z} = \overline{az}\left(1 - \frac{1}{R}\right)^n = R\left(1 - \frac{1}{R}\right)^n. \quad (5.3)$$

以上の定義と議論を踏まえ，ネイピアによる対数の定義として

> **定義 6** 任意の正弦の対数は，全正弦を表す〔線分〕直線がその正弦に比例して縮小するとき，その間に一様に伸張する直線〔の長さ〕をきわめて近く表現するところの数である．ただし，双方の運動が同時におなじ速度で始まるとする．

が与えられ，つぎの説明が付されている：

> 〔動点〕B がつねに同一の速度で動き，それにともない〔動点〕b が a から動き始める．最初の瞬間に B が A から C〔= B₁〕に進んだとすると，そのおなじ瞬間に b は a から c〔= b₁〕に進み，AC〔= AB₁〕を定めているないし表す数が，線分すなわち正弦 cz〔= b₁z〕の対数である．ついで，第二の瞬間に B が C〔= B₁〕から D〔= B₂〕に進み，そのおなじ瞬間に b は c〔= b₁〕から d〔= b₂〕に比例的に進んだとすると，AD〔= AB₂〕を表す数が，正弦 dz〔= b₂z〕の対数である．こうして第三の瞬間に B が D〔= B₂〕から E〔= B₃〕に進み，そのおなじ瞬間に b は d〔= b₂〕から e〔= b₃〕に比例的に進んだとすると，AE〔= AB₃〕を表す数が，正弦 ez〔= b₃z〕の対数である．

『記述』で定義されているこの対数を Dln で記すと，これは図 5.5 において

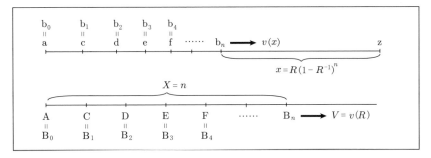

図 5.5 ネイピア対数 $X = \mathrm{Dln}\, x$ の図解

$$\overline{AC} = \mathrm{Dln}\, \overline{cz}$$
$$\overline{AD} = \mathrm{Dln}\, \overline{dz}$$
$$\overline{AE} = \mathrm{Dln}\, \overline{ez}$$
$$\cdots\cdots$$
$$\overline{AB_n} = \mathrm{Dln}\, \overline{b_n z}$$

と表される．ただしそのさい，動点 B と動点 b はそれぞれ点 A と a から同時に同速度で動き始める．つまり動点 b がはじめの瞬間に a から単位の長さ 1 動いたとして，同時に A から動き始めた動点 B は，その後も各瞬間ごとにつねに単位長さ 1 の距離動き続ける．したがって動点 b が点 b_n に到達し，長さ $R(1-1/R)^n$ の線分 $b_n z$ を残しているときに，動点 B は $\overline{AB_n} = n$ の点 B_n に到達しているのであり，上記の対数の定義は

$$n = \mathrm{Dln}\left\{ R\left(1 - \frac{1}{R}\right)^n \right\}, \tag{5.4}$$

すなわち

$$10^7 \sin\theta = 10^7 \left(1 - \frac{1}{10000000}\right)^X \quad \text{のとき} \quad X = \mathrm{Dln}(10^7 \sin\theta) \tag{5.5}$$

と書き表すことができる．これがネイピア対数である．

　もちろん (5.3) (5.4) (5.5) のような表現は現代風のもので，ネイピアがこのような式を書いているわけではない．そもそもネイピアは指数概念を有していなかったのであり，「ネイピアが，指数を用いる以前に，対数を構成したことは，じつに科学史上の一大驚異である」とさえ言われている[*10]．

3. ネイピア対数のふるまい

『記述』第1章の末尾には，ネイピア対数の上記の定義から直接導かれる，その性質が与えられている．

したがって全正弦 10000000 の対数は無つまり 0 であり，それゆえ全正弦より大きな数の対数は 0 以下となる．

というのも，正弦が全正弦から減少してゆくにともなって，対数が 0 から増加してゆくことは，その定義により明らかであり，それゆえ逆に，我々が正弦と呼ぶ数が全正弦つまり 10000000 にむかって増加してゆくにつれ，その対数は無つまり 0 に減少してゆかなければならないのであり，その結果，我々が正割 (Secant) や正接 (Tangent) と呼ぶところの，全正弦 10000000 を越えて増加する数の対数は 0 以下になるであろう．

したがって我々は，正弦の対数を，それらがつねに 0 以上であるから過剰 (abundans) と呼び，その前に＋の記号を付けるか，あるいはなにも付けない．しかし，0 以下の値の対数に対しては，我々はそれを不足 (defectivus) と呼び，その前に－の記号を付ける．

つまり，(5.4)(5.5) 式を一般的に

$$x = 10^7\left(1 - \frac{1}{10000000}\right)^X \quad \text{のとき} \quad X = \text{Dln}\,x \tag{5.6}$$

と表したとすれば，ネイピア対数 $X = \text{Dln}\,x$ は，その定義から x の減少関数であり，$\text{Dln}\,R = \text{Dln}\,10000000 = 0$ で，$x > 10000000$ にたいして $\text{Dln}\,x < 0$ となっている．そして $x \to +0$ で $\text{Dln}\,x \to \infty$．これは図 5.6, 5.7 のように表される．

ただし，(5.4) 式からわかるように，『記述』のネイピア自身による原著の表現では，X も x も有効数字が 8 桁や 7 桁の大きな数字であるが，すべて整数であることに注意．実際，図 5.8 に『記述』の対数表の 1 頁を与えておくが，

---

*10 Cajori『初等数学史』下, p. 48.

第 5 章　ネイピアによる対数の提唱　135

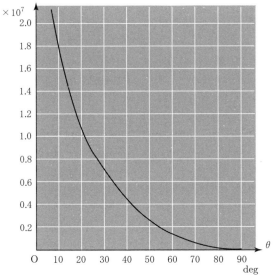

図 5.6　ネイピア対数　$\mathrm{Dln}(10^7 \sin\theta)$ のグラフ

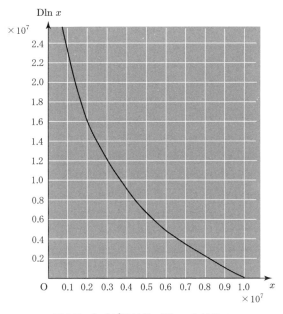

図 5.7　ネイピア対数　$\mathrm{Dln}\, x$ のグラフ

すべて整数である．この制限が破棄されるのは，この『記述』のライトによる英訳，そして『構成』においてであるが，その点は次章でのべる．いずれにせよ，『記述』のもとのラテン語版では扱われている数はすべて整数で，それがここで『記述』で定義された対数を「離散的 (discrete)」の意味で Dln と記した所以である．したがって，図 5.6, 5.7 のグラフは，この段階では，厳密には連続曲線ではなく点の稠密な連なりと見なければならない．

4. ネイピア対数についてのいくつかの命題

『記述』第 2 章は，比例量の対数についての幾つかの命題（Propositio）からなる．

命題 1 比例している数や量の対数はおなじだけ異なる．

つまり，現代的に数式で表現すれば

$$\frac{a}{b} = \frac{c}{d} \quad \text{ならば} \quad \text{Dln}\, a - \text{Dln}\, b = \text{Dln}\, c - \text{Dln}\, d. \tag{5.7}$$

『記述』でのネイピア対数の定義，すなわち (5.6) 式からすれば，この命題はほとんどトリヴィアルである．そしてこの命題こそがネイピア対数のキモであり，以下の諸命題も基本的にはこの命題から派生する．それぞれ，証明するほどのものではないので，各命題とその数式表現だけを与えておこう．

命題 2 三つの比例している数の対数において，第二項つまり中間項の対数の 2 倍から第一項の対数を引いたものは，第三項の対数に等しい：

$$\frac{a}{b} = \frac{b}{c} \quad \text{ならば} \quad 2\,\text{Dln}\, b - \text{Dln}\, a = \text{Dln}\, c. \tag{5.8}$$

命題 3 三つの比例している数の対数において，第二項つまり中間項の対数の 2 倍は，他の項の対数の和に等しい：

$$\frac{a}{b} = \frac{b}{c} \quad \text{ならば} \quad 2\,\text{Dln}\, b = \text{Dln}\, a + \text{Dln}\, c. \tag{5.9}$$

命題 4 四つの比例している数の対数において，第二項の対数と第三項の対数の和から第一項の対数を引いたものは第四項の対数に等しい：

$$\frac{a}{b} = \frac{c}{d} \quad \text{ならば} \quad \text{Dln}\, b + \text{Dln}\, c - \text{Dln}\, a = \text{Dln}\, d. \tag{5.10}$$

命題 5 四つの比例している数の対数において，第二項の対数と第三項の対数の和は第一項の対数と第四項の対数の和に等しい：

$$\frac{a}{b} = \frac{c}{d} \quad \text{ならば} \quad \text{Dln}\, b + \text{Dln}\, c = \text{Dln}\, a + \text{Dln}\, d. \tag{5.11}$$

命題 6 四つの連続的に比例している数の対数において，中間項の対数の 3 倍は遠いほうの端の項の対数と近いほうの端の項の対数の 2 倍の和に等しい：

$$\frac{a}{b} = \frac{b}{c} = \frac{c}{d} \quad \text{ならば} \quad 3\, \text{Dln}\, b = 2\, \text{Dln}\, a + \text{Dln}\, d, \tag{5.12}$$

$$3\, \text{Dln}\, c = \text{Dln}\, d + 2\, \text{Dln}\, a. \tag{5.13}$$

命題 4 と 5 は命題 1 の書き直しであり，命題 2 と 3 は事実上おなじもので，命題 1 の特別な場合である．命題 6 は命題 2 ないし 3 を 2 回用いれば導かれる．

命題として明示的に書かれているものは，これだけであるが，ネイピア対数の定義から直接導かれる基本的な等式を与えておこう．

対数の定義 (5.4)(5.6) は，$R = 10000000$ として

$$x = R\left(1 - \frac{1}{R}\right)^X \quad \text{のとき} \quad X = \text{Dln}\, x,$$

$$y = R\left(1 - \frac{1}{R}\right)^Y \quad \text{のとき} \quad Y = \text{Dln}\, y.$$

したがって

$$R\frac{x}{y} = R\left(1 - \frac{1}{R}\right)^{X-Y} \quad \therefore \quad \text{Dln}\left(R\frac{x}{y}\right) = X - Y = \text{Dln}\, x - \text{Dln}\, y, \tag{5.14}$$

$$\frac{xy}{R} = R\left(1 - \frac{1}{R}\right)^{X+Y} \quad \therefore \quad \text{Dln}\left(\frac{xy}{R}\right) = X + Y = \text{Dln}\, x + \text{Dln}\, y. \tag{5.15}$$

この二式は，明示的には記されていないが，ネイピアが実際に対数表の使用法を語るところで用いられている．実際，ネイピアは正弦と余弦の対数表から

$$\mathrm{Dln}\, R \tan\theta = \mathrm{Dln}\, R\left(\frac{R\sin\theta}{R\cos\theta}\right) = \mathrm{Dln}\, R\sin\theta - \mathrm{Dln}\, R\cos\theta, \tag{5.16}$$

$$\mathrm{Dln}\, R \sec\theta = \mathrm{Dln}\, R\left(\frac{R}{R\cos\theta}\right) = \mathrm{Dln}\, R - \mathrm{Dln}\, R\cos\theta$$
$$= -\mathrm{Dln}\, R\cos\theta \tag{5.17}$$

を用いて，正接 (Tangent) と正割 (Secant) の対数を求めている（第 2 式では $\mathrm{Dln}\, R = 0$ を用いた）．なお，ネイピアにとって，というよりこの時代には「正接」や「正割」もそれぞれ $R\tan\theta = R\sin\theta/\cos\theta$, $R\sec\theta = R/\cos\theta$ で定義されていることに注意（図 1.2 参照，なお図では $\overline{\mathrm{OE}}$ が $\theta/2$ の「正割」を与える）．

付け加えるならば，ネイピア対数では，$\mathrm{Dln}\, 1$ が 0 でなく，このことに対応して，積の対数が対数の和にならず，商の対数が対数の差にならないことに注意．実際，命題 1 と (5.7) 式より

$$\frac{ab}{b} = \frac{a}{1} \quad \text{のとき} \quad \mathrm{Dln}\, ab - \mathrm{Dln}\, b = \mathrm{Dln}\, a - \mathrm{Dln}\, 1,$$

したがって

$$\mathrm{Dln}(a\times b) = \mathrm{Dln}\, a + \mathrm{Dln}\, b - \mathrm{Dln}\, 1. \tag{5.18}$$

そしてまた，この (5.18) 式で $ab = x$, $a = y$, $b = ab \div a = x \div y$ と書き直せば，$\mathrm{Dln}\, x = \mathrm{Dln}\, y + \mathrm{Dln}(x \div y) - \mathrm{Dln}\, 1$，すなわち

$$\mathrm{Dln}(x \div y) = \mathrm{Dln}\, x - \mathrm{Dln}\, y + \mathrm{Dln}\, 1. \tag{5.19}$$

5. ネイピアの対数表とその使用法

ネイピアの対数表は，『記述』では，7 桁の整数で与えられる正弦 $R\sin\theta = 10^7 \sin\theta$ にたいする角度 θ の 1 分きざみでの対数が，8 桁の整数で与えられている，そして第 3 章にその表の説明，第 4 章にその使用法が記されている[*11]．

『記述』の対数表のサンプルとして 1 頁を選んだ図 5.8 で説明すると，図は $\theta = 7°0'$ から $7°30'$ まで，およびその補角の $82°60' = 83°0'$ から $82°30'$ までの正

Gr. 7

7 min	Sinus	Logarithmi	Differentiæ	Logarithmi	Sinus	
0	1218693	21048049	20973231	74818	9925461	60
1	1221580	21024385	20949209	75176	9925106	59
2	1224467	21000772	20925245	75534	9924750	58
3	1227354	20977230	20901337	75893	9924393	57
4	1230241	20953738	20877485	76253	9924036	56
5	1233128	20930302	20853688	76614	9923678	55
6	1236015	20906922	20829946	76976	9923319	54
7	1238901	20883595	20806256	77339	9922959	53
8	1241788	20860323	20782620	77703	9922598	52
9	1244674	20837103	20759038	78068	9922236	51
10	1247560	20813945	20735512	78433	9921874	50
11	1250446	20790838	20712039	78799	9921511	49
12	1253332	20767785	20688619	79166	9921147	48
13	1256218	20744785	20665251	79534	9920782	47
14	1259104	20721838	20641935	79903	9920416	46
15	1261990	20698943	20618674	80272	9920049	45
16	1264876	20676107	20595465	80642	9919682	44
17	1267761	20653321	20572308	81013	9919314	43
18	1270647	20630580	20549203	81385	9918945	42
19	1273532	20607900	20526148	81758	9918575	41
20	1276417	20585278	20503145	82132	9918204	40
21	1279302	20562701	20480194	82507	9917832	39
22	1282187	20540176	20457293	82883	9917459	38
23	1285072	20517703	20434444	83259	9917086	37
24	1287957	20495281	20411645	83636	9916711	36
25	1290841	20472900	20388895	84014	9916336	35
26	1293726	20450587	20366194	84393	9915961	34
27	1296610	20428316	20343545	84773	9915584	33
28	1299494	20406096	20320947	85154	9915206	32
29	1302378	20383925	20298380	85536	9914828	31
30	1305262	20361806	20275887	85919	9914449	30

図 5.8 『記述』(1614) におけるネイピアの対数表の 1 頁

弦 $R\sin\theta$ と余弦 $R\cos\theta$ と正接 $R\tan\theta$ の角度 1 分きざみの対数を与えるものである．たとえばその 14 行に着目すると，左端（1 列）の 14 は角度 $7°14'$ を表し，その右隣（2 列）は正弦 $10^7\sin 7°14' = 1259104$，さらにその右隣（3 列）は対数 $\mathrm{Dln}(10^7\sin 7°14') = \mathrm{Dln}\,1259104 = 20721838$ を表す．

他方で，そのおなじ行の右端（7 列）の 46 は補角 $90°-7°14' = 82°46'$ を表し，その左隣（6 列）は正弦 $10^7\sin 82°46' = 9920416$，さらにその左隣（5 列）はその対数 $\mathrm{Dln}(10^7\sin 82°46') = 79903$ を表す．

なお，$\cos\theta = \sin(90°-\theta)$ ゆえ，これらはそれぞれ $\cos 82°46'$ と $\cos 7°14'$ の値と，その対数でもある．

そして中央の列（4 列）の値は，両側の対数の差
$$20641935 = 20721838 - 79903$$
$$= \mathrm{Dln}(10^7\sin 7°14') - \mathrm{Dln}(10^7\sin 82°46')$$
$$= \mathrm{Dln}(10^7\sin 7°14) - \mathrm{Dln}(10^7\cos 7°14')$$
$$= \mathrm{Dln}(10^7\tan 7°14').$$

すなわち，左端（1 列）の角度の正接 (Tangent) の対数であり，逆に引くときには $79903 - 20721838 = -20641935$ となり，これは右端の角度（補角）の正接の対数を与える．すなわち
$$\mathrm{Dln}(10^7\tan 82°46') = -20641935.$$

正接 ($R\tan\theta$) の値は角度 θ が $0°$ から増加してゆくとともに最初の値 0 から増大し，$\theta = 45°$ で R になり，その後も無限大まで増加し続ける．それにおうじて $\mathrm{Dln}(R\tan\theta)$ は無限大から減少し，$\theta = 45°$ で 0 となり，その後は負の方向にその絶対値が増大し続け，$\theta \to 90°$ でマイナス無限大となる．

これだけから，表の使用法はほとんど明らかである．『記述』の第 4 章に記されている例をいくつか挙げておく．

---

*11 『記述』のライトによる英訳の対数表とその表の使用法では，$R = 10^6$ で，小数点以下 1 桁までで表されているが（図 6.2），ここでは元のラテン語版にもとづき $R = 10^7$ とし，すべて整数で説明する．岩波書店の『数学入門辞典』の「ネピア」項目には，ネイピアが 1614 年の『記述』で「小数点を用いて」とあるのは，以前にも（注 4.8）指摘したように原著と英訳を混同した誤り（図 6.2）．近藤洋逸の「近代数学史論」にも，ネイピアは 1614 年出版の『記述』において「半径の長さを 10^6 としている」とあるが（『近藤洋逸数学史著作集』第 3 巻 p.306），これも同じ誤りである．

例えば 6946584 の対数を求めるという場合（1 節），対数表より，$6946584 = 10^7 \sin 44°0'$ が見つかり，これより $\mathrm{Dln}\, 6946584 = \mathrm{Dln}(10^7 \sin 44°0') = 3643349$ が得られる．

同様に，2186448 の対数を求める場合，三角関数表より $10^7 \tan 12°20' = 2186448$ を見出し，ネイピアの対数表より

$$\mathrm{Dln}(10^7 \sin 12°20') = 15436554, \qquad \mathrm{Dln}(10^7 \cos 12°20') = 233490$$

∴ $\mathrm{Dln}\, 2186448 = \mathrm{Dln}(10^7 \tan 12°20') = 15436554 - 233490 = 15203064$.

しかしこれらは，ぴったりの数値が対数表に見出される場合であり，いつもそのように都合がよいとは限らない．

そのように正確に該当する数が対数表にない場合の例として，ネイピアは137 の対数を求める方法を，以下のように記している（2 節）．

まず三角関数表から，その対数を求めたい値 137，ないしその 10 倍，100 倍，1000 倍にもっとも近いものを探しだす．いまの場合，たとえば $10^7 \sec 43°8' = 13703048$ を見出し，対数表で $\mathrm{Dln}(10^7 \sec 43°8') = -3150332$ を求める．あるいは同様に三角関数表から $10^7 \tan 53°53' = 13705046$ を見出し，対数表で $\mathrm{Dln}(10^7 \tan 53°53') = -3151790$ を求める．

この方法には，もちろんふたつの問題がある．ひとつは 137 と 13703048 や 13705046 との桁数のあきらかな違いであり，いまひとつは，有効数字 5 桁目以下での差である．

最初の問題——桁数の違い——について，ネイピアの記述を見よう．

　　こうして，弧 43°8′ の正割（$10^7 \sec 43°8' =$）13703048 の対数を求めるならば，-3150332 が見出されるであろう．それはまた与えられた数 137 の対数でもあるが，ただし最後の 5 つの数字は取り去られなければならない（Ultimas quinque figuras abscindendas esse）ものであり，そのことを記憶しておくために $-3150332-00000$ のように表すことにする．同様に弧 53°53′ の正接（$10^7 \tan 53°53' =$）13705046 の対数によって数 137 の対数を求めるならば -3151790 が見出されるが，その正接は数 137 を 5 桁越えているので，$-3151790-00000$ が与えられた 137 の対数であるべきである．

いまひとつ，対数を求める数より小さな数が対数表に見出される場合として，232702 の対数を求めるケースが記されている．ネイビアの対数表には $10^7 \sin 8' = 23271$，$\mathrm{Dln}(10^7 \sin 8') = 60631284$ があり，したがってここでも，

> 表に見出される〔23271 にたいする〕対数は 60631284 であるが，求めるのは〔1 桁大きい〕数 232702 の対数であるから，ひとつの 0 に + 記号をつけて 60631284+0 とする．

つまり，
$$\mathrm{Dln}\, 137 \fallingdotseq \mathrm{Dln}(13705046 \div 10^5) = -3151790 - 00000,$$
$$\mathrm{Dln}\, 232702 \fallingdotseq \mathrm{Dln}(23271 \times 10) = 60631284 + 0.$$
一般には
$$\mathrm{Dln}(x \times 10) = \mathrm{Dln}\, x + 0, \qquad \mathrm{Dln}(x \div 10) = \mathrm{Dln}\, x - 0. \tag{5.20}$$
この表記法の意味は，その 2 頁後 (9 節) に明らかになる．すなわち

> もとの数を残して，対数を増加させるないし減少させるためには，そこから 23025842+0, 46051684+00, 69077527+000, 92103369+0000, 115129211+00000 のいずれかを足すないし引くことで，〔末尾に付けた〕0 の記号を残さないようにする．（注．英訳では 1 桁少ない．）

ここで，唐突に数 23025842 とその倍数
$$23025842 \times 2 = 46051684,$$
$$23025842 \times 3 = 69077527,$$
$$23025842 \times 4 = 92103369,$$
$$23025842 \times 5 = 115129211$$
が持ちだされ，その説明がどこにも見当らないのであるが，じつはこれは $\mathrm{Dln}(10^6) = 23025842$ とその倍数である[*12]．

いま公式 (5.15) において $R = 10^7$, $y = 10^6$ とすることで

[*12] 正確には $\mathrm{Dln}(10^6) = 23025849.8$, $10^7 \times (1-10^{-7})^{23025849.8} = 999999.998$.

が得られる．そしてまたこの式で x を $10x$ に置き換えて移項すれば

$$\mathrm{Dln}(x \div 10) = \mathrm{Dln}\,x + \mathrm{Dln}(10^6) = \mathrm{Dln}\,x + 23025842$$

$$\mathrm{Dln}(x \times 10) = \mathrm{Dln}\,x - \mathrm{Dln}(10^6) = \mathrm{Dln}\,x - 23025842,$$

そして，これらを繰り返し使って，一般の正整数 n にたいする公式

$$\mathrm{Dln}(x \div 10^n) = \mathrm{Dln}\,x + n\,\mathrm{Dln}(10^6) = \mathrm{Dln}\,x + 23025842n, \quad (5.21)$$

$$\mathrm{Dln}(x \times 10^n) = \mathrm{Dln}\,x - n\,\mathrm{Dln}(10^6) = \mathrm{Dln}\,x - 23025842n \quad (5.22)$$

が得られる．上記の指示は，この公式の適用に他ならない．

すなわち，Dln 137 の近似として

$$\begin{aligned}\mathrm{Dln}(10^7 \sec 43°8' \div 10^5) &= \mathrm{Dln}(13703048 \div 10^5)\\ &= -3150332 - 00000 + (115129211 + 00000)\\ &= 111978879,\end{aligned}$$

あるいは

$$\begin{aligned}\mathrm{Dln}(10^7 \tan 53°53' \div 10^5) &= \mathrm{Dln}(13705046 \div 10^5)\\ &= -3151790 - 00000 + (115129211 + 00000)\\ &= 111977421\end{aligned}$$

が得られる[*13]．同様に，Dln 232702 の近似として

$$\begin{aligned}\mathrm{Dln}(10^7 \sin 8' \times 10) &= \mathrm{Dln}(23271 \times 10)\\ &= 60631284 + 0 - (23025842 + 0)\\ &= 37605442.\end{aligned}$$

6. ネイピア対数の有用な使用法

『記述』第5章は，「問題 (Problema)」という形で，ネイピア対数の有用な使用法の例が与えられている．それは，『記述』第2章に見た公式にもとづくもので，その幾つかを記しておこう[*14]．

問題1 三つの比例項の対数のうち，比例中項と一方の端の項の対数がわか

[*13] いまひとつの誤差，つまり 13700000 の対数を 13705046 で計算したときの誤差については，次章で一般的な観点から見ることにする．
[*14] 以下の問題文は，もとの表現を簡単にしたもの．

っているとき，2倍と引き算だけで，もう一方の端の項を見出す．

つまり，$a/b = b/c$ において，a と b が与えられたときに c を求める問題であり，単純に言えば，$c = b^2 \div a$ の計算を，命題1，公式 (5.8) を用いて対数でおこなう方法の説明である．

ここでネイピアはふたつの例を挙げているが，その複雑な方の $a = 10562556, b = 7660445$ の場合を記しておこう．

$\text{Dln}\, a = \text{Dln}\, 10562556 = -547302,$

$\text{Dln}\, b = \text{Dln}\, 7660445 = 2665149,$

$\text{Dln}\, c = 2\,\text{Dln}\, b - \text{Dln}\, a = 2 \times 2665149 - (-547302) = 5877600.$

他方で対数表より $\text{Dln}(10^7 \sin 33°45') = 5877600.$

$\therefore\quad c = b^2/a = 10^7 \sin(33°45') = 5555702.$

問題2 三つの比例項の対数のうち，両端の項の対数がわかっているとき，一回の足し算と2による割り算だけで，比例中項を見出す．

これは，$a/b = b/c$ において，a, c が与えられたときに，b を求める問題であり，単純に言えば，$b = \sqrt{ac}$ の計算を，命題3，公式 (5.9) を用いておこなう方法である．ここでもふたつの例が挙げられているが，その単純な方の $a = 10000000, c = 5000000$ の場合を記す．

$\text{Dln}\, a = \text{Dln}\, 10000000 = 0,$

$\text{Dln}\, c = \text{Dln}\, 5000000 = 6931470,$

$\text{Dln}\, b = (\text{Dln}\, a + \text{Dln}\, c) \div 2 = (0 + 6931470) \div 2 = 3465735.$

他方で，対数表より $\text{Dln}(10^7 \sin 45°) = \text{Dln}\, 7071068 = 3465735.$

$\therefore\quad b = \sqrt{ac} = 7071068.$

問題3 四つの比例項の対数のうち，三つが与えられているとき，残りのひとつを一回の足し算と引き算で求める．

すなわち $a/b = c/d$ が成り立つとき，$d = bc/a$ を命題4，公式 (5.10) を使っ

て求める問題で，$a = 7660445, b = 9848078, c = 5000000$ の場合．

$$\text{Dln } a = \text{Dln } 7660445 = 2665149,$$
$$\text{Dln } b = \text{Dln } 9848078 = 153088,$$
$$\text{Dln } c = \text{Dln } 5000000 = 6931469,$$
$$\text{Dln } d = \text{Dln } b + \text{Dln } c - \text{Dln } a = 4419408.$$

他方で，対数表より $\text{Dln } 6427876 = 4419408$. $\quad \therefore \quad d = 6427876$.

問題 4 四つの連続的比例項のうち，両端が与えられているとき，中間項を，面倒な開立のかわりに 3 で割ることによって求める．

つまり，$a/b = b/c = c/d$ において，a と d が与えられているとき，$b = (a^2 d)^{1/3}$，$c = (ad^2)^{1/3}$ を命題 6，公式 (5.12)(5.13) により，対数を使って求める問題である．与えられている例は $a = 4029246, d = 10562556$. これより

$$\text{Dln } a = \text{Dln } 4029246 = 9090051,$$
$$\text{Dln } d = \text{Dln } 10562556 = -547302,$$
$$\text{Dln } b = (2 \text{ Dln } a + \text{Dln } d) \div 3 = 5877600,$$
$$\text{Dln } c = (\text{Dln } a + 2 \text{ Dln } d) \div 3 = 2665149.$$

他方で，対数表より $\text{Dln } 5555702 = 5877600$, $\text{Dln } 7660445 = 2665149$.
$$\therefore \quad b = (a^2 d)^{1/3} = 5555702, \quad c = (ad^2)^{1/3} = 7660445. \tag{5.23}$$

こうして，ネイピアは『記述』第一部の末尾に結論付けている．

さて，以上に示したことより，対数の足し算や引き算，そして 2 や 3 による割り算により，そして他の容易な足し算や引き算や掛け算や割り算によって，平方根や立方根の計算がなされ，計算のすべての多大な労力が回避されること，そしてまた我々が本書で与えた一般的な特質を見ることによって，対数がいかに大きな恩恵をもたらしたかを，学識ある人たちに判断していただきたい．

この主張がネイピアの『記述』の眼目であった．

以上，『記述』にそってネイピアの対数を見てきた．それは整数にたいして

定義され，整数の値をとるものとされている．

　しかしネイピアの対数は直線上の点の運動をもちいて幾何学的に定義されている．そのことはネイピアが数値線という概念を事実上有していたことであり，したがって実際には対数が本来的に連続量であることをネイピアが認識していたことを示している．そしてそれと同時に「定義6」の，対数が「直線をできるだけ近く定めるところの数（numerus quam proxime definiens lineam）」という表現は，8桁の整数で表された対数があくまで連続量の近似であるということにたいするネイピアの自覚を表している．

　その点については『構成』により明瞭に記されているのであり，その連続性についての議論は，対数表の構成法と関連して，次章に見ることにする．

第6章
ネイピアによる対数表の構成

1. 連続関数としての対数認識

　ひきつづきネイピアを語る（図6.1）．前章で1614年の『記述』におけるネイピア対数が，離散数で表されていることを示した．それは『記述』の「定義6」において，動点 b によって切り残される線分の長さ $\overline{b_n z}$ にたいする対数を定義するところの一様に伸びてゆく直線の長さが，離散量 $\overline{AB_n} = n\overline{AC}$ （$n = 1, 2, 3, \cdots$）で与えられているという事実による．そして実際に，『記述』におけるネイピアの対数は8桁の整数で与えられている．その対数が離散的（discrete）であることを強調する目的で，前章ではあえてネイピア対数を Dln と記した．すなわち $\overline{AB_n} = \text{Dln}\,\overline{b_n z}$.

　しかし，ネイピア自身は，実際には対数が連続量であること，現代的に表現すれば，変数を連続量とする連続関数であることを自覚していた．そのことは前章の末尾に触れたように，この「定義6」に「任意の正弦の対数は，……その間に一様に伸張する直線〔の長さ〕を**できるだけ近く**（quam proxime）定めるところの数である（強調山本）」とあることから読み取れる．この表現は，動点 b を直線上で連続的に動かしたときに生じる対数（連続量 $\overline{bz}$ にたいする対数 $\overline{AB}$）が本来的には連続量であり，『記述』で定義されたこの8桁対数がその近似でしかないのだということを示している．

　このようにネイピアは，1614年の『記述』では，全正弦すなわち $R \sin 90°$ $= R$ を 10^7 ととることによって正弦を7桁の整数で，そして対応する対数を

図 6.1　ジョン・ネイピア　その 2

Deg. 0　+|—

mi	Sines	Logarith.	Differen.	Logarith.	Sines	
30	8726	4741385	4741347	38.1	999961.9	30
31	9017	4708596	4708555	40.7	999959.3	29
32	9308	4676848	4676805	43.4	999956.6	28
33	9599	4646077	4646031	46.1	999953.9	27
34	9890	4616225	4616176	48.9	999951.1	26
35	10181	4587239	4587187	51.8	999948.2	25

0　+|—

min	Sinus	Logarithmi	Differentiæ	Logarithmi	Sinus	
30	87265	47413852	47413471	381	9999619	30
31	90174	47085961	47085554	407	9999593	29
32	93083	46768483	46768049	434	9999566	28
33	95992	46460773	46460312	461	9999539	27
34	98902	46162254	46161765	489	9999511	26
35	101809	45872392	45871874	518	9999482	25

図 6.2　『記述』(1614) 英訳の対数表（上）と原典の対数表（下）

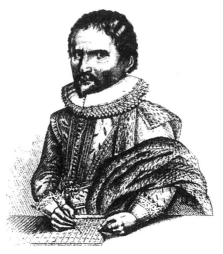

すべて 8 桁の整数で表していた．しかし 1616 年のエドワード・ライトによる英訳では，$R = 10^6$ ととりつつ，正弦を有効数字 7 桁，つまり小数点以下 1 桁まで使用して表し，それに対応して対数も小数点以下 1 桁まで使って表している（図 6.2）．第 4 章で見たように，ネイピアは 1617 年の『ラブドロギアエ』と死後の 1619 年に公表された『構成』では小数点を使用しているが，それはこのライトの英訳にならったと考えられる．連続量の近似にとっては，整数に限定せずに小数を使用することがより適していることを，『記述』を出版して後にネイピアは思いいたったのであろう．

ネイピアがすでに『記述』執筆の段階で対数を連続量と理解していた事実は，『記述』の「定義 3」におけるつぎの表現から読み取れる．

> **不尽な量，ないし数によっては説明できない量**（quantitates surde, seu numero inexplicabiles）**は，それらが不尽な量の真の値から 1 単位以下しか異ならない大きな数で定められるないし表現されるとき，数によってできるだけ近く**（quam proxime）**定められたないし表現されたと言われる．**
>
> たとえば，半直径ないし全正弦を有理数（rationalis numerus）10000000 としたときに，45 度の正弦は 50000000000000 の平方根であり，それは不尽数ないし無理数であり，数によっては説明できない（numero inexplicabilis）が，しかしその下方は 7010676，上方は 7010678 の限界内にあり，それゆえ，これらのいずれからも 1 より大きくは異なっていない．したがって 45 度の不尽な正弦は，それが分数部分〔つまり小数部〕を考慮することなく整数（numerus integrus）7010676 ないし 7010678 で表されたときに，できるだけ近く定められ表現されたと言われる．というのも，大きな数においては，分数ないし 1 の何分の 1 かを無視したとしても，問題となるほどの誤差は生じないからである．[*1]

[*1] Napier, *Descriptio* 原典 p. 3，英訳 p. 4．ラテン語版では 45 度の正弦つまり
$$10^7 \sin 45° = 10^7/\sqrt{2} = \sqrt{5 \times 10^{13}} = 50000000000000 \text{ の平方根}$$
が「200000000000000 の平方根」とある．誤記と判断し，英訳に倣って訂正しておいた．

この引用では「数 (numerus)」は離散的整数,「量 (quantitas)」は連続量を指し,用語も含めてステヴィンの影響が見て取れる[*2].

真の対数が連続量であり,それは,有効数字を増やすことでいくらでも正確に近似しうることを,ネイピアは見抜いていたのである.

連続関数としての対数の理解は,没後の 1619 年に出版された『構成』における対数の定義に,より明白に見て取れる[*3].『構成』の 23〜26 節を見よう:

23 節:**算術的に増加する** (arithmetice crescere) **とは,同一時間につねに同量だけ増加することである,**

24 節:**幾何学的に減少する** (geometrice decrescere) **とは,同一時間に,最初は全量が,その後はそれぞれの残りが,つねに同一の比率で減少することである,**

25 節:**したがって定点に接近する幾何学的に運動する点** (punctus mobilis geometrice) **は,その定点からの距離に比例した速度を有する.**

この説明の後の 26 節に,対数の定義が書かれている (26 節の引用と図 6.3 において,点のアルファベット表記は『構成』のものと少し変えてある).

[*2] ただし Napier は『構成』では連続量である正弦 ($R\sin\theta$) にたいして,それがネイピア対数の「真数」である場合に「自然的数 (numerus naturalis)」という表現を用いている.そして『構成』では数はシンボルとして扱われ,事実上,数と量は区別なく使われているようである.

[*3] Napier の『構成』は 1620 年のラテン語版と,英訳 *The Construction of the Wonderful Canon of LOGARITHMS*, translated by W. R. Macdonald (1889, reprinted, Dawson of Pall Mall, 1966) に依拠した.『構成』の本文は,全 60 個の節に通し番号がふられているので,以下では引用箇所をこの番号で記す.なお引用にあたっては,原文のイタリック体をゴシック体で表す.

[*4] 『構成』では Napier は,標題と欄外の注と Appendix をのぞいて,本文では「対数 (logarithm)」という言葉を使用していない.すべて「人工的数 (numerus artificialis)」とされているが,ここではすべて「対数」と訳した.「人工的数」という表現は「真数」にたいする「自然的数」(*2) という表現との対比で使用されている.
　「対数」にたいする「人工的数」という言葉はその後も使われたようで,たとえばイギリスの天文学者 Flamsteed の 1683 年の講義録には 'Artificiall sines & tangents or Logarithmicall were invented in the beginning of this Century' という表現が見られる. *The Gresham Lectures of John Flamsteed*, p. 375.

26節：**与えられた正弦の対数**[*4] とは，半径〔全正弦〕が幾何学的に減少を開始したときの速度と終始同一の速度で，半径〔全正弦〕が与えられた正弦にまで減少するのとおなじ時間の間に算術的に増加する量である．

　線分 az〔の長さ〕が半径〔全正弦 R〕で，おなじ線上の dz〔の長さ〕が正弦〔$R\sin\theta$〕とする．動点 b がある与えられた時間に点 a から点 d まで幾何学的に動いたとする．他方，AI が A から I にむかって無限の長さをもついまひとつの〔半〕直線であるとし，それにそって点 B が点 A から，点 b が点 a から動き始めたときの速度とおなじ速度で動き〔つづけ〕，おなじ時間に点 D まで達したとする．線分 AD〔= AB〕の長さを測る数が，与えられた正弦 dz〔= bz〕の対数と呼ばれる．（図 6.3）

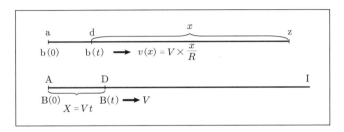

図 6.3　ネイピア対数 $X = \mathrm{Nln}\, x$ の定義

これが『構成』における対数（ネイピア対数）の定義であり，数直線の連続性を前提とするかぎり，ここでは正弦（自然的数）もその対数（人工的数）ともに連続量として論じられていて，離散的要素はまったくない[*5]．そのことを強調するためにネイピア対数を前章の Dln のかわりに Nln で表せば

$$\overline{\mathrm{AB}} = \mathrm{Nln}\, \overline{\mathrm{bz}},$$

あるいは $\overline{\mathrm{dz}} = \overline{\mathrm{bz}} = R\sin\theta = x$，$\overline{\mathrm{AD}} = \overline{\mathrm{AB}} = X$ と表して

$$X = \mathrm{Nln}\, x. \tag{6.1}$$

[*5]　線分と直線上の点のアルファベット表記は，できるだけ前章の『記述』についての紹介にあわせるために，原著のものを改めた．なお志賀『数の大航海』には，「『構成』の方では，対数の定義は述べられていない」とあるが (p. 95)，「定義」と銘打っていないだけで，このようにきわめて明解な形で書かれている．

そもそもネイピア対数の真数 $x = R\sin\theta$ は直角三角形の辺の長さであり，したがってそれが連続量であることははじめから前提とされていたのであり，それに対応して，対数を算術的にではなく，数直線上の点の運動によって幾何学的かつ運動学的に定義するかぎりにおいて．それが連続関数としてあることは，当然，暗黙のうちに想定されていたと考えられる．実際「物理的運動の直感的把握は（この〔ネイピアの〕時代にあって）連続的変数の定量的考察にとっての唯一使用可能な基盤を与えた」のである[*6]．

ネイピアは「数直線」という観念を事実上有していたと見るべきであり，数直線上のすべての点に対応する数のあることを直感的に理解していたと言えよう．「彼ら〔ネイピアとネイピア対数を改良したブリッグス〕の対数の構成は，数を線分上の点と交換可能なものとして扱った」のであり[*7]，直線とは点が連続的に動いてできたものと考えるかぎり，対数は連続量でなければならなかったのである．

歴史的に見るならば，近代初期における運動現象の数学的取扱いこそが，近代解析学の端緒である．哲学者 Ernst Cassirer の書には「新しい〈無限小解析〉は，歴史的にも体系的にも動力学の問題にその起源を有する．ガリレイは運動と加速度の概念を定義しようと努力するなかで，後の無限小解析の方法をすでに萌芽として内に含む新しい思考手段を発見した」とある[*8]．この点で，ネイピアは先駆者と見ることができる．とするならば，上記のネイピアの議論を以下のように書き直しても，とんでもない時代錯誤とは言えないであろう．

図 6.3 において，動点 b が $\overline{\mathrm{dz}} = x$ となる点 d を通過するときの速度を $v(x)$ として，$v(x) : v(R) = x : R$，他方，動点 B は一定速度 $V = v(R)$ で動くゆえ

$$-\frac{dx}{dt} = v(x) = v(R)\frac{x}{R}, \qquad \frac{dX}{dt} = V = v(R)$$

$$\therefore \quad dX = -\frac{R}{x}dx. \tag{6.2}$$

[*6] Edwards Jr., *The Historical Development of the Calculus*, p. 148.
[*7] K. Hill, 'The Evolution of the Concepts of the Continuum in early modern British Mathematics', p. 7.
[*8] Cassirer『現代物理学における決定論と非決定論』p. 208.

これを積分して，$x = R$ で $X = 0$ を考慮すると，ln で自然対数を表して

$$X = -R \ln\left(\frac{x}{R}\right), \quad \text{i.e.} \quad \text{Mln}\, x = -R \ln\left(\frac{x}{R}\right). \tag{6.3}$$

これは現代風 (modern) に構成しなおしたネイピア対数 Nln x であり，その意味で Mln x と記した．ここに ln は

$$e = \lim_{n \to \infty}\left(1 + \frac{1}{n}\right)^n = 2.718281828\cdots = \frac{1}{0.367879441\cdots} \tag{6.4}$$

を底とする自然対数である．この定数 e，すなわち「自然対数の底」は，現在では「ネイピア数」と呼ばれているが，(6.4) 式で e を定義したのは 18 世紀のレオンハルト・オイラー (1707-1783) である．

数学史の書物には，この Mln x とネイピア対数 Nln x を同一視しているものもあるが，両者は厳密には異なる．ネイピア対数は，前章の (5.6) 式に示したように，あくまで

$$x = 10000000\left(1 - \frac{1}{10000000}\right)^X \quad \text{のとき} \quad X = \text{Nln}\, x \tag{6.5}$$

で定義されている．現代用語をもちいるならば，そのとき x がネイピア対数にたいする「真数 (anti-logarithm)」になる．ここに

$$\left(1 - \frac{1}{10000000}\right)^{10000000} = \frac{1}{2.718281964\cdots} = 0.367879422\cdots$$

であり，これを事実上 $1/e$ だとすれば，$10000000 = R$ と記すことによって，(6.5) は e を底 (base) とする自然対数 ln をもちいて $x = Re^{-X/R}$ i.e. $X = -R\ln(x/R)$ と書き直せる．すなわち Nln x = Mln x．しかし，そもそもネイピア対数には「底」という概念はない．

ともあれ，ここに真数 x は幾何学的な長さを表す量，つまり連続量をとる実数であり，それに応じてネイピア対数 $X = \text{Nln}\, x$ も連続的な実数値をとる，すなわち Nln は連続関数であると考えられている．もともとネイピアの対数は直線の長さで定義されていたのであるから，当然である．

もちろん前章で示した対数の差と和についての基本的関係 (5.14)(5.15) は，今の場合もそのまま成り立つ．

2. 逆対数表の構成

以上のことを前提として，ネイピアは『構成』において，対数表作成のプロセスを詳述している．以前にも言ったように，当時の数学と数学書はあくまで実用のためのものであり，それまで知られていなかった定理を提唱してその証明を語ることや，新しい関数を定義することが目的とされていたわけではない．大切なのはあくまで，実用に供される正確な数表であり，その使用法の解説であった．

まずネイピアは，(6.5) 式によって，与えられた対数 X にたいする真数 x の値についての表，つまり言うならば「逆対数表」(現代用語で言えば「指数〔関数〕表」) の作成からはじめる．

そのさい議論は，連続関数を必要な精度で求めるための，近似についての考察から起こされている．その基本は第 1 に，十分に大きな桁数をとることであり，第 2 は，求めるべき真値にたいする計算上の上限と下限を求め，その差が十分小さく必要な桁数以下であるとき，その上限ないし下限または両者の平均を真値をよく近似するものとみなしてよいということにある．

そのことは『構成』における以下の命題に明瞭に見て取れる．

第 1 点については，「3 節」に「〔桁数の〕**大きな数を用いることによって正確さが得られる**」とある．もともと正弦 ($R\sin\theta$) を表す際に円の半径 R に 10^7 というような大きな数をとるのは，小数の発見以前に精度を上げる目的で有効数字を増やすためにレギオモンタヌスによって導入された手法であった．

しかし「4 節」には，さらに進んで，整数部はおなじ桁数でありつつも，なおかつ小数部を加えることで有効数字をさらに拡大することが提唱されている．

> 数表を計算するにあたって，これらの大きな数は，その数の後にピリオド〔小数点〕を置いてゼロを書き加えることにより，さらに〔有効数字を〕大きくすることができる．

したがって，計算を始めるにあたって，きわめて小さい誤差が掛け算を繰り返すことによってきわめて大きくなるということのないように，〔R の値を表すものとして〕10000000 のかわりに 10000000.0000000 と置く．

この点において，ネイピアは端的にレギオモンタヌスを越えたと言えよう．
　そして第2点については，「6節」に

　　　表が計算されるときには，ピリオドの後の分数部分〔つまり小数部〕は，感知される誤差なしに，棄ててよい．というのも，私たちの〔使用している桁数の〕大きな数では，1を越えることのない誤差は感知しえず，ほとんど無 (insencibilis et quasi nullus) だからである．
　　　したがって，完成された表においては $9987643\frac{8213051}{10000000}$ であるところの 9987643.8213051 のかわりに，感知される誤差なしに 9987643 と記すことができる．

とあり，さらに「7節」に補足されている．

　　　この他に，正確さにたいするいまひとつの規則がある．すなわち，未知な，ないし不尽な量が何単位も異ならない数的限界内にあるときである．
　　　……　もしも正方形の一辺が 1000 単位〔の長さ〕であれば，その対角線は数 2000000 の平方根である．これは不尽数であるゆえ，開平をすることでその限界，すなわち上限 1415 と下限 1414，あるいはもっと精密に，上限 $1414\frac{604}{2828}$ と下限 $1414\frac{604}{2829}$ を求める．その〔二つの〕限界の差を縮めることにより，精度を高めることになるからである．

本来的な連続量を小数の使用によって任意の精度で近似することができるという，以前にステヴィンが示した方向性が，明確に語られている．
　『構成』では，これだけの考察をしたうえで，逆対数表の構成が語られている．
　「16節」の「表1 (Prima Tabula)」は，半径 10000000 を初項とし「半径とそれから1だけ少ない数の比，つまり 10000000 と 9999999 の比」の幾何数列の表，つまり $x_0 = 10000000 = R$ として $x_{j+1} : x_j = R-1 : R$ としたときの各項

$$x_j = R\left(1-\frac{1}{R}\right)^j \quad \text{ただし} \quad R = 10000000 \tag{6.6}$$

を $j=1$ から $j=100$ まで整数にたいして記したものである．計算は漸化式

$$x_{j+1} = R\left(1-\frac{1}{R}\right)^{j+1} = R\left(1-\frac{1}{R}\right)^j\left(1-\frac{1}{R}\right) = x_j - \frac{x_j}{R}$$

を使う．表1はその計算で，表では $x_j/R = x_j/10000000 = \delta_j$ と記した：

表1 (6.6)式の $x_j\,(j=0\sim 100)$ の計算

$x_0 = R$	:	10000000.0000000
δ_0	:	1.0000000
$x_1 = x_0 - \delta_0$	:	9999999.0000000
δ_1	:	0.9999999
$x_2 = x_1 - \delta_1$	:	9999998.0000001
δ_2	:	0.9999998
$x_3 = x_2 - \delta_2$	:	9999997.0000003
δ_3	:	0.9999997
$x_4 = x_3 - \delta_3$	:	9999996.0000006
⋯	:	⋯
⋯	:	⋯
$x_{100} = x_{99} - \delta_{99}$	:	9999900.0004950

「17節」の「表2 (Secunda Tabula)」は，やはり10000000からはじまり「第1の表の初項と終項との比にできるかぎり近く，かつもっとも簡単な比で減少してゆく」幾何数列，つまり

$$\frac{x_{100}}{x_0} = \left(1-\frac{1}{10^7}\right)^{100} = \frac{9999900.000495}{10000000.000000} \fallingdotseq \frac{9999900}{10000000} = 1 - \frac{1}{10^5} \tag{6.7}$$

を項比とする数列の表，数式で表せば

$$y_k = 10^7\left(1-\frac{1}{10^5}\right)^k \tag{6.8}$$

の $k=0$ から $k=50$ までの表である．ここでも計算は，漸化式

$$y_{k+1} = 10^7\left(1-\frac{1}{10^5}\right)^k\left(1-\frac{1}{10^5}\right) = y_k - \frac{y_k}{10^5}$$

をもちいて，前と同様におこなわれる．この場合には $\Delta_k = y_k/100000$ と記してつぎの表（表2）が与えられる[*9]．

表2 (6.8)式の y_k ($k=0$〜50) の計算

$y_0 = R$	:	10000000.000000
Δ_0	:	100.000000
$y_1 = y_0 - \Delta_0$	:	9999900.000000
Δ_1	:	99.999000
$y_2 = y_1 - \Delta_1$	:	9999800.001000
$\cdots$	:	$\cdots$
$\cdots$	:	$\cdots$
$y_{50} = y_{49} - \Delta_{99}$	:	9995001.222927

この表は (6.7) 式が成り立つことを認めるならば，$y_k \fallingdotseq R(x_{100}/x_0)^k = x_{100k}$ の表と考えてよく，x_n の値を $n=0$ から $n=5000$ まで，100ごとに，つまり $n=0, 100, 200, 300, \cdots, 5000$ と計算したものと見ることができる．

そして「18節」の「表3 (Tritia Tabula)」は，

$$z_{l,m} = 10^7 \left(1-\frac{1}{100}\right)^l \left(1-\frac{1}{2000}\right)^m \tag{6.9}$$

を $l=0,1,\cdots,68$, $m=0,1,2,\cdots,20$ の値にたいして計算したもので，行列の形で表現されている．

表3 (6.9)式の $z_{l,m}$ ($l=0$〜$68, m=0$〜20) の計算

$m \setminus l$	$l=0$	$l=1$	$\cdots\cdots$	$l=68$
$m=0$	10000000.0000	9900000.0000	$\cdots\cdots$	5048858.8900
$m=1$	9995000.0000	9895050.0000	$\cdots\cdots$	5046334.4605
$m=2$	9990002.5000	9890102.4750	$\cdots\cdots$	5043811.2932
$\cdots$	$\cdots$	$\cdots$		$\cdots$
$\cdots$	$\cdots$	$\cdots$		$\cdots$
$m=20$	9900473.5780	9801468.8423	$\cdots\cdots$	4998609.4034

[*9] 表2の最後の値 $y_{50} = 99995001.222927$ は間違い（ネイピアの計算違い）で，手元の関数電卓でやれば 99995001.225，英訳 (pp. 14, 90) によれば正しい値は 99995001.224804．

この表 3 の縦の列（l は一定，$m = 0, 1, \cdots, 20$）の項比は，表 2 の初項と終項の比にできるだけ近くて簡単な値，すなわち

$$\frac{y_{50}}{y_0} = \frac{9995001.222927}{10000000.000000} \fallingdotseq \frac{9995000}{10000000} = 1 - \frac{1}{2000},$$

そして横の行（m は一定，$l = 0, 1, \cdots, 68$）の項比は，縦の第 1 列の初項と終項の比にできるだけ近くて簡単な値，すなわち

$$\frac{z_{0,20}}{z_{0,0}} = \frac{9900473.5780}{10000000.0000} \fallingdotseq \frac{9900000}{10000000} = 1 - \frac{1}{100}.$$

つまり表 3 は，

$$10^7 \left(1 - \frac{1}{10^7}\right)^{1000000l + 5000m} \fallingdotseq 10^7 \left(1 - \frac{1}{100}\right)^l \left(1 - \frac{1}{2000}\right)^m$$

と近似したもの，すなわち $z_{l,m} \fallingdotseq x_{1000000l + 5000m}$ としたものであり，x_n の近似値を $n = 0$ から $n = 6900000$ までについて 5000 ごとに計算したものと見ることができる．$z_{68,20} = 4998609.403$ にたいして $x_{6900000} = 5015760.518$，値は少し異なるが共にほぼ $R/2 = 5000000$ であることに注意．

以上の三つの表が，ネイピア対数を精密に計算するための出発点になる．

「21 節」には，それまでの議論が総括されている．

> かくして第 3 の表には，半径〔10000000〕とその半分〔5000000〕の間に 100 対 99 の比で 68 の数が挿入され，そのそれぞれの間に，10000 対 9995 の比で 20 の数が挿入されている．そしてまた第 2 の表には，その最初のふたつの数の間に，つまり 10000000 と 9995000 の間に，100000 対 99999 の比で 50 の数が挿入されているのであり，そして最後に，第 1 の表には，その最初のふたつの数の間に，半径ないし 10000000 対 9999999 の比で 100 個の数が挿入されている．そしてこれらの数の差が 1 を越えることは決してないから，中間項を挿入してさらに細かく分割するには及ばない．それゆえこれらの三つの表は，完成後には，対数表の計算にとって十分であろう．

3. 対数計算のための不等式

前節で求めた三つの表は，$n = 0$ から $n = 6900000$ までの全部で $101+50+69 \times 21 - 2 = 1598$ 個の与えられた 7 桁の整数 n にたいする

$$x_n = R(1-R^{-1})^n = (\mathrm{Nln})^{-1} n \tag{6.10}$$

の近似値の表である．

これを逆対数表と見るならば，対数表はこの逆，つまり，与えられた x にたいする $\mathrm{Nln}\, x$ を表示するもので，それをこの表から逆算することが残されている．

しかし，そのためには，まずもって真数 x_n とその対数 n の関係をより精密に求めておかなければならない．とくに，「表 2」「表 3」は定義の式 (6.5) によって x_n を厳密に計算したものではないから，これらをそのまま逆対数表と見なすことはできない．

そのためネイピアは，『構成』において，その精度の評価に必要な不等式の提唱から始めている．第 1 の不等式は「28 節」で与えられている：

> 任意の与えられた正弦〔$R\sin\theta = x$〕の対数は，半径〔R〕と与えられた正弦の差より大きく，半径と，その値より半径と与えられた正弦の比だけ大きい量〔$R \times (R/x)$〕との差〔$R \times (R/x) - R = (R-x)R/x$〕より小さい．したがってこれらの差は，対数の限界 (termini artificialis) とよばれる．

すなわち

$$R - x < \mathrm{Nln}\, x < (R - x) \times \left(\frac{R}{x}\right). \tag{6.11}$$

ネイピアによる証明を整理すれば，つぎのとおり．

図 6.4 にあらためて図 6.3 の線分 az と半直線 AI を記す．図 6.4 で $\overline{\mathrm{az}} = R$，$\overline{\mathrm{dz}} = x$．この線分を，左方向（点 a から点 d と逆方向）に延長し，

$$\overline{\mathrm{pz}} : \overline{\mathrm{az}} = \overline{\mathrm{az}} : \overline{\mathrm{dz}} = R : x$$

となる点 p をその延長線上にとる．これより

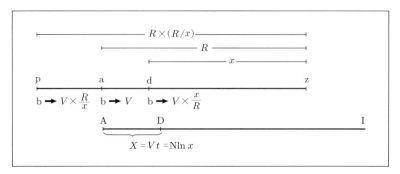

図 6.4 不等式 (6.11) の証明のために

$$\overline{\mathrm{pa}} = \overline{\mathrm{pz}} - \overline{\mathrm{az}} = R\frac{R}{x} - R = (R-x)\frac{R}{x} = \overline{\mathrm{ad}} \times \frac{R}{x}.$$

ところで，動点 b の速度は点 z までの距離に比例しているから，距離の間に上記の比例関係があるとき，動点 b が p から a に達するまでの時間 (t_1) と a から d に達するまでの時間 (t_2) は等しい．そのことはほとんどトゥリヴィアルである[*10]．

この共通の時間を $T = t_1 = t_2$ とすると，定義により，その間に動点 B は A から D まで一定速度 V で動くのだが，その距離 $\overline{\mathrm{AD}}$ が $x = \overline{\mathrm{dz}}$ の対数，すなわち $\overline{\mathrm{AD}} = VT = \mathrm{N}\ln x$．ところで，動点 b が点 a を通過する瞬間の速度 $v(R) = V$ にくらべて，b の pa 間の速度はそれより速く，ad 間の速度はそれより遅い．それゆえ b が同一時間に通過する距離について，

$$\overline{\mathrm{ad}} = R - x < \overline{\mathrm{AD}} = VT < \overline{\mathrm{pa}} = R\left(\frac{R}{x}\right) - R.$$

これは，証明すべき (6.11) 式にほかならない．

もうひとつの不等式は「39 節」にある．

[*10] Napier 自身の説明もこれ以上のものではないが，一応，モダンな形で証明しておこう．動点 b から終点 z までの距離を $\overline{\mathrm{bz}} = s$ とし，b の速度を $v(s) = -ds/dt$ で表すと，$v(s) = v(R) \times (s/R) = V \times (s/R)$．$V = v(R)$ は b が点 a を通過するときの速度．これより

$$t_1 = \int_{R^2/x}^{R} \frac{-ds}{v(s)} = \frac{R}{V}\ln\frac{R}{x}, \qquad t_2 = \int_{R}^{x} \frac{-ds}{v(s)} = \frac{R}{V}\ln\frac{R}{x} \qquad \therefore\ t_1 = t_2.$$

ふたつの正弦の対数の差は，ふたつの限界内にある．上限はその〔ふたつの〕正弦の差をそのうちの小さいほうの正弦にたいする半径の比倍したもの，下限はその〔ふたつの〕正弦の差をその大きいほうの正弦にたいする半径の比倍したものである．

ネイピアの記述はわかりにくいが，要点を整理して記しておこう．

図 6.5 で線分 az 上の距離 $\overline{dz} = x_\alpha = R\sin\alpha$ と $\overline{ez} = x_\beta = R\sin\beta$ とをふたつの正弦 ($x_\alpha > x_\beta$) とし，対応する半直線の距離 $\overline{AD} = X_\alpha$ と $\overline{AE} = X_\beta$ を x_α, x_β のそれぞれの対数とする ($X_\beta > X_\alpha$). 半直線 AI 上の動点 B は一定速度 V で進むゆえ，A→D, A→E の所要時間をそれぞれ t_α, t_β とすれば，$X_\alpha = Vt_\alpha = \mathrm{Nln}\, x_\alpha$, $X_\beta = Vt_\beta = \mathrm{Nln}\, x_\beta$. したがって

$$V(t_\beta - t_\alpha) = \mathrm{Nln}\, x_\beta - \mathrm{Nln}\, x_\alpha. \tag{6.12}$$

他方，この時間 t_α と t_β 間に線分 az 上では，動点 b が点 a からそれぞれ点 d, e まで進む．したがって，時間差 $t_\beta - t_\alpha$ は動点 b が d から e に進む時間である．ところが b の速度 v は終点 z までの距離 x に比例して減少するゆえ，$v(x) = v(R) \times (x/R)$ であり，de 間の平均速度を $\bar{v}$ と記すと，不等式

$$v(x_\alpha) = v(R) \times \left(\frac{x_\alpha}{R}\right) > \bar{v} = \frac{x_\alpha - x_\beta}{t_\beta - t_\alpha} > v(x_\beta) = v(R) \times \left(\frac{x_\beta}{R}\right). \tag{6.13}$$

ここで $v(R) = V$ であることに注意して，(6.12)(6.13) 式をあわせれば

$$(x_\alpha - x_\beta) \times \frac{R}{x_\alpha} < \mathrm{Nln}\, x_\beta - \mathrm{Nln}\, x_\alpha < (x_\alpha - x_\beta) \times \frac{R}{x_\beta} \tag{6.14}$$

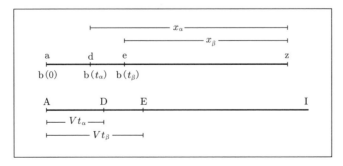

図 6.5 不等式 (6.14) の証明のために

が得られる．これが「39 節」の主張である．

　ちなみに，この第 2 の不等式 (6.14) で $x_\alpha = R, x_\beta = x$ とし，定義にのっとれば $\mathrm{Nln}\, R = 0$ であることに注意すれば，第 1 の不等式 (6.11) が得られる．つまりふたつの不等式は，本質的には同一の事実を表している．

　なお，(6.14) は数学的に言うと，つぎのように解釈される．

　連続で微分可能な関数 $F(x)$ にたいする（ラグランジュの）平均値の定理によれば，導関数を $dF(x)/dx = F'(x)$ と記して

$$\frac{F(x_\alpha) - F(x_\beta)}{x_\alpha - x_\beta} = F'(\bar{x})$$

を満たす $\bar{x}$ が $x_\beta < \bar{x} < x_\alpha$ の範囲に存在する．

　そこで，とくにネイピア対数 $X(x) = \mathrm{Nln}\, x$ を $x > 0$ の範囲で定義された連続関数と見れば，(6.2) 式よりその導関数 $X'(x) = -R/x$ は $x > 0$ の範囲で増加関数ゆえ，$X'(x_\beta) < X'(\bar{x}) < X'(x_\alpha)$，すなわち

$$X'(x_\beta) = -\frac{R}{x_\beta} < \frac{X(x_\alpha) - X(x_\beta)}{x_\alpha - x_\beta} < X'(x_\alpha) = -\frac{R}{x_\alpha}. \tag{6.15}$$

これは不等式 (6.14) にほかならない（$x_\alpha - x_\beta > 0$ のとき $X(x_\alpha) - X(x_\beta) < 0$ であることに注意）．

　ネイピアは，オーギュスタン・ルイ・コーシー (1789-1857) が 1823 年に『微積分学講義綱要』で平均値の定理を厳密に導くのに 2 世紀先んじて，事実上その定理を使っていたのである．

4. 精密な対数表の形成

　『構成』では「27 節」[*11]に「半径〔$R = 10000000$〕の対数は無 (nihil 英訳 nothing) である」とあり，そして「30 - 33 節」で「表 1」にたいする，つまり半径に近い値の真数にたいする対数が不等式 (6.11) を用いて求められている．とくに $x_1 = 9999999$ の対数にたいして

[*11] 『構成』の 1620 年のラテン語版では，27 節，28 節の節番号が記されていないが，英訳にあわせて 27 節とした．

第 6 章 ネイピアによる対数表の構成　163

$$下限 = 10000000 - 9999999 = 1.000000,$$
$$上限 = (10000000 - 9999999) \times \frac{10000000}{9999999} = 1.0000001$$

であり，これにたいして「31 節」には

> この〔ふたつの〕限界それ自体は僅かしか異ならないので，そのいずれか，ないしその間にある任意の値を真の対数値としてよい．
>
> 　したがってこの例では正弦 9999999 の対数は 1.00000010 ないし 1.0000000 のいずれとしてもよいが，1.00000005 とするのが最も好ましい．

として，
$$\text{Nln } x_1 = \text{Nln } 9999999.000000 = 1.00000005 \qquad (6.16)$$
を得ている[*12]．そしてこの結果，すなわち
$$\text{Nln } x_0 = \text{Nln } 10^7 = 0, \qquad \text{Nln } x_1 = \text{Nln}(10^7 - 1) = 1 + 0.5 \times 10^{-7} \qquad (6.17)$$
が，ネイピアによる対数計算の出発点である．実際，(6.6) において

$$\frac{x_1}{x_0} = \frac{x_2}{x_1} = \frac{x_3}{x_2} = \cdots = \frac{x_{100}}{x_{99}}$$

であるから，「36 節」の命題「**同様に比例している正弦の対数の差は等しい**」[*13] を使えば，$\text{Nln } x_{100}$ にいたるまでの表 1 のすべての x_j の値にたいして

$$\text{Nln } x_{100} - \text{Nln } x_{99}$$
$$= \cdots\cdots$$
$$= \text{Nln } x_2 - \text{Nln } x_1$$
$$= \text{Nln } x_1 - \text{Nln } x_0 = 1.00000005$$

[*12] これは $x = R(1-\varepsilon)$ $(\varepsilon \ll 0)$ のときの (6.11) 式，すなわち
$$R\varepsilon < \text{Nln } x = \text{Nln } R(1-\varepsilon) < R\varepsilon \frac{1}{1-\varepsilon} = R\varepsilon(1 + \varepsilon + O(\varepsilon^2))$$
より
$$\text{Nln } R(1-\varepsilon) = \frac{1}{2}\{R\varepsilon + R\varepsilon(1+\varepsilon+O(\varepsilon^2))\} = R\varepsilon\left(1 + \frac{\varepsilon}{2} + O(\varepsilon^2)\right)$$
と近似したことになる．(6.3) 式により $\text{Nln } x = \text{Mln } x = -R\ln(x/R)$ とすれば，これは，自然対数にたいする近似式 $\ln(1-\varepsilon) = -\varepsilon - \frac{\varepsilon^2}{2} + O(\varepsilon^3)$ を導いたことになる．

[*13] これは『記述』第 2 章命題 1，すなわち前章 (5.7) 式に他ならない．

が成り立ち，Nln x_j は足し算で順に求まる．とくにこの場合，Nln $x_0 = 0$ であることを考慮すれば，「表 1」のすべての x_j にたいする対数が

$$\text{Nln } x_j = 1.00000005 \times j \quad (j = 1 \sim 100) \tag{6.18}$$

として得られ，この結果が「表 2」「表 3」に対応する対数計算の出発点になる．

さらに「41 節」には，「表 1」には正確に該当するものがないが，しかし近い値のある例として $x = 9999975.5000000$ の対数を求める方法が与えられている．

まず，この x に近いものとして「表 1」から $x_{25} = 9999975.0000300$ を選ぶ．これにたいする対数は上に述べたようにして

Nln x_{25} = Nln $9999975.00003 = 1.00000005 \times 25 = 25.0000012$.

不等式 (6.14) は今の場合

$$(x - x_{25}) \times \frac{R}{x} < \text{Nln } x_{25} - \text{Nln } x < (x - x_{25}) \times \frac{R}{x_{25}}$$

であり，その限界は

$$\text{上限} = (9999975.5000000 - 9999975.0000300) \times \frac{10000000}{9999975.0} = 0.499971250,$$

$$\text{下限} = (9999975.5000000 - 9999975.0000300) \times \frac{10000000}{9999975.5} = 0.499971225.$$

このふたつの限界の差は僅かで，小数点以下 7 桁までとる範囲では無視することができるので，このふたつの対数 Nln x_{25} と Nln x の差は 0.4999712 に等しいとしてよく，こうして x の精密な対数

Nln $9999975.5000000 = 25.0000012 - 0.4999712 = 24.5000300$

が得られる．

「41 節」ではいまひとつの例として，「表 2」の初項 $y_1 = 9999900$ の精密な対数が，(6.18) より求まる「表 1」の終項の x_{100} の対数 Nln 9999900.0004950 = 100.000005 を用いて求められている．この場合は $x_{100} - y_1 = 0.0004950$ ゆえ，不等式 (6.14) より Nln x_{100} と Nln y_1 の差にたいして

$$\text{下限} = 0.0004950 \times \frac{10000000}{9999900} = 0.00049500,$$

$$上限 = 0.0004950 \times \frac{10000000}{9999900.000495} = 0.00049500.$$

これらは事実上等しく，これより

$$\text{Nln}\, y_1 = \text{Nln}\, 9999900.0000 = 100.000005 + 0.000495 = 100.000500.$$

そしてこの場合も「表1」の x_k の場合と同様にして，この「第2の表」にたいしても，$\text{Nln}\, y_0 = 0$ ゆえ，すべての y_k にたいする対数が

$$\text{Nln}\, y_k = 100.000500 \times k \tag{6.19}$$

として得られる．以上の結果を表4に示しておこう（表4は山本によるもので，『構成』には相当する表はない）．

表4 $x_j (j = 0 \sim 100)$ と $y_k (k = 0 \sim 50)$ にたいする精密な対数

j	正弦 (x_j)	対数 (Nln x_j)	k	正弦 (y_k)	対数 (Nln y_k)
0	10000000.0000000	0	0	10000000.000000	0
1	9999999.0000000	1.00000005	1	9999900.000000	100.000500
2	9999998.0000001	2.00000010	2	9999800.001000	200.001000
3	9999997.0000003	3.00000015	3	9999700.003000	300.001500
.	…	…	.	…	…
.	…	…	.	…	…
100	9999900.0004950	100.00000500	50	9995001.224804	5000.025000

そしてこの結果から，まったく同様にして「表3」の正弦 $z_{l,m}$ にたいする対数が，各列ごとに順に求められる．その一例として「44節」にある，$\text{Nln}\, y_{50} = \text{Nln}\, 9995001.224804 = 5000.025000$ から $\text{Nln}\, z_{0,1} = \text{Nln}\, 9995000.0000$ を求める計算を記しておこう．

$$y_{50} - z_{0,1} = 9995001.224804 - 9995000.0000 = 1.224804$$

ゆえ[*14]，不等式 (6.14) より両対数の差 $\text{Nln}\, z_{0,1} - \text{Nln}\, y_{50}$ にたいして

$$上限 = 1.224804 \times \frac{10000000}{9995000} = 1.2254167,$$

$$下限 = 1.224804 \times \frac{10000000}{9995001.2248} = 1.2254165.$$

[*14] ネイピアの原著の $y_{50} = 9995001.222927$ を正しい値（*9）に改めた．

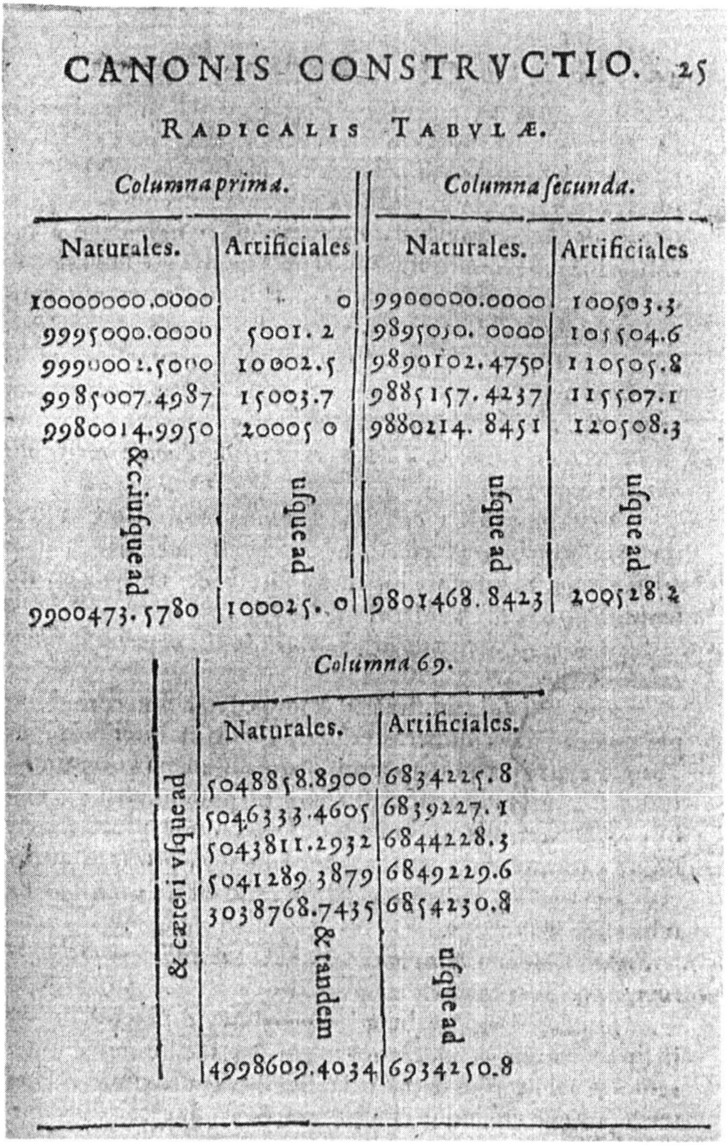

CANONIS CONSTRVCTIO. 25

RADICALIS TABVLÆ.

| *Columna prima.* || *Columna secunda.* ||
Naturales.	Artificiales	Naturales.	Artificiales
10000000.0000	0	9900000.0000	100503.3
9995000.0000	5001.2	9895050.0000	105504.6
9990002.5000	10002.5	9890102.4750	110505.8
9985007.4987	15003.7	9885157.4237	115507.1
9980014.9950	20005.0	9880214.8451	120508.3
&c. iusque ad	usque ad	usque ad	usque ad
9900473.5780	100025.0	9801468.8423	200528.2

Columna 69.

Naturales.	Artificiales.
5048858.8900	6834225.8
5046333.4605	6839227.1
5043811.2932	6844228.3
5041289.3879	6849229.6
5038768.7435	6854230.8
& tandem	usque ad
4998609.4034	6934250.8

図 6.6　『構成』47 節の「基盤の表」(Naturales が真数, Artificiales が対数)

したがって
$$\text{Nln } 9995000.0000 = \text{Nln } y_{50} + 1.225416 = 5001.250416.$$

「表3」の第1列は，等比数列ゆえ，その各項の対数は「38節」の命題より順に足し算で求められ，その結果得られた $z_{0,20}$ の対数からつぎに第2列の初項を同様にして求める．こうして，「表3」のすべての正弦の値（Naturales）にたいする精密な対数（Artificiales）が得られる．その結果がネイピアが「基盤の表」と名づけた表であり（図6.6），その表が，『構成』末尾の堂々45頁にわたる「対数表」の計算のための文字通り「基盤（base）」となっている[*15]．

ひとつの例としてこの「基盤の表」から $30°$ の正弦 $R \sin 30° = 5000000$ の対数を実際に求めてみよう．図6.6の表の末尾の $\text{Nln } z_{68,20} = \text{Nln } 4998609.4034 = 6934250.8$ を選ぶ：
$$5000000 - z_{68,20} = 5000000 - 4998609.4034 = 1390.5966.$$
したがって(6.14)の不等式より，差 $\text{Nln } z_{68,20} - \text{Nln } 5000000$ の範囲は

$$\text{上限：} 1390.5966 \times \frac{10000000}{4998609.4034} = 2781.9669,$$

$$\text{下限：} 1390.5966 \times \frac{10000000}{5000000} = 2781.1932.$$

これより $\text{Nln } R \sin 30° = \text{Nln } 5000000$ にたいして，
$$\text{上限：} 6934250.8 - 2781.1932 = 6931469.6,$$
$$\text{下限：} 6934250.8 - 2781.9669 = 6931468.8.$$
したがって，十分な精度で
$$\text{Nln } R \sin 30° = \text{Nln } 5000000 = 6931469 \qquad (6.20)$$
が得られる．これが『記述』と『構成』の対数表（図6.7）に実際に与えられている「$30°$ の正弦」にたいする対数の値である[*16]．

[*15] 「基盤の表」の原語は radicalis tabulae（英訳 radical table）．志賀『数の大航海』では「20節」の $z_{l,m}$ の21行69列の表（表3）について「ネイピア自身が革命的な数表（radical table）とよんだ」と記されているが（p.112），Napier が「基盤の表」と名づけたのは $z_{l,m}$ をその対数と対応づけた「47節」の表（図6.6）である．付言するならばラテン語の 'radicalis' は名詞 'radix（根，転じて，底部，基礎，根源）' に由来する形容詞で，「革命的な」という意味はない．精密な対数計算のための土台という意味である．

[*16] (6.3)式 $\text{Mln } x = -R \ln(x/R)$ で計算すると $\text{Mln } 5000000 = -10^7 \ln 0.5 = 6031471.8$ であり，Napier の計算は有効数字6桁まで正しいことがわかる．

Gr.	30				
30 mi.	Sinus	Logarithmi	Differentiæ	Logarithmi	Sinus
0	5000000	6931469	5493059	1438410	8660254	60
1	5002519	6926452	5486342	1440090	8658799	59
2	5005038	6921399	5479628	1441771	8657344	58
3	5007556	6916369	5472916	1443453	8655888	57
4	5010074	6911342	5466206	1445136	8654431	56
5	5012591	6906319	5459498	1446821	8652973	55
6	5015108	6901299	5452792	1448507	8651514	54
7	5017624	6896282	5446088	1450194	8650055	53
8	5020140	6891269	5439387	1451882	8648595	52
9	5022656	6886259	5432688	1453571	8647134	51
10	5025171	6881253	5425992	1455261	8645673	50
11	5027686	6876250	5419298	1456952	8644211	49
12	5030200	6871250	5412605	1458645	8642748	48
13	5032714	6866254	5405915	1460339	8641284	47
14	5035227	6861261	5399227	1462034	8639820	46
15	5037740	6856271	5392541	1463730	8638355	45
16	5040253	6851285	5385858	1465427	8636889	44
17	5042765	6846302	5379177	1467125	8635423	43
18	5045277	6841323	5372499	1468824	8633956	42
19	5047788	6836347	5365822	1470525	8632488	41
20	5050299	6831374	5359147	1472227	8631019	40
21	5052809	6826405	5352475	1473930	8629549	39
22	5055319	6821439	5345805	1475634	8628079	38
23	5057829	6816476	5339137	1477339	8626608	37
24	5060338	6811516	5332471	1479045	8625137	36
25	5062847	6806560	5325808	1480752	8623665	35
26	5065355	6801607	5319147	1482460	8622192	34
27	5067863	6796657	5312488	1484169	8620718	33
28	5070370	6791710	5305831	1485879	8619243	32
29	5072877	6786767	5299177	1487590	8617768	31
30	5075384	6781827	5292525	1489302	8616292	30

図 6.7　『構成』におけるネイピア対数表の一頁

なお「基盤の表」の末尾が $z_{68,20} = 4998609.4034 ≒ 5000000 = R\sin 30°$ で，それゆえ以上の議論で対数が直接得られる正弦は $90°〜30°$ の範囲である．

しかし「55-57 節」には事実上倍角の公式を使用することで，より小さな角度の正弦を大きな角度の正弦に関係づけることで，その対数が求まることが示され，「58 節」には「**45°よりも小さくはないすべての弧の対数が得られたならば，それ以下のすべての弧の対数は容易に得られる**」と結論づけられている．

ネイピアのすごさは，今日から見れば，指数という概念の知られていない時代に対数を考案しそのいくつかの法則を導いたことに認められるが，しかしそれとともに，あるいはそれ以上に，実際の計算に供しうるように，角度で 1 分刻みの正弦にたいする 7 桁の対数表を手計算で作りあげたことを挙げなければならない．それはじつに 20 年近くにおよぶおそるべき忍耐を要した孤独な作業であり，「算術オタク」ならではの感がある．実際には彼は，結果としての出来あがった対数表（図 6.7）と，その製作手順の一端を整理して提示しただけであるが，それだけでも彼の力業を垣間見ることができる．

ともあれ，シモン・ステヴィンによる 10 進小数の導入から 30 年余り，David Eugene Smith の書にあるように，「対数の発明が 10 進小数（decimal fractions）の使用にたいしてなによりも大きく寄与したことは疑いもなく真」なのであり[17]，かくしてネイピアによる対数の発明と桁数の多い対数表の公表は，小数点を用いた小数の使用とそれによって表される実数の連続性の直観的な観念を確定することになった．アラビア数学史の研究者 Rashed の言うように「小数が数学総体へと組み込まれるには，ネイピアに代表されるような，対数関数の洗練化を待たなければならな」かったのである[18]．

このネイピア対数は，直後に彼自身とイギリス人ヘンリー・ブリッグスによって常用対数へと改良されるのであるが，次章は，話を急がず，対数の意義を大陸でいち早く認めたドイツの天文学者ヨハネス・ケプラーによる，ネイピア対数の別様の定義とその使用を見てゆくことにする．

---

[17] D. E. Smith, *History of Mathematics*, Vol. 2, p. 244.
[18] Rashed『アラビア数学の展開』p. 134.

第7章
ケプラーと対数

1. ケプラーと対数の出会い

のちに惑星運動の法則を発見することになるドイツ人青年ヨハネス・ケプラー（1571-1630，図 7.1）が，不世出の天体観測家ティコ・ブラーエの助手に採用されたのは，1600 年であった．肉眼での天体観測の精度を極限まで追求したデンマークの貴族ティコは，20 年余にわたって観測を継続したヴェーン島を追われて，そのときプラハのルドルフ II 世のもとに身を寄せていた．そしてケプラーがティコに雇われたわずか 1 年後にティコが急逝し，ケプラーはティコがつとめていた宮廷数学官 —— 要するに皇帝お抱えの占星術師 —— の地位とともに，ティコの遺した膨大な観測データを引き継ぐことになる．

早くから地動説を受け容れていたケプラーが，このデータにもとづいて今日彼の名を冠して呼ばれる惑星運動の三つの法則を見出したことはよく知られている．惑星は静止している太陽を一方の焦点とする楕円軌道を描き，そのさい面積速度は一定であるという彼の第 1 法則と第 2 法則は 1609 年の『新天文学』に，公転周期の 2 乗と軌道長半径の 3 乗の比は惑星によらず一定であるという第 3 法則は 1619 年の『宇宙の調和』に発表された[*1]．

それらの法則の発見はいずれも多大な計算を必要とするものであったが，ティコの観測遺産を相続したケプラーに課された本来の義務は，ティコの生涯の

[*1] このあたりの事実について，詳しくは拙著『世界の見方の転換』3，第 12 章を参照していただきたい．

第7章 ケプラーと対数　171

図 7.1　ヨハネス・ケプラー (1571-1630)

目的を完成させること，すなわち，後に『ルドルフ表』と呼ばれることになる天体表をティコの観測データにもとづいて作成することであった．その『ルドルフ表』は 1624 年に完成されたが (印刷完了 1627 年)，その完成にいたる過程ではさらに膨大な計算が必要とされていた．ネイピア対数の登場は，まさにその時であった．

　それゆえケプラーは，対数の発見を知ったとき，もろ手を挙げて歓迎した．

　もっともケプラーがネイピアの『記述』に最初に出会ったのは 1617 年の春であったが，その時点ではそれを詳しく学ぶ機会がなく，ケプラーがネイピアの先駆的な仕事の内容と意義を理解したのは，その 1 年後，彼の以前の助手であったベンジャミン・ウルシヌスの書に書かれていたネイピアの『記述』の紹介によるとされる[*2]．知人でのちにチュービンゲン大学の教授になるヴィルヘ

[*2] Caspar, *Kepler*, p. 308f.; Belyi, 'Johannes Kepler and the Development of Mathematics', pp. 643-660, 該当箇所は p. 655f.

> Aliter Spe-　Scilicet GENERA quidem Mathematica, non sunt aliter in Animâ
> cies & Circu-　quàm universalia cætera, conceptusque varij, abstracti à sensibus:
> lus.　　　　at SPECIERUM Mathematicarum illa, quæ Circulus dicitur, longè aliâ ra-
> 　　　　　　tione inest Animæ, non tantùm ut Idea rerum externarum, sed etiam
> 　　　　　　ut forma quædam ipsius Animæ; deniq; ut promptuarium unicum o-
> 　　　　　　mnis Geometricæ & Arithmeticæ scientiæ: quorum illud in doctrina
> Sinus　　　 Sinuum, hoc in mirabili Logarithmorum negocio est evidentissimum;
> Logarith-　ut in quibus ex circulo ortis, abacus quidam inest omnium multiplica-
> mi Ill. L. B.
> Neperi　　 tionum & divisionum, quæ unquàm fieri possunt, veluti jam confecta-
> 　　　　　　rû. Sed satis de Principe Animæ facultate; Veniam⁹ nunc ad inferiores.

図 7.2　Kepler『宇宙の調和』(1619) 第 4 巻第 7 章

ルム・シッカードへの 1618 年 3 月の書簡で「その芳名を失念したのですが，あるスコットランドの男爵が，すべての掛け算と割り算を，〔ヴィティッヒの加減法のように〕正弦に変換することなく，単なる足し算と引き算に置き換えるという素晴らしい仕事を携えて登場しました」と記している[*3]．

ケプラーはチュービンゲン大学時代の数学と天文学の師メストリンへの 1618 年 12 月の手紙で対数に言及し，そのおなじ年に『宇宙の調和』を書きあげ，翌年に出版したが，そこには「幾何学の宝庫は正弦の理論〔三角法〕の内に，そして算術のそれは対数の驚くべき働きの内に，もっとも顕著に認められる」とあり，欄外に「正弦，高名なる領主ネイピア男爵の対数」と記されている (図 7.2)[*4]．

そしてケプラーは，ネイピアがすでに死亡していることを知らずに，1620 年版のエフェメリデス (天体暦) に，「スコットランドはマーチストンの男爵，高名にして高貴なジョン・ネイピアに」と始まる書簡の形で，ネイピアの功績をたたえ，対数発見の賛歌を表明している：

　　本エフェメリデスはこのように〔対数の助けで〕計算されました．それ

[*3]　*JKGW*, Bd. 17, Nr. 785, p. 258. 独訳は *JKGW*, Bd. 9, Nachbericht, p. 461f.
[*4]　*JKGW*, Bd. 7, Nr. 815, p. 298f.『宇宙の調和』原典, p. 168, *JKGW*, Bd. 6, p. 277, 邦訳, p. 388. 欄外には 'Sinus, Logarithmi Ill. L. B. Neperi' とあるが，邦訳の欄外は「正弦と対数」とだけあり，「高名なる領主　ネイピア男爵の」が何故か訳出されていない．

ゆえに，高名な男爵閣下，これは閣下に捧げられるべきでありましょう．かくして閣下の対数は，必然的に『ルドルフ表』の一部を形成することになるでありましょう．*5

ケプラーの晩年の書『コペルニクス天文学概要』では，1618年に出版された第3巻までは対数に触れられていず，また1620年の第4巻はもともと計算を含んでいないが，それにたいして1621年に出版された第5巻では，第2部の秤動の計算に「ネイピアの発明により，このすべての計算はたった1回の足し算で (per unicam additionem) きわめて素早く (expeditissime) 成し遂げられる」とある*6．そして，後で触れるように，ケプラーは『宇宙の神秘』の1621年の第2版に，ネイピア対数をもちいた第3法則の証明を記している．

この時点でケプラーは，対数が天文計算に有している意義を見抜いていた．しかしそのことは，『ルドルフ表』制作途上にあったケプラーには大きな問題を提起していた．

ケプラーの1618年2月のヨハネス・レムスへの書簡には「対数は私の『ルドルフ表』にとっては，厄介な幸運 (foelix calamitas) だったのです．その表を対数にもとづいてあらたに作り直すか，それとも断念するかの岐路に立たされたのです」と記されている*7．いずれにせよ，その時点でケプラーが見ることのできたのはネイピアの『記述』のみで，そこには対数の詳しい理論がなく，対数を使用するにせよ，自身で理論を見出す必要に迫られていたのである．

そもそもドイツでは，当時，誰しもが対数を好意的に受け容れていたわけではない．それどころか対数は，どちらかというと懐疑的に見られていた，あるいは過小に評価されていたようである．

そのため，ケプラーは独自に対数の基礎づけをおこない，1624年に彼自身の対数の理論を展開したうえで，あらたに自分で計算しなおした対数表を付した『千対数』(図7.3a) を，さらに翌25年には『千対数の補遺』(図7.3b，以下

---

*5 Hawkins, 'The Mathematical Work of John Napier (1550-1617)', Vol. 2, p. 393 より．
*6 *JKGW*, Bd. 7, p. 385, 英訳，*GBWW*, No. 16, p. 990.
*7 *JKGW*, Bd. 17, Nr.812, p. 293. 独訳は *JKGW*, Bd. 10, Nachbericht, pp. 12, 49.

図 7.3a　Kepler『千対数』(1624) の扉　　図 7.3b　Kepler『千対数の補遺』(1625) の扉

『補遺』）を公表することになる．その『補遺』冒頭の「読者への序」に，そのあたりの消息を詳しく語っているので，少し長めに引用しよう：

> 1621 年，私は高地ドイツを訪れ，当地のあちこちで腕の立つ算術家たちとネイピアの対数について議論をしたのだが，そのとき，年齢のゆえに慎重になっているこの人たちがこの数〔対数〕を見下していることに気づいた．彼らは正弦の〔対数〕表を使用するどころか，二の足を踏み，計算のための方便のようなものにまるで学童のように有頂天になるようなことは算術教授の沽券にかかわると言わんばかりで，論理的な証明を欠いたその使用やその方法の受け容れを拒否していた．ネイピアの証明は幾何学的な運動にもとづいているが，その捉えどころのない流れは確実なものではないと，この人たちは不平をこぼしていた．彼らは，確かな証拠にもとづく推論こそが論理的な証明にとっての確実な根拠を与えるのだと考えてい

たのである．時を置かずに私が論理的な証明のアイデアや根拠の考察に踏み出したのは，このためであり，私はリンツから戻ってただちに，真剣にその取り組みをはじめたのである．[*8]

アカデミズムの世界にいるドイツの学者のあいだでは，実用数学それ自体が低く見られていたこともあるが，それとともに点の運動表象に依拠したネイピア流の対数の導入も確実性を欠くと見られ，受け容れられなかったようである．そしてこのケプラーの言う「学者たち」のなかには，20歳年長でチュービンゲン大学におけるケプラーの師ミハエル・メストリンも含まれていた[*9]．

歴史的にみれば，運動理論の厳密な数学化は，1630年代にガリレオが等加速度運動の理論を提唱して以降のことである．それゆえ，ネイピアの語った，速度が距離とともに変化してゆくというような複雑な運動の数学的な扱いが，微積分法開発以前のこの時代に，不正確で根拠のないものだと判断されたのは無理もないと思われる．実際，ネイピアにしても，微小だが有限の時間間隔としての「瞬間」ごとに速度が不連続に変化するという形でしか議論できなかったのである．それにそもそもネイピアの『記述』には詳しい理論はなく，他方，この時点で彼の『構成』はまだ公表されていなかった．

こうしてケプラーは，対数の独自の基礎づけに取り組むことになった．それはケプラー自身の言うところでは，対数を「直線ないしは運動や流れといった可感的な量に依拠することなく」，比ないしはその他の可知的な量として構成することであった[*10]．

2. ケプラー対数の定義

ともあれケプラーは，厳密な論証にもとづく純粋に算術的な対数の定義を追求する．そのため『千対数』は，ユークリッドの書と同様に，「仮定」「公理」「命題」というスタイルで議論が進められている．『千対数』の扉（図7.2）に

[*8] *JKGW*, Bd. 9, p. 355. 英訳は Hawkins, 前掲論文, Vol. 1. p. 396.
[*9] *JKGW*, Bd. 9, p. 464 ; Caspar, 前掲書, p. 309.
[*10] *JKGW*, Bd. 9, p. 355.

'demonstratione legitima (筋の通った証明)' とあるのは，そのことを指しているのであろう．もちろん内容的には，ネイピアのものとは独立である．しかし，そのすべての記述は数式抜きに言葉で書かれているし，私の語学力ではとても精確にフォローしえないので，『ケプラー全集 第9巻』巻末の 'Nachbericht' に依拠して，私の理解しえたかぎりで，後智恵による解釈そして少々モダンな説明と表現をも交えて，ケプラーの議論を再現し記しておこう．このケプラーの議論は，私の管見のおよぶかぎりで，ほとんど何処にもキチンと書かれていないので，ここに記すのもそれなりに意味があるだろう．

対数導入の準備として，「比の測度 (mensura proportionis)」を導入し，もとの比 (真数) の積が測度 (mensura 英 measure) においては和になるように要請する．つまり，「比の測度」を

$$\mathrm{mensura}\left(\frac{z}{x}\right) = \left[\frac{z}{x}\right]$$

のように記すならば，つぎの関係が成り立つように要請する：

$$\frac{z}{x} = \frac{y}{x} \times \frac{z}{y} \quad \text{にたいして} \quad \left[\frac{z}{x}\right] = \left[\frac{y}{x}\right] + \left[\frac{z}{y}\right]. \tag{7.1}$$

この式で $y = z$，ないし $z = x$ とおくと

$$\left[\frac{z}{x}\right] = \left[\frac{z}{x}\right] + \left[\frac{z}{z}\right], \qquad \left[\frac{x}{x}\right] = \left[\frac{y}{x}\right] + \left[\frac{x}{y}\right]$$

ゆえ，ただちに

$$\left[\frac{z}{z}\right] = 0, \qquad \left[\frac{y}{x}\right] = -\left[\frac{x}{y}\right] \tag{7.2}$$

であることが導かれる．また，

$$\left[\left(\frac{z}{x}\right)^2\right] = \left[\frac{z}{x} \times \frac{z}{x}\right] = \left[\frac{z}{x}\right] + \left[\frac{z}{x}\right] = 2\left[\frac{z}{x}\right],$$

同様にして，一般の整数 n にたいして次の関係が導かれる：

$$\left[\left(\frac{z}{x}\right)^n\right] = n\left[\frac{z}{x}\right]. \tag{7.3}$$

『補遺』において「ラテン語で比例している部分として比の意味に訳されるものこそ，ギリシャ人が「ロゴス」と呼んだものである」と語り，「対数」の

基本は「比」にあると考えるケプラーは，「比」つまりラテン語の「レシオ」，ギリシャ語の「ロゴス」にたいするこの「測度」こそが「対数（ロガリズム）」の定義を与えるものであると考える[*11]。

すなわち，数 x の対数を，ある定数 R にたいする数 x の比の測度 $[R/x]$ でもって定義する．このケプラーの対数を $\mathrm{Kln}\,x$ で記すと

$$\mathrm{Kln}\,x = \left[\frac{R}{x}\right]. \tag{7.4}$$

ケプラー対数のこの定義に，上に導いた比の測度の関係 (7.1) (7.2) を適用すれば，ただちに和と差の公式

$$\mathrm{Kln}\,x + \mathrm{Kln}\,y = \mathrm{Kln}\left(\frac{xy}{R}\right), \qquad \mathrm{Kln}\,x - \mathrm{Kln}\,y = \mathrm{Kln}\left(R\frac{x}{y}\right) \tag{7.5}$$

が導かれる．ネイピア対数にたいする (5.14) (5.15) とまったくおなじである．

しかしもちろんこれだけからでは，x の関数としての測度つまり対数 $[R/x]$ を一意的に決めることはできない．その関数形を決定するケプラーの議論はやや不明瞭だが，整理すれば次のようなものと推測される．測度の満たすべき関係とくに (7.2) を満たすためには

$$\left[\frac{z}{x}\right] = (z-x) \text{ の奇関数}$$

でなければならないことがわかるが，とくに x が z に十分近い場合には，$(z-x)$ の高次の項が無視できるので，C を任意の定数として

$$\left[\frac{z}{x}\right] = C(z-x) \tag{7.6}$$

ととることができる．そのさい定数 C は任意ゆえ，もっとも簡単に 1 ととる．

この関係を使用するために，ケプラーは x と R の間に点列 $x_1, x_2, \cdots, x_{n-1}, x_n$ を

$$x_1 = \sqrt{Rx}, \quad x_2 = \sqrt{Rx_1}, \quad x_3 = \sqrt{Rx_2}, \quad \cdots\cdots, \quad x_n = \sqrt{Rx_{n-1}}$$

を満たすようにとる．このとき

[*11] JKGW, Bd. 9, p. 355f.「ユークリッドでは λόγος〔ロゴス〕はわれわれが《比》$(a:b)$ と言い表わしているところの二数結合のことである．」Szabó『ギリシア数学の始原』p. 195.

$$\frac{R}{x} = \left(\frac{R}{x_1}\right)^2 = \left(\frac{R}{x_2}\right)^{2\times 2} = \left(\frac{R}{x_3}\right)^{2\times 2\times 2} = \cdots\cdots = \left(\frac{R}{x_n}\right)^{2^n}. \tag{7.7}$$

ここで n を十分に大きくとれば，$x_n = R(x/R)^{1/2^n}$ はいくらでも R に近づくゆえ，上記の関係 (7.6) をもちいて

$$\left[\frac{R}{x_n}\right] = R - x_n = R\left\{1 - \left(\frac{x}{R}\right)^{1/2^n}\right\}$$

と置くことができる．そのとき (7.7)(7.3) より

$$\left[\frac{R}{x}\right] = \left[\left(\frac{R}{x_n}\right)^{2^n}\right] = 2^n\left[\frac{R}{x_n}\right] = 2^n R\left\{1 - \left(\frac{x}{R}\right)^{1/2^n}\right\}. \tag{7.8}$$

したがって (7.4) で定義したケプラー対数を，この式の右辺において n を無限大としたものとあらためて定義しなおすことができる．

すなわち**ケプラー対数**は，$2^n = N$ と記して

$$\mathrm{Kln}\, x = \lim_{N\to\infty} NR\left\{1 - \left(\frac{x}{R}\right)^{1/N}\right\} \tag{7.9}$$

で**定義される**．そのさいケプラーは $R = 100000$ とし，実際の計算にさいしては $n = 30$, $N = 2^{30} = 1073741824$ の値を使用している．

なお，定義から明らかに $\mathrm{Kln}\, R = 0$, $\mathrm{Kln}\, 0 = +\infty$, $0 < x < R$ で $\mathrm{Kln}\, x > 0$.

だいたいこれがケプラーの議論であるが，この議論は，以下のようにすればもう少し簡単にすることができる[*12]．

いま x と R のあいだの点列 $x_1, x_2, \cdots, x_{n-1}, x_n$ を，(7.7) 式のかわりに

$$\frac{x_1}{x} = \frac{x_2}{x_1} = \frac{x_3}{x_2} = \cdots\cdots = \frac{R}{x_{N-1}} = \alpha > 1$$

を満たすようにとる．このとき点列

$$x,\ x_1 = \alpha x,\ x_2 = \alpha^2 x,\ \cdots\cdots,\ x_{N-1} = \alpha^{N-1} x,\ R = \alpha^N x$$

は幾何数列をなし，これより

$$\frac{R}{x} = \alpha^N = \left(\frac{R}{x_{N-1}}\right)^N.$$

[*12] 以下の議論は Belyi, 前掲論文，および Naux, *Histoire des Logarithmes de Neper a Euler*, Tome 1, Ch. 6 にならった．Belyi と Naux はケプラーの議論をこのように解釈したということである．

したがってこのふたつの比の測度について次式が成り立つ：

$$\left[\frac{R}{x}\right] = \left[\left(\frac{R}{x_{N-1}}\right)^N\right] = N\left[\frac{R}{x_{N-1}}\right].$$

ここで N を十分大きい数とすれば，a はいくらでも 1 に近づく（つまり $x_{N-1} = R(x/R)^{1/N}$ はいくらでも R に近づく）ゆえ，十分大きな N にたいして

$$\left[\frac{R}{x}\right] = N\left[\frac{R}{x_{N-1}}\right] = N\{R-x_{N-1}\} = NR\left\{1-\left(\frac{x}{R}\right)^{1/N}\right\}$$

と置くことができる．この式で，$N \to \infty$ としたものを，x の対数とする．この定義は，先の定義 (7.9) とまったくおなじものになる．

なお N がこのように大きい数であれば，自然対数を $\ln$ で表して

$$\left(\frac{x}{R}\right)^{1/N} = \exp\left\{\frac{1}{N}\ln\left(\frac{x}{R}\right)\right\} = 1 + \frac{1}{N}\ln\left(\frac{x}{R}\right) + O(N^{-2})$$

ゆえ，定義 (7.9) のケプラー対数は

$$\mathrm{Kln}\, x = R\ln\left(\frac{R}{x}\right). \tag{7.10}$$

これは，第 6 章 (6.3) 式で導入した Mln（現代風に構成しなおしたネイピア対数）と事実上おなじものである．すなわち，十分大きな N にたいしては，ケプラー対数はネイピア対数と同一であり，いずれも事実上の自然対数である．

3. ケプラーの対数表

このようにケプラーは，ネイピア対数とおなじものを，点の運動という表象に依拠することなく，純粋に算術的に定義したが，それと同時に，自分で計算することによって $R = 100000$ ととった対数表を作成している．

『千対数』に書かれている $\mathrm{Kln}\, 70000$ の計算（図 7.4）を再現しておこう．

図の表の左は n，中央は $(0.7)^{1/2^n}$，右は $N = 2^n$ を，下から $n = 1, 2, 3, \cdots, 30$ にたいして記したものである．

この場合 $N = 2^{30} = 1073741824$ であり，$x = 70000$，$x/R = 0.7$ にたいして

$$(x/R)^{1/N} = (0.7)^{1/2^{30}} = 0.99999\ 99996\ 67820\ 56900,$$
$$1-(x/R)^{1/N} = 0.00000\ 00003\ 32179\ 43100.$$

	100000	00000	00000	00000	
30 ae.	99999	99996	67820	56900	1073741824.
29 ae.	99999	99993	35641	13801	536870912.
28 ae.	99999	99986	71282	27702	268435456.
27 ae.	99999	99973	42564	55589	134217728.
26 ae.	99999	99946	85129	12883	67108864.
25 ae.	99999	99893	70258	38590	33554432.
24 ae.	99999	99787	40516	88629	16777216.
23 ae.	99999	99574	81034	22452	8388608.
22 ae.	99999	99149	62070	25698	4194304.
21 ae.	99999	98299	24147	74542	2097152.
20 ae.	99999	96598	48324	51665	1048576.
19 ae.	99999	93196	96764	73647	524288.
18 ae.	99999	86393	93992	28474	262144.
17 ae.	99999	72787	89835	81819	131072.
16 ae.	99999	45575	87076	62114	65536.
15 ae.	99998	91152	03773	10068	32768.
14 ae.	99997	82305	26024	99026	16384.
13 ae.	99995	64615	25959	97766	8192.
12 ae.	99991	29249	47518	67706	4096.
11 ae.	99982	58574	77102	11873	2048.
10 ae.	99965	17452	79822	51100	1024.
9 ae.	99930	36118	40985	14780	512.
8 ae.	99860	77086	38438	31172	256.
7 ae.	99721	73557	52112	10274	128.
6 ae.	99444	24546	13234	50059	64.
5 ae.	98891	57955	37194	96652	32.
4 ae.	97795	44506	62963	20009	16.
3 ae.	95639	49075	71498	12386	8.
2 ae.	91469	12192	28694	43920	4.
1 a.*	83666	00265	34075	54820	2.
	70000	00000	00000	00000	

図 7.4 Kepler『千対数』n $(0.7)^{1/2^n}$ 2^n の表

したがって

$$\mathrm{Kln}\,70000 = NR\left\{1-\left(\frac{x}{R}\right)^{1/N}\right\}$$

$$= 1073741824 \times 100000 \times 0.00000\ 00003\ 32179\ 43100$$

$$= 35667.49481372221440\cdots.$$

この値を (7.10) 式を使って計算したもの

$$R \ln (R/70000) = 100000 \ln (1/0.7) = 35667.49439\cdots$$

と比べると，ケプラー対数の値は，少なく見積もって有効数字 7 桁の精度を持ち，図 7.5 の対数表に与えられている対数値が精確なことがわかる．ネイピアのものより精度が 1 桁よい．

このことは，ケプラー自身が自覚していた．ケプラーは師メストリンに宛てた 1620 年 4 月の書簡に書いている：

> 対数は，今ではもちろんずっと精確になっています (Etsi logarithmi sunt adhuc accuratiores)．……ネイピアは十分に小さい比から始めなかったので，2 倍の比，つまり 100000.00 の 50000.00 にたいする比の対数に数 69314.69 を得ていますが〔(6.20)〕，しかし私は……この比にたいする対数に，ネイピアのものより 3 単位大きい 69314.72 を得ています．[*13]

実際，現代的な (7.10) 式で計算すれば $R \ln(R/x) = 100000 \ln (100000/50000) = 69314.7181$ で，ケプラーの得た値の精度は，ネイピアのものよりたしかに 1 桁よい．

ケプラーはまた，対数を三角法から分離独立させた．つまり三角関数との関わりを断った．この点においても，ケプラーの立場はネイピアのものと異なる．

この項のはじめに，1619 年の『宇宙の調和』の，正弦と対数に触れた一節を引用したが，そこでは，その後に「円に起源をもつその両者〔正弦と対数〕において (in quibus ex circulo ortis)」と続けられている (図 7.2)．つまり，この時点でケプラーは，対数を円に即して，つまり正弦にたいして定義されると考えていたのである．しかし 1625 年の『補遺』では，その理解は完全に克服されている．すなわち

> 対数は，ネイピアの『記述』を不注意に読むならば，対数が正弦あるい

[*13] *JKGW*, Bd. 18, Nr. 884, p. 7f. 独訳は Bd. 9, p. 464, 仏訳は Naux, 前掲書, p. 132. ネイピアの得た値は図 6.7 の 1 行目の $R \sin 30°$ の対数にもあり，ネイピアは $R = 10^7$ ととっているので対数は 6931469, それに比べて 6931472 は「3 単位大きい」ということ．

ARCUS Circuli cum differentiis	SINUS seu Numeri absoluti	Partes vicesi- mae quartae	LOGARITHMI cum differentiis	Partes sexagenariae
— 4. 45			144. 83	
43. 42. 33	69100.00	16. 35. 2	36961. 54 —+	41. 28
— 4. 45			144. 61	
43. 47. 18	69200.00	16. 36. 29	36816. 93	41. 31
— 4. 46			144. 40	
43. 52. 4	69300.00	16. 37. 55	36672. 53 —	41. 35
— 4. 46			144. 20	
43. 56. 50	69400.00	16. 39. 22	36528. 33 —+	41. 38
— 4. 47			143. 99	
44. 1. 37	69500.00	16. 40. 48	36384. 34 —+	41. 42
— 4. 47			143. 78	
44. 6. 24	69600.00	16. 42. 14	36240. 56 —+	41. 46
— 4. 48			143. 57	
44. 11. 12	69700.00	16. 43. 41	36096. 99	41. 49
— 4. 48			143. 37	
44. 16. 0	69800.00	16. 45. 7	35953. 62	41. 53
— 4. 48			143. 17	
44. 20. 48	69900.00	16. 46. 34	35810. 45 —+	41. 56
— 4. 49			142. 96	
44. 25. 37	70000.00	16. 48. 0	35667. 49 —+	42. 0
— 4. 49			142. 75	
44. 30. 26	70100.00	16. 49. 26	35524. 74	42. 4
— 4. 49			142. 55	
44. 35. 15	70200.00	16. 50. 53	35382. 19	42. 7
— 4. 50			142. 35	
44. 40. 5	70300.00	16. 52. 19	35239. 84 —+	42. 11
— 4. 50			142. 14	
44. 44. 55	70400.00	16. 53. 46	35097. 70 —	42. 14
— 4. 51			141. 95	
44. 49. 46	70500.00	16. 55. 12	34955. 75 —	42. 18
— 4. 51			141. 75	
44. 54. 37	70600.00	16. 56. 38	34814. 00 —+	42. 22
— 4. 52			141. 54	
44. 59. 29	70700.00	16. 58. 5	34672. 46	42. 25
— 4. 52			141. 34	
45. 4. 21	70800.00	16. 59. 31	34531. 12	42. 29
— 4. 52			141. 14	
45. 9. 13	70900.00	17. 0. 58	34389. 98 —	42. 32
— 4. 53			140. 95	
45. 14. 6	71000.00	17. 2. 24	34249. 03	42. 36
— 4. 53			140. 74	
45. 18. 59	71100.00	17. 3. 50	34108. 29 —	42. 40
— 4. 54			140. 55	
45. 23. 53	71200.00	17. 5. 17	33967. 74 —	42. 43
— 4. 54			140. 35	
45. 28. 47	71300.00	17. 6. 43	33827. 39	42. 47
— 4. 54			140. 15	
45. 33. 41	71400.00	17. 8. 10	33687. 24 —	42. 50
— 4. 55			139. 96	
45. 38. 36	71500.00	17. 9. 36	33547. 28 —	42. 54
— 4. 55			139. 77	
45. 43. 31	71600.00	17. 11. 2	33407. 51	42. 58
— 4. 56			139. 57	
45. 48. 27	71700.00	17. 12. 29	33267. 94 —+	43. 1
— 4. 56			139. 37	
45. 53. 23	71800.00	17. 13. 55	33128. 57	43. 5
— 4. 57			139. 18	
45. 58. 20	71900.00	17. 15. 22	32989. 39	43. 8
— 4. 57			138. 98	
46. 3. 17	72000.00	17. 16. 48	32850. 41 —	43. 12
— 4. 58			138. 79	

図 7.5　Kepler『千対数』中の対数表の 1 頁
左から第 1 列 $\sin^{-1}(x/R)$, 第 2 列 x, 第 3 列 $24(x/R)$, 第 4 列 $K\ln x$, 第 5 列 $60(x/R)$. ただし $R = 10^5$. 現代用語で言う真数 x が第 2 列で等間隔にとられていることに注意.

は円の内部の直線に即して生まれたように見えるが，しかし私は対数を，**円の幾何学のまったく外側に**（foris extra Geometriam Circuli），そしてユークリッドの書〔『原論』〕の〔比例論を扱った〕第5巻の範囲内で，構成する．[*14]

こうしてケプラーは，現代的な言い方をすれば，角度（ないし円弧）θ または半弦つまり正弦の長さ $R\sin\theta$ の関数としてのネイピアの対数 $\mathrm{Nln}(R\sin\theta)$ を，実数 x の関数としての対数 $\mathrm{Kln}\,x$ に転換させたのである．

そのことは，ケプラーの『千対数』の対数表の構成に特段に明らかである．

すでに見たようにネイピアの対数表は，等間隔（1分刻み）の角度 θ にたいする $R\sin\theta = 10^7\sin\theta$ と，その対数 $\mathrm{Nln}(R\sin\theta)$ をこの順に並べて表示したもの，つまり角度を変数とした正弦と対数の表（所与の角度にたいする対数を求めるための表）であった．

それにたいして ケプラーの『千対数』における対数表（図7.5）では，2列目に $x = R\sin\theta = 100000\sin\theta$ が等間隔に（正確には，1.00 から 100000.00 まで，そのうち 1 から 10 までは 1 刻みで，10 から 100 までは 10 刻みで，100 から 100000 までは 100 刻みで），都合 1018 個記されている．そしてその左（1列目）にはそのそれぞれの x の値にたいする $\theta = \sin^{-1}(x/R)$ が，そして，その右（4列目）には，そのそれぞれの x にたいする対数 $\mathrm{Kln}\,x$ が記されている（3列目と5列目は，それぞれ $24(x/R)$ と $60(x/R)$ の 60 進小数表示）．つまりケプラーの対数表は，現代用語で言う真数 x を変数とした逆正弦（arcsin）と対数の表なのである．

しかし，ケプラーのこの意図がただちに理解され受け容れられたわけではない．先述のシッカードは 1624 年 9 月にケプラーへの書簡で訴えている：

> 私はそれら〔対数表〕が誰にでも使えるようになったことを嬉しく思っています．そして計算のためのこんなにも優れた手段を手に入れたことを喜んでいます．それら〔ケプラーの対数表〕は 1000 の数にたいして与え

[*14] *JKGW*, Bd. 9, p. 356. 強調山本．

12			Tabularum Rudolphi											
			CANON Logarithmorum et Antilogarithmo-											
Partes	90		91		92		93		94		95		96	Anti
	0		1		2		3		4		5		6	Log
	Pro 10″ Decre.			Dec.		Dec.		Dec.		Der.		Dec.	Decr.46	
0	Infinitum.		404828	275	335528	139	295007	92	266274	69	244006	56	225830	60
1	814257	11553	3175	271	4699	137	4454	92	265859	69	243674	55	554	59
2	744942	6758	401549	267	3876	136	3903	91	446	69	343	55	278	58
3	704396	4795	399949	263	3060	135	3356	91	265034	69	243013	55	225003	57
4	675627	3719	8374	259	2251	134	2811	90	4624	68	242684	55	224729	56
5	653313	3039	6824	255	1448	133	2270	90	4216	68	357	55	456	55
6	635081	2569	5298		330651	132	1731	89	263809	68	242031	54	224183	54
7	619666	2229	3794	247	329861	131	1195	89	404	68	241705	54	223911	53
8	606313	1963	2213	243	9077	130	290663	88	263001	67	380	54	640	52
9	594535	1756	390853	240	8299	129	290133	88	2599	67	241057	54	369	51

図7.6 『ルドルフ表』(1627) に付された対数表の一部
1行目 θ_C, 2行目 $\theta_S = \theta_C - 90°$ として $\mathrm{Kln}(R\sin\theta_S)$ と $\mathrm{Kln}(-R\cos\theta_C)$ の表 (antilogarithm とあるが, それはここでは $-\cos\theta$ にたいする対数の意味). たとえば $\theta_S = 4°7'$, $\theta_C = 94°7'$ にたいして $\mathrm{Kln}(R\sin\theta_S) = \mathrm{Kln}(-R\cos\theta_C) = 263404$.

 られているので, 〔三角法以外の〕他の計算にも役に立つでしょう. この理由で私は, それらをネイピアの対数よりも好んでいます. しかし隠さずに本音を言いますと, 三角法では私はむしろネイピアの表を優先しています. 正弦にたいしてはそれ〔ネイピアの表〕は〔角度の〕1分ごとの値が与えられているのにたいして, 貴兄の表では, 比例の部分を探さなければならず, それは時間を要することであり, 急いでいるときには不便なのです. *15

 このこともあってかケプラーは『ルドルフ表』では, 変数を x とした対数表と変数を θ とした $R\sin\theta$ にたいする対数の表を分けて印刷している (図 7.6).

4. 対数による計算の例

 はじめに言ったように, 太陽系において惑星の公転周期の 2 乗と軌道長半径の 3 乗の比は一定, すなわち公転周期の 2/3 乗は軌道長半径に比例するという

---
*15 *JKGW*, Bd. 18, Nr. 997, p. 215, 英訳は Belyi, 前掲論文, p. 657.

ケプラーの第3法則が発表されたのは1619年に出版された『宇宙の調和』であった.

　天文学者ケプラーのデヴュー作は1596年の『宇宙の神秘』であるが,ケプラーは1621年に同書の第2版を出版し,そこに付した自注にあらためてこの第3法則の証明を記しているが,それはネイピアの対数表に依拠したものであった.この問題は,『千対数の補遺』においても再論されているが,この場合は,自身の対数表に依拠したものである.正弦等のまったく関わることのない計算にたいする対数使用のきわめて初期の(おそらく最初の)印刷された例であり,ケプラーはその計算をそれなりに重視していたように思われるので,ここに記しておこう.

　『宇宙の神秘』第2版の第20章の自注(8)には記されている:

　　惑星〔火星と地球〕の周期687と$365\frac{1}{4}$の立方根が見出され,その立方根が2乗されたならば,これらの2乗における比は,軌道の半径の比に正確に等しい.これらの計算は,クラヴィウスの『実用幾何学』に付されている立方の表によるか,あるいはスコットランドの男爵ネイピアの対数によってより容易に (longe facilius),以下のように容易に実行される.

ここでのケプラーの計算は,すこし整理し数式をもちいて記せば
　T_M = 火星の公転周期 = 687.00 day,　　T_E = 地球の公転周期 = 365.25 day.
これより

$$\mathrm{Nln}\, 100\, T_\mathrm{M} = \mathrm{Nln}\, 68700 = 37547, \qquad \frac{2}{3}\mathrm{Nln}\, 100\, T_\mathrm{M} = 25029 = X_\mathrm{M},$$

$$\mathrm{Nln}\, 100\, T_\mathrm{E} = \mathrm{Nln}\, 36525 = 100715, \qquad \frac{2}{3}\mathrm{Nln}\, 100\, T_\mathrm{E} = 67144 = X_\mathrm{E}.$$

これらの対数 $X_\mathrm{M}, X_\mathrm{E}$ にたいする真数 ($x = \mathrm{Nln}^{-1} X$) は,ネイピアの対数表より

$$x_\mathrm{M} = 77858, \quad x_\mathrm{E} = 51097.$$

この値の比は,地球と火星の軌道半径の比に等しい.ケプラー自身の書き方で

> Ergò Termini Majoris 68700. Log.   37542.
> Termini Minoris   36525. Log. 100740.
> Quantitas ergò proportionis 63198.
> Proportionis verò divisoriae termini 2. 1. faciunt 3. quâ summâ divisa quantitas Proportionis, facit ejus trientem 21066. et duos trientes 42132. Hos aufer à Logarithmo partis minoris 100740.
> Restat 58608.

図 7.7 『千対数の補遺』第 8 章規則 XIV におけるケプラー第 3 法則の証明の一部 対数記号に Log. が使われ，数式による表現に近づいていることがわかる．

は

　この〔77858 と 51097 の〕比は，火星と地球の軌道の比に等しい．というのもこの比を他の値で書き直せば，それは 51097：100000 が 77858：152373 に等しいということになり，これ〔152373〕は，太陽から地球までの距離を 100000 ととる単位で，明らかに火星の平均距離に相当する．[*16]

もちろんこの証明は，やっかいな 2/3 乗の計算を必要としないということが，眼目である．

　おなじ計算を『補遺』では，ケプラーは自身の対数表をもちいてやっている[*17]．そのため数値が少し異なる（訂正されている）が，それだけではなく計算手順も異なっている．なおケプラーの『千対数』は，対数に Log. の形の略号をはじめて使用したと言われている[*18]．そしてその Log. の記号を多用して

[*16]　前頁の引用を含め *JKGW*, Bd. 8, p. 115.
[*17]　*JKGW*, Bd. 9, p. 411f.
[*18]　Cajori, *A History of Mathematical Notations*, Vol. 2, p. 105. しかし公表された文書でなければ，ケプラーは 1619 年 8 月や 20 年 4 月の書簡ですでに Log. の表記を使っている．*JKGW*, Bd. 17, Nr. 850, p. 378, Bd. 18, Nr. 884, p. 10.

いるのが『補遺』である．実際，『補遺』第 8 章の規則 1 の最初の例には
$$23400.00. \text{ Log. } 145243.42$$
のような表記が見られるが，これは
$$\text{Kln } 23400.00 = 145243.42$$
を表している．そこで『補遺』における第 3 法則の証明の部分を図 7.7 に載せ，その部分を以下のように現代的な数式に書き直しておこう[*19]：

$$\text{Kln}(100\,T_\text{M}) = \text{Kln } 68700 = 037542,$$
$$\underline{\text{Kln}(100\,T_\text{E}) = \text{Kln } 36525 = 100740}\ (-$$
$$-63198 = \text{Kln}\left(R\frac{T_\text{M}}{T_\text{E}}\right)$$
$$-63198 \times \frac{2}{3} = -42132 = \frac{2}{3}\,\text{Kln}\left(R\frac{T_\text{M}}{T_\text{E}}\right) = \text{Kln}\left\{R\left(\frac{T_\text{M}}{T_\text{E}}\right)^{2/3}\right\}$$
$$\underline{\text{Kln}(100\,T_\text{E}) = \text{Kln } 36525 = 100740}\ (+$$
$$58608 = \text{Kln}(100\,T_\text{M}) + \text{Kln}\left\{R\left(\frac{T_\text{M}}{T_\text{E}}\right)^{2/3}\right\}$$
$$= \text{Kln}\left\{100\,T_\text{M} \times \left(\frac{T_\text{M}}{T_\text{E}}\right)^{2/3}\right\}.$$

そして自身の対数表から $\text{Kln } 55650 = 58608$ すなわち $100\,T_\text{E}^{1/3}T_\text{M}^{2/3} = 55650$ を読み取り，これより

$$\frac{T_\text{M}^{2/3}}{T_\text{E}^{2/3}} = \frac{100\,T_\text{E}^{1/3}T_\text{M}^{2/3}}{100\,T_\text{E}} = \frac{55650}{36525} = \frac{152360}{100000}.$$

この比は，火星と地球の軌道の長半径の比にほかならない．この計算のほうが，対数の性質をより旨く使っている．

5. ケプラーの功績

『宇宙の調和』刊行後，ケプラーは『ルドルフ表』の完成に取り組むが，その過程でケプラーは，このように対数の独自の基礎づけをおこない，同時に新

[*19] 4 行目の最後の等号は，整数 n に対して (7.5) 式より導かれるつぎの等式を使う：
$$n\,\text{Kln}\,x = \text{Kln}(R(x/R)^n), \quad (1/n)\,\text{Kln}\,x = \text{Kln}(R(x/R)^{1/n}).$$

しく創り出された対数を積極的に取り入れ，天文学における対数使用を定着させることになった．とくにケプラーが対数をもちいて『ルドルフ表』を作成し，それに対数表を付したことで，天文学における対数使用は決定的となった．

いまでは，対数の発案者としてケプラーが挙げられることはないし，対数理論の発展におけるケプラーの寄与が語られることも，Charles Naux が『対数の歴史』で「ケプラーは対数の存在を証明し，それに〈自然な〉理論を与えようとした」と語ってケプラーに1章を設けたことを数少ない例外として[20]，ほとんどない．

しかし科学史家 J. D. North が17世紀の新世界（ブラジル）の天文学者（占星術家）マルクグラフについて書いた論文があるが，そこには，マルクグラフが対数計算に習熟していたことに触れて，「対数の初期の著述家たちは，先行者たち，とりわけもちろんネイピアやケプラーから恥ずかしげもなく借用しがちである」とある[21]．当時ケプラーは，すくなくとも天文学者や占星術家のあいだでは，ネイピアと並んで対数理論の最初の著述家として知られていたようである．

ともあれケプラーは，対数を三角法から独立させ，かつ天文計算への対数使用を確立したことで特筆される．

16世紀中期の10進小数と17世紀初頭の対数の発見（発明？）は，レギオモンタヌスによる『三角形総説』以来一世紀半にして，より精密化する観測に即応して，桁数の多い観測量を処理する数学的手段がほぼ確立されたことを意味している．こうしてポイルバッハとレギオモンタヌスによるプトレマイオスの復活からティコ・ブラーエとケプラーまでの天文学の発展は，計算手法の面においても，17世紀後半の数学的自然科学の隆盛を準備することになった．

それはまた，明確に意識されてはいないにせよ，実数の連続体という観念を形成することになり，のちの解析学と微積分法開発への途を開くことになる．

Florian Cajori の数学史には「15世紀の後期から16世紀を通じて，ドイツ

---

[20] Naux, 前掲書. p.128.
[21] North, 'Georg Markgraf', p. 218.

の数学者は，まことに精確な三角表を構成した．しかしその精確さはかえって計算者の仕事をいちじるしく増大させた．それゆえ，ラプラスが，対数の発見は'骨折りを少なくして，天文学者の生命を二倍にした'と賛美したのも，誇大の言ではない」と指摘されている[*22]．しかし，数学者が精確な三角関数表を作ったから計算者の仕事が増加した，という主張は転倒している．天体観測と天文学自体がより精密になり，そのためにより精確な三角関数表が求められていた，と言うべきであろう．レギオモンタヌスからレティクスへと発展した三角関数表の精密化と充実は，観測天文学の発展を大きく推進したことは事実であるが，逆に観測天文学の発展から刺激を受けてもいたのである．

　いずれにせよ，扱う数の桁数が増したことにより計算の労力が飛躍的に増大したことは事実であり，その負担を軽減させるための方策が求められていたことには変わりはない．レギオモンタヌスの仕事のうちで，彼の時代にもっとも評価されていたのは，1475年から1506年までの30年間にわたる太陽・月・惑星の日々の位置を記した『エフェメリデス』であった．1476年に印刷出版されたこの書は，その後に作られる『エフェメリデス』の標準となったものである．それは「彼のもっとも野心的な仕事」と言われ，「彼自身の労苦にみちた計算による大部な書物」であり，実際，896頁におよび，すくなくとも30万個の数を含んでいる[*23]．そのデータはすべて手計算で求められたのであるが，その労力は想像を絶する．この時点での対数の発見は，当時ほとんど唯一の精密科学であった天文学における計算の労力を軽減するためという，きわめて実際的な動機に導かれたものであった．

[*22] Cajori『初等数学史』下，p. 43.
[*23] Zinner, *Regiomontanus*, pp. 112. 118 ; Gingerich, 'Copernicus and the Impact of Printing', p. 202.

第8章
先行者そしてヨースト・ビュルギ

1. アルキメデスからオレームへ

紀元前3世紀のシラクサのアルキメデス (c. 287 – 212 B.C.) の『砂粒を数える者』には書かれている：

> 1から始まりきまった比をなしている数たち〔の列〕において，そのうちの任意のふたつを掛け合わせるならば，その積はそのおなじ数たちの列に属し，その積は，そのふたつの数のうちの大きいほうのものから，その小さいもののほうがその数の列において1から離れている数だけ離れている．あるいは，その積は，そのふたつの因子の1から離れている数の和からひとつ少ない数だけ1から離れた位置にある．[*1]

もちろんアルキメデスの時代には冪とか指数あるいは数列といった概念は知られていなかったが，現代的に表せば，これは幾何数列（等比数列）
$$A_1 = 1, A_2 = r, A_3 = r^2, A_4 = r^3, \ldots, A_n = r^{n-1}, \ldots$$
において，

[*1] Voellmy, 'Jost Bürgi und die Logarithmen', p. 3 の独訳より． *The Works of Archimedes* ed. by T. L. Heath, p. 229f. の英訳は，英訳というよりは，数式表現をともなった現代風の意訳である．邦訳としては「アルキメーデース "砂計算"」(三田博雄訳) があるが，やはり「等比数列」といったモダンな用語が用いられているので，使わなかった．

$$A_n \times A_m = r^{n-1} \times r^{m-1} = r^{n+m-2} = A_{n+m-1}$$

が成り立つということを言っている．もちろんこれは，後智恵としての関係 $1 = r^0$ を用いて

$$a_0 = 1,\ a_1 = r,\ a_2 = r^2,\ a_3 = r^3,\ \cdots\cdots,\ a_n = r^n,\ \cdots$$

と書き直し，

$$a_n \times a_m = r^n \times r^m = r^{n+m} = a_{n+m}$$

と表現すれば，もっとスマートであろう．幾何数列（等比数列）における積の演算と算術数列（等差数列）における和の演算が同型であるという事実の，知られているかぎりでのはじめての指摘である．

結局，対数とは，この関係を精密化したものであり，その意味では，まさにアルキメデスの上記の言及は，対数発見への第一歩といえよう．ただしアルキメデスにあっては，数の始まりは 1 で，冪指数 n, m は正整数だけが考えられている．対数の発見に到達するには，冪指数に用いられる数概念を，0 を含め，一方では負数に，他方では連続量に，拡張しなければならなかったのであり，そこに到るには，アルキメデスからじつに 17 世紀を要したのである．

冪指数を正の分数にまで拡大した一人は，14 世紀のフランスはノルマンディーの司教のニコル・オレーム (c. 1325-82) であった．オレームの『比の比について (De proportionibus proportionum)』には，分数指数で表される量が論じられている．同書は Edward Grant による羅英対訳が出ているが，すべて言葉で書かれていて，おそろしく読みづらい書物であるが，Grant による解説をたよりに，最小限，必要なところだけ述べておこう．

オレームの言葉使いでは，現代言う「冪」が「倍」と表現されている．テキストにたとえば「A の B にたいする比が知られていて 3 倍とする．したがって B は A の 1/3 である (sit proportio A to B nota que sit tripla. Igitur B erit 1/3 de A)」という表現がある．現代人の感覚で読めば，これは，$A = 3B$ のとき $B = A/3$ と理解されるが，じつはこれは，A が B^3 のとき B は $A^{1/3}$ ということを意味している[2]．ここで分数指数が登場するのであるが，オレームはその分数指数を「部分（単数 -pars，複数 -partes）」という言葉で表現して

---

[2] Oresme, *De proportionibus proportionum*, p. 266f. とその脚注．

いる．その点で，オレームの言葉使いは一貫している．たとえば「他の量の〔複数ないし単数の〕部分 (pars vel partes) であるすべての量には，ふたつの数をあてがうことができる．一方は分子 (numerator)，他方は分母 (denominator) といわれる」というような命題が書かれている．これも現代人には「任意の量 a の部分 b は，n, m を正整数で $1 < m < n$ として，$b = a/n$ ないし $b = ma/n$ と表される」ということのように受け取られるが，そうではなく，これは，「任意の量 B が $(A)^{1/n}$ ないし $(A)^{m/n}$ と表される」ということを言っている．すなわち，英訳者 Grant の解説にあるように，

$B = (A)^{1/n}$ のとき，B は A の部分 (pars),
$B = (A)^{m/n}$ のとき，B は A の部分 (partes)

と表現されているのである[*3]．こうして，オレームによって分数の冪指数が語られたことになる．

そしてこの命題のあとには，言葉で表現されているからきわめてわかり難いが，

$$A = (A)^{m/n} \times (A)^{(n-m)/n}, \quad A = \{(A)^{n/m}\}^{m/n}$$

に相当する命題が続けられている．これは，

$$x^k \times x^l = x^{k+l}, \quad \{x^k\}^l = x^{kl}$$

という既知の指数法則の，分数指数への拡大に他ならない．

しかしブルバキの『数学史』には「オレームの理念はその時代の数学から進み過ぎており，同時代の人々には影響を及ぼさず，彼の著作は急速に忘却のうちに沈んだ」とある．実際にも，Cajori の書にあるように「この方面〔指数論〕では，以前にオレームの努力があったが，それはまったく無視された」のであった[*4]．

2. ニコラ・シュケー

パリ大学出の医師で，その当時イタリアや南フランスで盛んになっていた商業数学に取り組んでいたリヨンの医師ニコラ・シュケー (c. 1500 没) は，1484

[*3] 同上，p. 180. Grant, 'Introduction', p. 26.
[*4] Bourbaki『数学史』下，p. 31 ; Cajori『初等数学史』下，p. 197.

年の『数の科学における三部分 (*Le Triparity en la science des nombres*)』において，アルキメデスが指摘した幾何数列と算術数列の対応をより明確に表現している：

　比例する数たちのすべては，どのような比率であれ，つねに1から始まり，1のすぐ後にくる最初のものがその比率を数え，それに続いて第2のものが，そしてその結果としてその他のものが続くところの，ひとつの数の列を構成する．かくのごとくに整列されたこのような数たちは，そのうちのひとつが自分自身と掛け合わされたならば，掛け合わされた数の2倍の番号に位置する比例数になる．かくして，2番目のものをそれ自身と掛け合わすならば，4番目のものが生じ，3番目のものをそれ自身と掛け合わすならば，6番目のものが生じ．そして他のものも同様である．**さらに，それらのうちのひとつを他のひとつと掛け合わせ，そして掛け合わされるふたつの数の位置する順位を足し合わせるならば，掛け合わせたことによって生じる数の置かれるべき順位が得られる．すなわち，その積が〔その数の列の〕何番目であるのかを見出すことができる．**かくして，2番目と3番目を掛け合わせるならば，そのことで5番目が生じ，3番目と5番目を掛け合わせるならば，8番目の数が生じる．たとえば2倍の比率の場合，2倍の〔比率の数の列の〕2番目である4を自分自身と掛け合わせると，16が生じるが，それは〔その数の列の〕4番目であり，2倍の〔比率の数の列の〕3番目である8を自分自身と掛け合わせると，6番目である64が生じる．そしてまた，最初の2倍である2を，2番目の2倍である4と掛け合わせると，8になるが，それは3番目である．というのも，その順序である1を2と足すと3だからである．同様に，3番目である8を5番目である32と掛けると256が得られるが，それは欄外に記したように3に5を足した8番目の順序である．そして1で始まるすべての比率〔の数の列〕について，そのことは理解されるであろう．[*5]

[*5] *The Triparty* in *Nicolas Chuquet, Renaissance Mathematician*, p. 67. 強調山本．

この後には，項比が分数であるときもこの規則が成り立つことが語られている．

そして『三部分』の第3部では，順位と数のふたつの数列のそれぞれの項を「指標 (dénominations)」，「真数 (nenners)」と命名し，

| 指標 | 0 | 1 | 2 | 3 | 4 | 5 | 6 | 7 | 8 | 9 | … | 16 | … |
| 真数 | 1 | 2 | 4 | 8 | 16 | 32 | 64 | 128 | 256 | 512 | … | 65536 | … |

のように対応づけ，「比例する数の列の秘密」としてあらためて上記の規則，すなわち1に始まる幾何数列の項のあいだの積と0で始まるその指数の和の同型を，具体例で記している[*6]．

こうしてシュケーは冪指数の重要性に着目したのであり，冪乗を「多重性 (diversité)」という言葉で表現した．その「多重度」を表すのが「指標」である．すなわち，「指標」は現在用語での「冪指数 (power index)」に相当する．

そのことは，彼の方程式論に明白である．彼は方程式の未知数にたいして指数記法を導入したのであった．

それまでの方程式論は，商業数学の普及していたイタリアでとくに発展していたのであるが，未知数 x はイタリア語の「物」を指す「コサ (cosa)」と呼ばれていた．同様に，x^2 は「ケンソ (censo)」，x^3 は「クーボ (cubo)」，x^4 は「ケンソ・ディ・ケンソ (censo di censo)」と呼ばれ，それに応じて方程式も言葉で表されていた[*7]．そのさい，定数項は「ニューメロ (numero)」つまり「数」と記される．

これらの言葉の意味は，14世紀中期にイタリアの俗語で書かれた，アラビア語からの訳と見られる実用数学の手稿 (*Aliabraa-Argibra*) に書かれている．

> コサ (cosa) は長さであり，ケンソ (censo) の根であって，それが 'cosa' (物) と呼ばれるのは，この言葉 'cosa' (長さ) は世界のすべての事物に属するからである．一般的にケンソは面積 (anpiezza superficiale) で

[*6] 同上，pp. 151-3.
[*7] 拙著『一六世紀文化革命』1，第8章4, pp. 334-6.

あり，コサの自乗である．……クーボ (cubo) は立体の量 (grossezza chorporale) であり，それはコサの長さとケンソの面積を内包する．*8

そして，たとえば 1494 年のルカ・パチョリ (c. 1445-1515) のイタリア語の『算術大全 (Summa de Arithmetica)』には，方程式のタイプの分類が

Censo de Censo equale a numero	i.e. $ax^4 = b$,
Censo de Censo equale a cosa	i.e. $ax^4 = bx$,
Censo de Censo equale a censo	i.e. $ax^4 = bx^2$,
Censo de Censo e numero equale a censo	i.e. $ax^4 + b = cx^2$

のように記されている*9．もちろん右側は現代の表記であり，当時，方程式はこのように言葉で表されていた．この時代の代数学が「修辞代数」と呼ばれる所以である．

それにたいしてシュケーは未知数 x を「第 1 次 (premiers)」と呼び，ax を a^1 で表し，「ケンソ」と呼ばれていた ax^2 を「第 2 次 (seconds)」と呼び a^2 で表し，「クーボ」にあたる「第 3 次 (tiers)」ax^3 を a^3，「ケンソ・ディ・ケンソ」にあたる「第 4 次 (quarts)」ax^4 を a^4 と表した．そしてさらに「指標」を導入することにより，さまざまな「多重度」を，個別的な意味をもつかぎられた言葉によってではなく，一貫した発展性のある用語で数値的に表したのである．

その利点についてシュケーは，語っている：

これまで人々は，私が第 1 次の項と名づけたものをコサと呼んだ．彼らは第 2 次の項をケンソ，第 3 次の項をクーボ，第 4 次の項をケンソ・ディ・ケンソと呼んだ．**そして彼らはそこで立ち止まり，それ以上にはほとんど進まなかった．**そのような名づけ方は，すべての多重度をカヴァーす

---

*8 Franci and Rigatelli, 'Towards a History of Algebra from Leonardo of Pisa to Luca Pacioli', p. 36.
*9 拙著，前掲書，第 5 章 3，p. 346f.

るには不十分である．というのも，多重度は数限りないからである．*10

　つまり，表記の仕方の巧拙はともかく，シュケーのこのやり方の利点は，ひとつには，高次の項すなわち未知数の 2 乗，3 乗，4 乗だけではなく，5 乗，6 乗，……，n 乗も，まったく同様に $a^5, a^6, \ldots, a^n$〔すなわち $ax^5, ax^6, \ldots, ax^n$〕のように無制限にかつ統一的に扱えることにある．
　しかし利点はそれだけではない．決定的なことは，シュケーが定数項 a も「順位」0 の数として a^0〔すなわち ax^0〕として「多重度」のなかに包摂されるとしたことにある．すなわち「人は，……任意の数を単純に順位なきもの，ないしその指標が 0 のものと解釈することができる．それゆえ，以後，これらの数にたいしても，12^0, 13^0〔すなわち $12x^0, 13x^0$〕のように，右肩にその指数を付けることにしよう．」こうしてシュケーは，冪指数に 0 を含めたのである*11．
　それだけではない．「多重度」に多重根や負の冪を含めることで，シュケーは冪指数を自然数以外にまで拡大した：

　　そしてまた，上述の多重度のそれぞれは，2 乗根，3 乗根，4 乗根，5 乗根，……〔にたいするもの〕でも可能であり，それらにたいしては $R^2 12^1, R^2 12^2, \ R^2 12^3, R^2 12^4, \ldots, R^3 12^1, R^3 12^2, \ R^3 12^3, R^3 12^4, \ldots, \ R^4 12^4, R^6 12^6, \ldots$ のように表されることを理解しなければならない．
　　……．
　　そしてまた，その真数が正ないしときには負であっても，また指標が負であることもある．たとえば，12^1，ないし 12^2，ないし 12^3 等のように，真数もその指標も同時に正でありうる．〔この場合は〕真数も指標もプラス記号が付けられていないが，それは正と考える．ときには，$12^{1\overline{m}}$ のように表しうる「12 のマイナス 1 次」，あるいは $\overline{m} 12^1$ のように表しうる

---

*10 Chuquet, 前掲書, p. 147. 強調山本．なお，以下の引用は同書 p. 146f. より．
*11 なお，$a \neq 0$ にたいして $a^0 = 1$ の関係は，すでに 15 世紀にアル＝カーシーが著作で記しているとされる．グレイゼル『数学史』II, p. 75.

第8章　先行者そしてヨースト・ビュルギ　197

「マイナス 12 の 1 次」のように，〔真数と指標の〕一方が正で他方が負のこともある．そしてときには，m̄12²ᵐ̄ のように表しうる「マイナス 12 のマイナス 2 次」のようなものもある．ここでは 12 の場合について言ったが，他のすべての数についても同様に理解される．

シュケーは現代数学での根号（$\sqrt{\ }$）およびプラス（＋）とマイナス（－）の記号を，それぞれ R および p̄ と m̄ で記しているのであり，もちろん現代の表記法では，$R^n 12^k$ は $(12x^k)^{1/n}$ を表し，$12^{1\bar{m}}$ は $12x^{-1}$，$\bar{m}12^1$ は $-12x$，$\bar{m}12^{2\bar{m}}$ は $-12x^{-2}$ を表す．

この表現のかぎりでは，冪指数を分数一般にまで拡大したと見るのはやや困難であるにせよ，シュケーは冪指数をすくなくとも負数（負の整数）にまで拡張したと言えるであろう．それは幾何数列と算術数列の対応から対数の導入にいたる過程へのきわめて重要な一歩であった．ここでも，ブルバキの『数学史』には「シュケの著作は手写本にとどまり，広く流布されたようには見えない」とあるが，しかし「指数の《算術数列》と冪の《幾何数列》の同型の理念は，もはや失われずに進んでゆく」とある[*12]．

3. シュティーフェル

シュケーが語ったこの対応の「秘密」，すなわち指標の和と真数の積の対応関係（同型性）を，もっと一般的でもっと明確な形で表現したのは，ドイツ人でルター派の聖職者ミカエル・シュティーフェル（c. 1487-1567）の 1544 年の『算術全書（*Arithmetica integra*）』であった．すなわち

1. 算術数列における和は，幾何数列における積に対応する，
2. 算術数列における差は，幾何数列における商に対応する，
3. 算術数列においてなされる（数の数への）たんなる積は，幾何数列における自身との積に対応する，

[*12] Bourbaki，前掲書，下，p. 32.

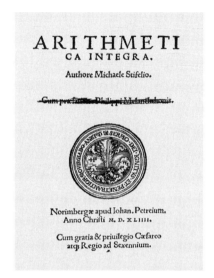

図 8.1 ミカエル・シュティーフェル『算術全書』
「フィリップ・メランヒトンの序文をともなう」との一行が手で消されている.
D. E. Smith, *Rara Arithmetica* より

4. 算術数列における割り算は,幾何数列における累乗根に対応する.[*13]

現代的にあらわせば,

$$\begin{aligned}&1.\ r^{m+n}=r^m\times r^n, \quad &&2.\ r^{m-n}=r^m\div r^n,\\ &3.\ r^{m\times n}=(r^m)^n, \quad &&4.\ r^{m\div n}=\sqrt[n]{r^m}\end{aligned} \tag{8.1}$$

となる.

[*13] 原文は
1. Additio in Arithmeticis progressionibus respondet multiplicationi in Geometricis,
2. Subtractio in Arithmeticis respondet in Geometricis divisioni,
3. Multiplicatio simplex (id est, numeri in numerum) quae fit in Arithmeticis respondet mulutiplicationi in se quae fit in Geometricis,
4. Divisio in Arithemticis progressionibus respondet extractionibus radicum in progressionibus Geometricis.
引用は, Kaunzner, 'Logarithms', p. 215 の英訳,および D. E. Smith, 'The Low of Exponents in the Works of the sixteenth century', p. 86 note ; Gieswald, *Justus Byrg als Mathematiker und dessen Einleitung in seine Logarithmen*, p. 20f ; Coolidge, *The Mathematics of Great Amateurs*. second ed., p. 72 のラテン語引用より.

第8章　先行者そしてヨースト・ビュルギ　199

じつはシュティーフェルの書を直接見ることはできなかったが，D. E. Smith によれば，彼はさらに冪指数を負の数にまで拡張したとされる[*14]．すなわち，シュケーによる幾何数列と算術数列の対応が，負の指標にまで拡大された形で示されている：

$$\cdots \quad -3 \quad -2 \quad -1 \quad 0 \quad 1 \quad 2 \quad 3 \quad 4 \quad 5 \quad 6 \quad 7 \quad 8 \quad 9 \quad \cdots$$
$$\cdots \quad \frac{1}{8} \quad \frac{1}{4} \quad \frac{1}{2} \quad 1 \quad 2 \quad 4 \quad 8 \quad 16 \quad 32 \quad 64 \quad 128 \quad 256 \quad 512 \quad \cdots$$

のみならず彼は，後に英語で「冪指数 (exponent)」と呼ばれることになる用語を導入している．すなわち，このふたつの数列の対応を示し，「ここでたとえば（上の列の）3と5を足せば8であるが，それに応じて（下の列の）8と32を掛けたならば256になる．ところで3は8の指数，5は32の指数で，8は数256の指数である (Est autem 3 exponens ipsius octonarij, & 5 est exponens 32, & 8 est exponens numeri 256)」と続けている[*15]．

このシュティーフェルの到達点にたいして，1948年に Erwin Voellmy は語っている：

これは，計算操作の簡単化への明確な見通しをともなった対数計算規則の完全な列挙に匹敵する．ミカエル・シュティーフェルは，対数計算の理論を明確に見通し，かつ表現した最初の数学者である．[*16]

正直なところ，ちょっと褒めすぎの感も否めない．実際には，ここから実用的な対数の発明へは，対数表の作成という，大きな難関が残されていたのである．

[*14] D. E. Smith, *History of Mathematics*, Vol. 2, p. 521, および前掲論文, p. 86. See also Kaunzner, 前掲論文, p. 215；Boyer『数学の歴史』3, p. 20；三浦『数学の歴史』p. 156.
[*15] D. E. Smith, 同上, p. 85, ラテン語の exponens は動詞 exponere（外に置く，並べる，語る）の現在分詞で，直訳すれば「3は8を示し，5は32を示し，8は数256を示している」であるが，現在分詞を名詞的に訳せば本文の引用のようになる．
[*16] Voellmy, 前掲論文, p. 5.

4. ステヴィンの利子表

　知られている対数表の最初の作成は，すでに述べたようにネイピアによるが，実はほとんど同時に，ヨースト・ビュルギがおこなっていた．その時期がいつのことかについては，いくつかの説があるが，広い見方では 1588 年から 1611 年の間，狭い見方でも 1603 年から 1611 年の間のことと考えられている[*17]．いずれにせよ 1611 年には作られていたようである．ビュルギの表は，時期的に考えてもネイピアのものとは独立であるが，発想法においても異なる．ネイピアのものは，点の運動という幾何学的な表象にもとづくものであったが，算術数列と幾何数列の対応というシュケーやシュティーフェルに引き継がれた算術的な推論から対数表にゆきついたのは，ビュルギであった．

　ビュルギの対数表は，後節で詳しく見るが，基本的には，整数 n にたいする

$$10n \quad \longleftrightarrow \quad 10^8(1+0.0001)^n \tag{8.2}$$

の対応表である．これについて，グレイゼルの『数学史』には「ステヴィンの〔利子の〕表はスイスのビュルギにとって最初の対数表の作成への刺戟となった」とある[*18]．1947 年の「数学思想史序説」に「ビュルギの対数発案の刺戟が複利算表にあり」と記した近藤洋逸は，翌 48 年の論文「近代数学史論」で，一方でビュルギがシュティーフェルに影響され，指数法則の知識から対数に思いいたったことはよく知られていると記し，他方ではつぎのように語っている：

　　いま述べているビュルギの考えが利息算と密接な関係をもっていることは述べるまでもあるまい．元利合計を S, 元金を P, 利率を r, 期間の数を n とすれば

$$S = P(1+r)^n \tag{8.3}$$

の関係のあることは誰しも知るところであるが，そこで面倒な計算を要求

[*17] Kaunzner, 前掲論文, p. 216, グレイゼル, 前掲書, p. 82；Cajori, 'Algebra in Napier's Day and alleged prior Inventions of Logarithms', p. 102；Maor, *e; The Story of a Number*, p. 14. Maor は 1588, Kaunzner は 1588-1611, グレイゼルと Cajori は 1603-1611.

[*18] グレイゼル, 前掲書, p. 81.

するのは $(1+r)^n$ である．このことからビュルギが対数工夫の示唆と刺戟を受けたと言えないであろうか．実に利息計算は指数法則をもっとも強く鮮やかに全面に押し出すものをもっている．即ちそこでは同じ項が何回も乗ぜられるという必要があるからである．ところでこの点については，三角関数から出発したネーピアと些か相異なる事情をもっている．[19]

たしかに利息計算から対数表（正確には逆対数表）への発展あるいは移行は，想像されることではある．そして実際，シモン・ステヴィンによって銀行業における利子表が公表されたのは，ビュルギが対数表作成に取り組みをはじめるすこし前のことであった．すなわち『ブルッヘの人シモン・ステヴィンにより計算されたる利子表およびその作成法』（『利子表』）がオランダ語で出版されたのは1582年であり，1585年のステヴィンの『算術』にはそのフランス語版が収録されている[20]．

しかし，ビュルギ自身がこれを読んだという確かな証拠もなく，実際にこのステヴィンの仕事から刺戟を受けたということも，直接的には立証されてはいない．

5. ヨースト・ビュルギ

錠前鍛冶の子としてスイスのリヒテンシュタイクに1552年に生まれたビュルギは，1579年，27歳のとき，天体観測に多大な関心を有していたヘッセン方伯ヴィルヘルムⅣ世（1532 - 1592）に時計技師として雇われ，伯爵の観測施設のあるカッセル城でクリストフ・ロスマンの天体観測に協力した．技術者としてはきわめて有能で，精密な天体時計や天球儀を製作したことで知られている．1584年から89年にかけてカッセルの天体観測は最盛期を迎え，この時期，カッセルは中部ヨーロッパにおける天体観測の拠点となったが，それには

---

[19] 近藤「数学思想史序説」『近藤洋逸数学史著作集』第2巻，p.8,「近代数学史論」同第3巻，p.305.
[20] Devreese and Vanden Berghe『科学革命の先駆者 シモン・ステヴィン』第5章3参照．

図 8.2 ヨースト・ビュルギ (1552-1632)
1619 年にルドルフⅡ世の宮廷画家 Egidius Sadeler によって描かれた 67 歳の肖像．一介の機械技師の肖像が残されているということは，ビュルギがいかに重視されていたかを物語っている．

ビュルギの貢献も大きかったと見られている．そして時計にはじめて分針をつけたのは彼だと伝えられる．彼の製作した時計は，天体観測に使用しうる精度をもったはじめての時計と言われている．1592 年には，神聖ローマ帝国皇帝ルドルフⅡ世（在位 1576-1612）の要請で，皇帝のための天体時計を製作している．

しかしそれだけではなくビュルギは数学にも大きな才能を示すことになった．ヴィルヘルムⅣ世は，ティコ・ブラーエへの 1586 年の書簡で，ビュルギのことを「いま一人のアルキメデス」と評価したと言われる[21]．彼は高等教育を受けていないが，天体観測の過程で数学の知識を身につけたと思われる．ロスマンがカッセルを去った後，1590 年には，ビュルギはカッセルの公式の

---

[21] Dreyer, *Tycho Brahe*, p. 134 ; Caspar, *Kepler*, p. 165 ; Naux, *Histoire des Logarithmes de Napier a Euler*, Tome 1, p. 94 ; Hawkins, 'The mathematical Work of John Napier (1550-1617)', Vol. 2, p. 358.

数学官——天体観測士——に任命されている．

その後，1603年もしくは04年からはプラハのルドルフⅡ世のもとで働くが，そこでヨハネス・ケプラーと出会うことになる．ケプラー全集を編集したMax Casparの『ケプラー伝』には「〔プラハにおいて〕ケプラーとビュルギはしばしば手を携えて共通の仕事に取り組み，議論を交わした．器械職人〔ビュルギ〕は，腕の器用さによって友人〔ケプラー〕を助け，数学者〔ケプラー〕はその学問的な教育によって相方を助けた」とある[*22]．ケプラーは，ビュルギの数学的才能を高く評価していたのである．ケプラーの1609年の書『新天文学』の43章には記されている．

> 『精巧さについて』という書の円の特性を説明している箇所でカルダーノが手ずから教示するところに従うと，$89°$の正割と正接を足し合わせたものは，半円全体のあらゆる角度の正弦の和とちょうど等しくなる．ヨースト・ビュルギはこの課題の証明をしたと明言している．

ここに書かれているのは
$$\sin 1° + \sin 2° + \sin 3° + \cdots + \sin 180° = \tan 89° + \sec 89°$$
ということで，これをビュルギがどのように導いたのかはわからないが，現代的には脚注に記したように証明される[*23]．脚注の証明は，今ではなるほど初等的であるが，17世紀初めにこの結果を導いたということは，ビュルギが数学の相当の使い手であったことを示している．ビュルギはまた正弦表も作成し

[*22] Caspar, 前掲書，p. 165.
[*23] Kepler『新天文学』*JKGW*, Bd. 3, p. 284, 邦訳 p. 417f. 現代的な証明は以下のとおり：
m を整数，$\varepsilon \neq m\pi$，$\sin \varepsilon \neq 0$ として
$$2\sin(\varepsilon)\sum_{k=1}^{n}\sin(2k\varepsilon) = \sum_{k=1}^{n}[\cos\{(2k-1)\varepsilon\} - \cos\{(2k+1)\varepsilon\}]$$
$$= \cos(\varepsilon) - \cos\{(2n+1)\varepsilon\} = 2\sin(n\varepsilon)\sin\{(n+1)\varepsilon\}.$$
$$\therefore \sum_{k=1}^{n}\sin(2k\varepsilon) = \frac{\sin(n\varepsilon)\sin\{(n+1)\varepsilon\}}{\sin(\varepsilon)} = \frac{\sin(n\varepsilon)[\sin\{(n+2)\varepsilon\} + \sin(n\varepsilon)]}{\sin(2\varepsilon)}.$$
最後の等号は，その前の式の分母と分子に $2\cos(\varepsilon)$ をかけて，倍角の公式と積・和の公式を使えばよい．ここで $n=180$，$\varepsilon = 1°/2$，したがって $n\varepsilon = 90°$ とすれば，$\sin(n\varepsilon) = 1$，そして $\sin(91°) = \sin(89°)$，$\sin(1°) = \cos(89°)$ ゆえ，証明すべき式が厳密に導かれる．

たと伝えられるが，これも印刷されることはなかった．W. F. Hawkins の言うように「この時代の三角法を扱う彼の手腕を考慮するならば，理論においても実践においても，ビュルギにたいして真の数学者（a real mathematician）の地位を否定することは困難である」[*24]．

そしてまたビュルギは，ステヴィン以降，かなり早い時期に 10 進小数を使用したことでも知られている．ケプラー自身も，ビュルギについて 1606 年には「数学の知識と思索においては，そこいらの教授たちにひけをとらない」と高く評価し，1619 年の著書『宇宙の調和』においても「イタリアでコサと呼ばれる解析学の教説」すなわち代数学の分野において，ビュルギが「この分野で非常に巧妙な驚くほど多くの発見をした」と記している[*25]．

そのビュルギは，ネイピアと独立に，そしてほぼ同時期に，対数表を創りあげた．そして「実際の計算を簡単化するために対数の原理を使用した最初の人物」と言われている[*26]．グレイゼルの『数学史』によると，ビュルギがこの表を作成するために，計算を始めたのが 1603 年で，完了したのが 8 年後の 1611 年，その間に 1 億回を越える掛け算を行ったとある[*27]．しかしビュルギの対数表が印刷されたのが 1620 年であったために，1614 年に対数表を発表したネイピアが対数の発明者として記されることになった．Cajori の論文には「ヨースト・ビュルギがネイピアと独立に対数を考案したことはよく知られてはいるが，しかしネイピアの書にたいする称賛がヨーロッパ中に隈なく響き渡るまで公表しなかったため，彼はプライオリティーにかんするすべての権利を失った」とある[*28]．

その経緯について，ケプラーは 1627 年の『ルドルフ表』に書いている：

> ヨースト・ビュルギは，計算を重視していたので，ネイピアの書が世に

[*24] Hawkins, 前掲論文，Vol. 2, p. 360.
[*25] Kepler, *De Stella Cygni*, *JKGW*, Bd. 1, p. 307, 『宇宙の調和』*JKGW*, Bd. 6, p. 50, 邦訳 p. 69.
[*26] Caspar, 前掲書，p. 165.
[*27] グレイゼル，前掲書，II, p. 82.
[*28] Cajori, 'History of the Exponential and Logarithmic Concepts I', p. 7, 同 'Algebra in Napier's day and alleged prior inventions of Logarithms', p. 104f. 参照.

出る何年も前に (multis annis ante editionem Neperianam), まったく同様の対数への道を歩むことになった. しかし, 慎重でしかもきわめて非社交的であったこの人物は, わが子〔対数〕を一般の便宜に供するために育てあげることをせずに, 生まれたままに放置していたのである.[*29]

彼が進んで印刷しようとしなかった理由について Naux は「文字文化への馴染みの薄さとラテン語の知識の欠如が, おそらくその原因であろう」と推測している[*30]. あるいは, 天体観測の世界で一種の企業秘密のようなものとされていたのかもしれない.

ビュルギが作成した表は「算術数列と幾何数列の表, すべての計算にとってどのように有用に使用され理解されるべきかの基本的な指示をともなう」というタイトルのもので, 1620 年に表の部分だけがプラハで印刷された. 標題の後半に書かれている使用説明書の部分は, ようやく 1856 年になって手稿が発見され, Gieswald によって公表された. そこにはつぎのように書かれている:

> 算術数列と幾何数列のふたつの数列の性質と対応, すなわち後者における積と前者における和, 後者における商と前者における差, 後者における開平と前者における 2 等分の対応を考察することにより, …… 私は, これらの表の基本的な由来と無関係に, 問題となっているすべての数がそこに見出されるようにこれらの表を拡大することがきわめて有用であることを見出した. 代数学や方程式論にとっていかに有用であれ, 乗法や除法や開平につきまとう困難を回避することができるだけではなく, より重要なことは, 与えられたふたつの数のあいだの欲するだけの幾何学的平均を与えることができることにある. この表がなければ計算がいかに困難であるのかについては, この分野で少しでも仕事をした者であれば, 誰しも承知のことであろう.[*31]

[*29] *JKGW*, Bd. 10, p. 48. この部分の英訳とラテン語原文は Goldstein, *A History of Numerical Analysis from the 16th through the 19th Century*, p. 22f. にあり.
[*30] Naux, 前掲書, p. 93.
[*31] Gieswald, 前掲書, p. 26, 英訳は Kaunzner, 前掲論文, p. 216.

6. ビュルギの対数表とその使用法

図にビュルギの表の扉と全58頁のうちの1頁を掲げる（図8.3, 8.4）．表は赤数字（Rote Zahl）n と黒数字（Schwartze Zahl）x の対応表で，両者の関係は

$$x = 100000000\left(1+\frac{1}{10000}\right)^{n/10} \tag{8.4}$$

で与えられている．赤数字 n を黒数字 x にたいする「対数（ビュルギ対数）」すなわち $n = \mathrm{Bln}\, x$ とすれば，上式がビュルギ対数の定義である．

定義より $x = 10^8$ で $n = 0$, すなわち $\mathrm{Bln}\, 10^8 = 0$ であり，この定義は

$$\left(1+\frac{1}{10000}\right)^{10000} = 2.7181459\cdots \doteqdot e = 2.7182818\cdots$$

として現代風に表現すれば

$$x \doteqdot 10^8 \exp(n/10^5) \quad \text{i.e.} \quad n = \mathrm{Bln}\, x \doteqdot 10^5 \ln(10^{-8}x). \tag{8.5}$$

そしてふたつの表は，ともにビュルギ対数にたいする逆対数表——等間隔に与えられた対数（赤数字）にたいする真数（黒数字）の表——になっている．

いくつかの n にたいする x の表の値と，もとの (8.4) 式からの直接の計算結果，および解析的な近似式 (8.5) による計算結果を示しておこう．

n	table	$10^8(1+10^{-4})^{n/10}$	$10^8 \exp(n/10^5)$
20	100020001	100020001.0	100020002.0
580	100581656	100581656.1	100581685.3
1140	101146465	101146465.1	101146522.8
1700	101714446	101714445.8	101714532.2
2260	102285616	102285615.9	102285731.5
2820	102859993	102859993.4	102860138.4
3380	103437596	103437596.3	103437771.0
3440	103499674	103499674.3	103499852.3

ビュルギの表は有効数字 8 桁まで正しく，e を底とした自然対数によるその近似では，有効数字 6 桁くらいまで得られることがわかる．H. H. Goldstein の書に「ビュルギの表の私による無作為なチェックは，それがきわめて正確 (quite accurate) であることを示している」と記されているとおりである[*32]．

扉の円形の図の中央にある「全赤数字 (Die ganze Rote Zahl) 230270̊022，および全黒数字 (Die ganze Schwartze Zahl) 1000000000」において，̊00 は小数点 0.0 を表し，これは

$$100000000\left(1+\frac{1}{10000}\right)^{230270.022/10} = 1000000000$$

を意味している．実際に計算すると

$$100000000\left(1+\frac{1}{10000}\right)^{230270.022/10} = 999999999.7$$

で，誤差は 10^9 にたいしてじつに 0.3 で，たしかに「きわめて正確」と言える[*33]．

これだけであれば，ビュルギの表は，正確ではあれ，たんなる逆対数表 (真数表) で，そのかぎりではステヴィンの利子表と同レベルであるが，実際には，ビュルギは，この表のタイトルが示しているように，もともと表に対数としての使用法をいくつかの実例で記していた．それは 1856 年に Gieswald によって公表された．もっとも Gieswald のものは，古いドイツ語であるだけではなく，ラテン語の引用部分をのぞいて，古い花文字の活字で，私にはとても読めるものではなく，Goldstein による記述を記しておく[*34]．

ひとつの例は，945919848 : 100160120 = 880122800 : D となる D を三数の規則より求めるもので，

[*32] Goldstein, 前掲書, p. 20.
[*33] 扉の円形の表では，外側の数字 (赤数字) 230270 にたいして内側の数字 (黒数字) が 100000000 とあり，これは誤植で 1 桁少なく，欄外に 0 と手書きで付け加えられている．同様に赤数字 5000 にたいする黒数字 105126407 は，正しくは 105126847 で，これも手書きで訂正されている．
[*34] Gieswald, 前掲書, p. 30; Goldstein, 前掲書, p. 20f.

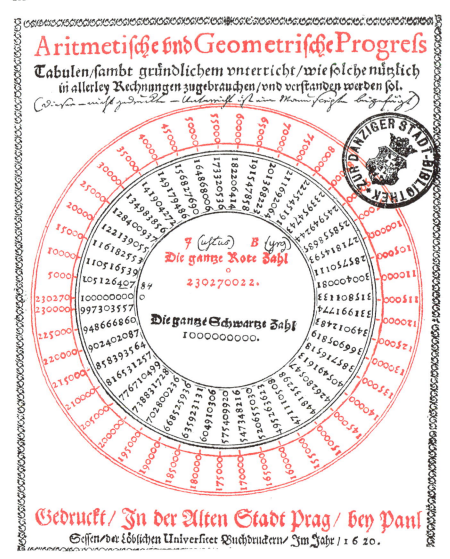

図 8.3　ビュルギの対数表 (1620) の扉
230270̊022 は 230270.022 を表す.

図 8.4 ビュルギの対数表の第 1 頁　黒数字が真数で，赤数字がビュルギ対数

黒数字（真数）	赤数字（対数）
$A = 945819848$	$\alpha = 224710,$
$B = 100160120$	$\beta = 160,$
$C = 880122800$	$\gamma = 217500$

の値が使用されている．これより，三数の規則 $D = BC/A$ に対応する対数の関係は，$\delta = \beta + \gamma - \alpha = -7050 < 0$ となるので，$\varepsilon = 230270.022$ を用いて

$$\delta' = \delta + \varepsilon = 223220.022. \tag{8.6}$$

これに対応する黒数字（真数）は，表より $D' = 10^8(1+10^{-4})^{\delta'/10} = 931931024$．こでさらに

$$\begin{aligned}
D' &= 10^8\left(1+\frac{1}{10000}\right)^{\delta'/10} = 10^8\left(1+\frac{1}{10000}\right)^{(\delta+230270.022)/10} \\
&= 10^8\left(1+\frac{1}{10000}\right)^{230270.022/10} \times \left(1+\frac{1}{10000}\right)^{\delta/10} \\
&= 10^9 \times \left(1+\frac{1}{10000}\right)^{\delta/10} = 10 \times D
\end{aligned}$$

の関係を使用すれば，$D = D' \div 10 = 93193102.4$ が得られる．

このように単に逆対数表を作成しただけではなく，その対数計算における使用法を明らかにした点において，ビュルギはネイピアとならぶ対数の発明者に数えることができる．

ビュルギは 1632 年にカッセルで死亡し，当地の墓地に埋葬された．彼の墓は今では失われているが，墓地の台石には墓碑銘が刻まれている[*35]：

ヘッセン方伯と皇帝の時計師にして数学者
ヨースト・ビュルギこの墓地に眠る．
1552 年 2 月 28 日にスイスはリヒテンシュタイクに生まれ，
1632 年 1 月 31 日にカッセルにて死亡．
測定装置と天球儀の天才的な設計者にして，
16 世紀のもっとも精密な時計の製作者，
そして対数の発明者であった．

[*35] Havil, *John Napier : Life, Logarithms, and Legacy*, p. 269 より．

第9章
常用対数の誕生

1. ヘンリー・ブリッグス

　ネイピアによる対数の提唱にもっとも鋭敏に，そしてもっとも熱烈に反応したのは，ロンドンのグレシャム・カレッジの教授ヘンリー・ブリッグス (1561-1630) であった．1615 年 3 月にブリッグスは知人への手紙で「私は最近見いだされた対数という素晴らしい発明にはまっています」としたため[*1]，表明している：

　　　マーチストンの城主ネイピア氏は，氏の新しい驚くべき対数でもって，私の身も心も虜にしました．神の思し召しがあれば，私はこの夏にも氏にお会いしたいと願っております．というのも，私をこれほど喜ばせこれほど驚かせた書物に，これまで出合ったことがないからです．[*2]

　グレシャム・カレッジは，トマス・グレシャム (c. 1519-1579) の遺言で，彼の遺産により 1597 年にロンドンに創設された，以後「一世紀以上にわたりイングランドの科学の中心」となった大学である．「商人資本と新科学の同盟を一身に体現した人物」[*3]と称されるグレシャムは，「悪貨が良貨を駆逐する」と

[*1] D. E. Smith, *History of Mathematics*, Vol. 1, p. 391f.
[*2] Gibson, 'Napier and the Invention of Logarithms', p. 10.
[*3] Bernal『歴史における科学』p. 246.

いう所謂「グレシャムの法則」を語ったと伝えられるが，王立取引所を創設したことで知られるロンドンの大商人であった．

　当時のイギリスの大学として有名であったオクスフォードとケンブリッジは，支配エリート養成のためのもので，古典教育を主とし，数学や自然科学は重視されていなかったし，まして技術などはまったく関心の外にあった．実際，イギリスのジョン・ディーが大学には神学やヘブライ語やラテン語の学者は沢山いるが，「計数と秤量と測定（number, weight and measure）」に習熟した者はいないと嘆いたのは1563年であった[*4]．「今日，算術，……，幾何学，および天文学は，〔オクスフォードとケンブリッジの〕どちらの大学でも軽視されている」という1587年の証言もある．1592年にケンブリッジに入学した学生が数学を学ぶためには，課外で独学でやらなければならなかったと言われる[*5]．オクスフォードに天文学と幾何学の講座が設けられたのは，1619年，ケンブリッジはもっと遅い．

　そのようなオクスブリッジの教育は，国内的には産業資本が発展し振興ブルジョアジーが勢力を拡大し，対外的にはスペインの無敵艦隊を撃破し海外進出を開始した一六世紀末のイギリスにとって，必要とされるものではなくなっていた．それにたいしてグレシャム・カレッジは，大都市の商人や職人の子弟，そして遠洋航海に従事する船乗りたちのために，主要に数学や技術を重視する教育機関として創設されたのであった．

　ブリッグスは，その新設グレシャム・カレッジの初代の幾何学教授であった．彼は1597年から1619年までグレシャム・カレッジのその職にあり，1619年にオクスフォードにようやく新設された幾何学の講座の教授に就任する．そして彼は，自身で航海技術や天文学に関連した書物を著しているように，実用数学に関心の深い数学者であり，ネイピアの対数に敏感に反応したのも，自然な成り行きであったと思われる．

　そしてブリッグスは，1615年の夏と翌16年にエディンバラに旅して，直接ネイピアと話し合っている．ネイピアとブリッグスの最初の会見の様子は，い

[*4] 拙著『一六世紀文化革命』2，第8章3，p.522．
[*5] C. Hill『イギリス革命の思想的先駆者たち』p.526．

くつもの書物に記されているので，それらを参照していただこう*6．17年にも三度目の会見を予定していたが，ネイピアの死によってそれは果たしえなかった．当時，ロンドンから見ればスコットランドははるかなる外国で，その旅行には馬と馬車で何日も要する，相当に困難な道程であったといわれる*7．その困難をおして毎年のようにエディンバラに出向くほどまでに，ブリッグスは対数に憑かれていたのであった．

2. ネイピア自身による改良の試み

ネイピアとブリッグスが，かくまでも熱心に話し合ったのは，ネイピア対数の改良をめぐってであった．というのも，ネイピア対数には，実用上の問題としてふたつの大きな欠点があったからである．すなわち，第1には1の対数が0でないため，掛け算や割り算にたいする計算が面倒になること，第2には真数が10倍される（10で割られる）ときに引く（足す）数が，23025842というような複雑な数であること*8，この二点である．

ネイピアは1614年の時点では，『記述』第1巻第1章末尾に記している：

> 実際には，その対数においてはじめに任意の正弦ないし量に0を割りあてることは自由である．しかし全正弦にたいして0を割りあてることはもっとも好都合であり，〔そうすれば〕すべての計算においてきわめてしばしば出会うことになる足し算や引き算が私たちにとってトラブルとなることは決してないであろう．

すなわち，元々のネイピア対数では，(5.21) に示したように
$$\mathrm{Nln}\, R = 0, \quad \mathrm{Nln}(R/10) = 23025842.$$

---

*6 Cajori『初等数学史』下，p. 55f.；志賀，前掲書，p. 134f.；Maor, 前掲書，p. 11f.；Coolidge, *The Mathematics of Great Amateurs*, p. 77f.；Havil, 前掲書，p. 93f. 他．

*7 幕末 (1867年) に書かれた福沢諭吉の『西洋事情外編』(巻之二『選集』第一巻 p. 230) には「蒸気車の未だ世に行はれざる以前は，ロンドンよりエジンボルフ〔エディンバラ〕まで旅行するに十四日を費やせし」とある．

*8 第5章 (5.18)(5.19) および (5.21)(5.22) と5章の注12参照．

しかし，その後，ネイピアは考えを変えたようである．

ブリッグスの 1624 年の『対数算術』[*9] の序文には記されている：

> 私がロンドンでグレシャム・カレッジの聴講生にたいしてその〔ネイピアの『驚くべき対数規則』の〕理論を説明していたとき，0 を（『驚くべき対数規則』のように）全正弦〔$x = R$〕の対数にとるのは維持するにしても，全正弦の 1/10 つまり 5°44′21″ の正弦〔$\sin(5°44′21″) = 0.099999933 ≒ 0.1$〕の対数を 10000000000 とするほうが，ずっと都合がよいと思いった．

つまりブリッグスの最初のアイデアは
$$B^{(1)} \ln R = 0, \qquad B^{(1)} \ln(R/10) = 10^{10}$$
と表すことができる．そしてさらにネイピアとの最初の会見（1615 年夏）のときの議論について，語っている：

> 彼〔ネイピア〕は，〔対数を改良する必要があることについては〕何年か前からおなじ意見であり，改良したいと思っていた，と語った．……彼は，変更するとすれば，0 が 1 の対数となり，10000000000 が全正弦の対数となるようにすべきだという意見であった．それがもっとも使い易いものであることを，私は認めざるを得なかった．そんな次第で，私は，私がそれまで考えていたことを放棄し，彼の示唆にそって，その対数をどのように計算すればよいのかを真剣に考えはじめた．

つまり，ネイピアの最初の改良のアイデアは
$$N^{(1)} \ln 1 = 0, \qquad N^{(1)} \ln R = 10^{10} \tag{9.1}$$
のように表される．この時点でのネイピアの構想は，対数関数 $X = N^{(1)} \ln x$

[*9] Briggs, *Arithmetica Logarithmica*, University of Adelaide, http://www-history.ncs.st-andrews.ac.uk/ に原文と Ian Bruce による全訳，および詳細な注釈あり．なお，これには頁数が打たれていないので，章番号のみを指定する．この後の引用部分の英訳は Huxley, 'Briggs, Henry' に，邦訳は志賀『数の大航海』p. 136f. にあり．

を $x = R^{X/R}$ の逆関数とすること，つまり $X = R\log_R x$, $R = 10^{10}$ とすることにほかならない．関数 $x = 10^X$ の逆関数としての常用対数 $X = \log_{10} x$ に到達する一歩手前である．

そして，ネイピアの死後，ブリッグスの協力によって，ネイピアの遺稿から息子のロバート・ネイピアが編纂した『構成』の「いまひとつの，そこにおいては 1 の対数が 0 となるところの，そしてよりよい種類の対数の構成について」と題する「補遺」には，次のように記されている：

> 対数のさまざまな改良のうちでより優れたものは，1 の対数を 0 とし，1 の 10 分の 1 か 1 の 10 倍のいずれかの対数を 10,000,000,000 にとるものである．*10

すなわち
$$\mathrm{N}^{(2)}\ln 1 = 0, \quad \mathrm{N}^{(2)}\ln 10 = \pm 10^{10}. \tag{9.2}$$
これは $x = 10^{\pm X/R}$, $X = \pm R\log_{10} x$, $R = 10^{10}$ としたことで，事実上常用対数である．おそらく，このアイデアにネイピアはブリッグスとの会見の直後に到達したと思われる．しかし，その実行はブリッグスに委ねられた．

ネイピア生前最後の書，1617 年の『ラブドロギアエ』冒頭の「セトンへの献辞」には，おのれの運命を見通した研究上の遺言が記されている（第 4 章 2 に引用した部分に続くものである）：

> この〔対数の規則を作成する〕仕事において，私は自然的数*11とそれら自然的数によって遂行されている困難な演算を排し，たんなる足し算，引き算，ないし 2 や 3 による割り算によっておなじ結果が得られる別の演算操作〔すなわち対数演算〕で置き換えました．現在，私は，はるかに優れた種類の対数 (logarithmorum species multo praestantiorem) を見いだ

---
*10 Napier, *Constructio*, 原典 p. 38. 英訳, p. 48. 3 桁ごとのカンマによる数字の区切りは原文ママ．「より優れた」の原語は praestantior．英訳では more important．原語にしたがった．
*11 Napier の言う「自然的数 (naturaris numerus)」は「対数」にたいする「真数」を指す（第 6 章注 2）が，ここでは通常の実数のことと思ってよい．

し，そして（神が私に生命と健康をもう少し授けてくださるならば）それ〔新しい対数〕を創りだし，そしてまた使用する方法を公表しようと決意しております．しかし，私の健康のなさけない状態ゆえに，新しい〔対数〕表の実際の計算を，この種の事柄に精通している，そして主要に私の懇意にしている学識ある友人，ロンドンの幾何学の公の教授，ヘンリー・ブリッグス博士に委ねることにいたしました．

常用対数は，そのアイデアを対数の発明者ネイピア自身に負い，ブリッグスはその実行を担ったと見るべきであろう．

3. ブリッグスの対数理論

ブリッグスの功績は，常用対数表をはじめて作りあげたこととともに，それを普及させたことにある．「ブリッグスはグレシャム・カレッジの力を総動員して対数の普及につとめた」のである[*12]．

実際ブリッグスは，「グレシャム・カレッジの友人と聴象のために」1617年に15桁の対数表『1から1000までの対数 (*Logarithmorum chilias prima*)』を公表している（図9.1）．はじめての常用対数表であり，しかも注目すべきことは，図から明らかなように，もはや正弦にたいする対数ではなく，自然数にたいする対数が与えられていることである．こうしてはじめて，対数は一般的な数値計算のための汎用的で使い易い手段を提供することになった．

ブリッグスがその対数表計算の基本理論と計算の実際を詳細に明らかにした『対数算術 (*Arithmetica logarithmica*)』は1624年に公表された．それはたんなる対数表使用のマニュアルではなく，対数の一般理論からはじめ，常用対数へと議論を特化させ，常用対数の計算法にまで及ぶ，堂々たる教科書である．ただし，その当時の数学書の通常のあり方にしたがい，数式はなく，もっぱら言葉による記述と数表と例題による説明でもって議論が進められている．それだけでは読みづらいので，数式を使用した一般的な議論を補完して，とくに常

[*12] C. Hill, 前掲書, p.67.

用対数へといたるその議論を，説明することにしよう．
　その第1章の冒頭に，対数のきわめて一般的な定義が与えられている：

　　　　対数とは，比例する数に随伴し，等間隔を維持する数たちである．

ここにある「比例する数」とは，もっと丁寧には「連続的に比例する数」とあり，$1, 2, 4, 8, 16, 64, 128, \cdots$ のような，1にはじまる幾何数列（等比数列）を指す．そしてその数列に対応する算術数列（等差数列）の各項が，その比例する個々の数（真数）にたいするきわめて一般的な意味での対数であるとされる．ここで，ブリッグスは例として，

連続比例数	1	2	4	8	16	32	64	128	$\cdots$
対数 A	1	2	3	4	5	6	7	8	$\cdots$
対数 B	5	6	7	8	9	10	11	12	$\cdots$
対数 C	5	8	11	14	17	20	23	26	$\cdots$
対数 D	35	32	29	26	23	20	17	14	$\cdots$

を挙げている．つまり一般的に表現すれば，r を1以外の正の数として

$$1, \quad r, \quad r^2, \quad r^3, \quad r^4, \quad r^5, \quad \cdots, \quad r^n, \quad \cdots$$
$$A, \quad A+B, \quad A+2B, \quad A+3B, \quad A+4B, \quad A+5B, \quad \cdots, \quad A+nB, \quad \cdots$$

と対応づけたときに，$A+nB$ を r^n の「対数」と呼ぶ．
　この対数の一般的な定義より，ひとつの幾何数列が与えられれば，その対数において，異なるふたつの数にたいするふたつの対数の差はその間隔に比例し，ふたつの対数が与えられれば，他のすべての対数が得られることがわかる．すなわち，r^n, r^m の対数 $X_n = A+nB, X_m = A+mB$ が与えられたとき，r^k の対数は

$$X_k = \frac{(m-k)X_n - (n-k)X_m}{m-n} \tag{9.3}$$

で与えられる．
　そして『対数算術』の第2章ではじめて，1の対数が0と定められる．

この方式では，同一の数に幾つかの種類の対数を割りあてることができるが，しかし，ひとつの形式，すなわち 1 の対数に 0 を割りあてる形式のものが，もっとも有用である．…… この規定により，きわめて重要な三つの公理が必然的に導かれる．〔山本注．以下でブリッグスは，この仮定から導かれる命題を「公理 (axiomata)」と記しているが，それは通常使われている「公理」の意味ではなく，むしろ「定理」を意味している．しかし，以下では「公理」と訳す．〕

この場合，(9.3) で $n = 0$ $(r^0 = 1)$ にたいして $X_0 = 0$，したがって

$$X_k = \frac{k}{m} X_m = k X_1 \tag{9.4}$$

となり，「公理 1」は

　　　すべての数の対数は，すべての算術家が 1 から始まる連続的比例数に随伴させるのを常とし，その比例数が 1 からどれだけ離れているのかを指し示すところの「指数 (indice，英 index)」と呼ばれる数であるのか，それとも，この通常の指数に比例する数であるのかの，いずれかである．

ここでも具体例で示されているが，そのブリッグスの表を一般的に書き直すと

連続比例数	1	r	r^2	r^3	r^4	r^5	r^6	r^7	…
I	0	1	2	3	4	5	6	7	…
A	0	a	$2a$	$3a$	$4a$	$5a$	$6a$	$7a$	…
B	0	b	$2b$	$3b$	$4b$	$5b$	$6b$	$7b$	…
C	0	c	$2c$	$3c$	$4c$	$5c$	$6c$	$7c$	…

において，I (つまり (9.4) の k) が指数，そして I, A, B, C のそれぞれはすべて対数である．そのすべてにおいて，数 $1 = r^0$ の対数が 0 であることに注意．

　ここから「公理 2」

　　　積の対数は，その因数たちの対数〔の和〕に等しい．

が得られる．つまり $r^k \times r^l = r^{k+l}$ の対数にたいして
$$X_{k+l} = \frac{k+l}{m}X_m = \frac{k}{m}X_m + \frac{l}{m}X_m = X_k + X_l.$$
一般的に書けば（本書でブリッグスの導入した対数を Blog と記して）
$$\mathrm{Blog}(xyz\cdots) = \mathrm{Blog}\, x + \mathrm{Blog}\, y + \mathrm{Blog}\, z + \cdots. \tag{9.5}$$
これはもちろん，1 の対数を 0 と選んだことの直接的な結果である．そしてこれより $\mathrm{Blog}(a^n) = \mathrm{Blog}(a \times a \times a \times \cdots \times a) = n\,\mathrm{Blog}\, a$ が得られることは，ほとんど自明であろう．

「公理 3」は

　　　　被除数の対数は，除数の対数と商の対数の和に等しい．

これも一般的に書けば
$$z = x \div y \quad \text{であれば} \quad \mathrm{Blog}\, x = \mathrm{Blog}\, y + \mathrm{Blog}\, z. \tag{9.6}$$
むしろ「商の対数は，被除数の対数と除数の対数の差に等しい」すなわち $\mathrm{Blog}\, z = \mathrm{Blog}\, x - \mathrm{Blog}\, y$ とするのが自然と思われるが，あえてこのように表現されている理由は，後から判明する．

そして第 3 章では，上記の表の I, A, B, C 等の何通りにも考えられる対数のうちで，どれがもっとも好都合であるのかが議論される．すなわち

　　　1 に対する対数を〔0 と〕決定したうえで，他の数〔の対数〕を求めるにあたって，もっとも頻繁に使用され，そしてたしかにもっとも必要とされるのは，〔1 に〕もっとも近いもの〔r〕であり，その数〔r〕にたいしては，簡単に記憶され，必要なときに書きやすくて便利な対数を対応させるのがよい．そのとき，すべての数のうちで，10 をおいては，この課題により適合するものはないと思われる．そこで，10 には対数 10^{14} をあてがうことにしよう．

　そんな次第で，特別の数を 1 および 10 とし，それらの対数を 0 および 10^{14} としよう．我々は最初にこの四つの数を設定するが，それは必然的なものではなく，選択によるものであり，また，かの算術家の作業の正し

	Logarithmi.			Logarithmi.
1	00000,00000,00000		34	15314,78917,04226
2	03010,29995,66398		35	15440,68044,35028
3	04771,21254,71966		36	15563,02500,76729
4	06020,59991,32796		37	15682,01724,06700
5	06989,70004,33602		38	15797,83596,61681
6	07781,51250,38364		39	15910,64607,01650
7	08450,98040,01426		40	16020,59991,32796
8	09030,89986,99194		41	16127,83856,71974
9	09542,42509,43932		42	16232,49290,39790
10	10000,00000,00000		43	16334,68455,57959
11	10413,92685,15823		44	16434,52676,48619
12	10791,81246,04762		45	16532,12513,77534
13	11139,43352,30684		46	16627,57831,68157
14	11461,28035,67824		47	16720,97857,93572
15	11760,91259,05568		48	16812,41237,37559
16	12041,19982,65592		49	16901,96080,02851
17	12304,48921,37827		50	16989,70004,33602
18	12552,72505,10331		51	17075,70176,09794
19	12787,53600,95283		52	17160,03343,63480
20	13010,29995,66398		53	17242,75869,60079
21	13222,19294,73392		54	17323,93759,82297
22	13424,22680,82221		55	17403,62689,49414
23	13617,27836,01759		56	17481,88027,00620
24	13802,11241,71161		57	17558,74855,67249
25	13979,40008,67204		58	17634,27993,56294
26	14149,73347,97082		59	17708,52011,64214
27	14313,63764,15899		60	17781,51250,38364
28	14471,58031,34222		61	17853,29835,01077
29	14623,97997,89896		62	17923,91689,49825
30	14771,21254,71966		63	17993,40549,45358
31	14913,61693,83427		64	18061,79973,98389
32	15051,49978,31991		65	18129,13356,64286
33	15185,13939,87789		66	18195,43935,54187
34	15314,78917,04226		67	18260,74862,76083

図 9.1 Henry Briggs『1 から 1000 までの対数』(1617) の (常用) 対数表の 1 頁 表の対数は $B\log x = 10^{14}\log x$ で,15 桁の整数であり,頭の 1 桁と 2 桁目を分かつ縦の直線は整数部と小数を分かつ線ではなく,頭の 1 桁が「指標」であることを示すためのもの.通常の常用対数 $\log x$ と見れば,この直線は小数点を表す.

を考慮してではなく，使用の便宜を考慮したものである．

これは $r=10$ として，前の表の A の行で $a=10^{14}$ と選んだことに他ならない．引用にあたっては，見易くするために 10^{14} と記したが，原文ではもちろん $1,00000,00000,0000$ である（カンマによる数の区切りは原文ママ）．このような表現は，三角関数の場合でもそうであったように，小数を使わずに有効数字の桁数を増やすためのもので，実質的には，$\log 10 = 1$ としたことに相当する．

結局のところ，ブリッグスのこの対数は，ネイピアの 2 番目の改良 (9.2) に相当し，実質的には 10 を底とする常用対数で，現代的に表現すれば

$$\text{Blog}\, x = 10^{14} \log x \tag{9.7}$$

に他ならない．

もとのネイピア対数との関係は，ネイピア対数 $\text{Nln}\, x$ を第 6 章の (6.3) 式に記した $\text{Mln}\, x = 10^7 \ln(10^7/x)$ と同じものと見なせば

$$\text{Blog}\, x = 10^{14} \frac{\text{Nln}(10^7/x)}{\text{Nln}\, 10^6} = 10^{14} \frac{\text{Nln}(10^7/x)}{23025842}. \tag{9.8}$$

以下では，特別な場合をのぞいて，10^{14} のファクターを無視して，ブリッグスの対数を通常の常用対数と見なして，たんに $\log x$ のように表す．

実際の対数の計算法を別にすれば，これによって常用対数導入の議論は事実上尽くされている．

4. ブリッグスによる対数計算の基本

『対数算術』第 6 章では，$\log 1 = 0$, $\log 10 = 1$ と選択したときの，つまり現在言う常用対数を選んだときの，対数計算（対数の求め方）の実際が示されている．この場合，$\log 10^n = n \log 10 = n$ に注意．

この対数にたいしては，「公理 2」があるので，基本的には素数にたいする対数がわかればよい．そこで，q を対数を求めるべき素数とする．はじめに

$$q^k = 10^n(1+\varepsilon), \quad \varepsilon \ll 1 \tag{9.9}$$

となる整数 k, n を見いだす．このとき，第 2 章の「公理」より $\log(q^k) =$

$k \log q$ ゆえ

$$\log q = \frac{1}{k}\log(q^k) = \frac{1}{k}\log\{10^n(1+\varepsilon)\} = \frac{1}{k}\{n+\log(1+\varepsilon)\}. \tag{9.10}$$

したがって問題は，1に非常に近い数 $x = 1+\varepsilon$ ($\varepsilon \ll 1$) の対数を求めることに帰着する．

そのための基本的な手法は，ブリッグスが「連続的〔幾何〕平均」と呼ぶ演算にもとづく．

一般に，$x:y = y:z$ という比例関係があるとき，$y = \sqrt{xz} = (xz)^{1/2}$ と表されるが，この y を x と z の「幾何平均」と呼ぶ．ブリッグスは，10と1にたいする幾何平均を作り，さらにその結果と1との幾何平均を作り，という操作を繰り返す．そしてこのことを「1と10の間の連続的平均」と呼んでいる．すなわち，

$$(\cdots(((10^{1/2})^{1/2})^{1/2})\cdots)^{1/2} = 10^{1/2^i}, \quad i = 1, 2, 3, \cdots \tag{9.11}$$

の操作である．こうすれば，10から始まるこの数列は，いくらでも1に接近する．いま $10^{1/2^i} = m_i$ と記すと，$10 = m_0$ と $1 = m_\infty$ の間に $m_1, m_2, m_3, \cdots$ の数列を置いたことになるが，この場合，$m_i = \sqrt{m_{i-1}} = m_{i-1}{}^{1/2}$ で，それに対応する対数は「第2章の公理2によって，平方根の対数は対数の半分であることは明らか」であるゆえ

$$\log m_i = \frac{1}{2}\log(m_{i-1}) = \frac{1}{2^2}\log(m_{i-2}) = \cdots = \frac{1}{2^i}\log 10 = \frac{1}{2^i}. \tag{9.12}$$

これを実際に計算した結果，つまり10と1にたいする「連続的平均」$10^{1/2^i}$ とその対数すなわち $\log(10^{1/2^i}) = 1/2^i$ のそれぞれにたいする $i = 1$ から $i = 54$ までの表が『対数算術』の第6章に載せられているので，その表の一部（初めと終わりの部分）を載せておこう（数字の区切りのカンマは原典に倣った）．この表を求めること自体が大変な計算であったと思われるが，一度これを計算しておくと，そうして得られた数列がその後の計算のベースになる．

$m_0 = 10,$
$m_1 = 10^{1/2} = 3.1622, 77660, 16837, 93319, 98893, 54\cdots\cdots,$
$m_2 = 10^{1/4} = 1.7782, 79410, 03892, 28011, 97304, 13\cdots\cdots,$
$m_3 = 10^{1/8} = 1.3335, 21432, 16332, 40256, 65389, 308\cdots\cdots,$
　$\cdots\cdots$

......
$m_{52} = 10^{1/2^{52}} = 1.0000,00000,00000,05112,76597,28012,947 = 1+\varepsilon_{52},$
$m_{53} = 10^{1/2^{53}} = 1.0000,00000,00000,02556,38298,64006,470 = 1+\varepsilon_{53},$
$m_{54} = 10^{1/2^{54}} = 1.0000,00000,00000,01278,19149,32003,235 = 1+\varepsilon_{54}.$

これにたいする対数は，$\log(m_0) = 1$, $\log(m_1) = 1/2$, $\log(m_2) = 1/4$, $\log(m_3) = 1/8$ と始まり，$i = 52, 53, 54$ にたいして

$\log(m_{52}) = 1/2^{52} = 2.2204,46049,25031,30808,47263 \times 10^{-16} = L_{52},$
$\log(m_{53}) = 1/2^{53} = 1.1102,23024,62515,65404,23631 \times 10^{-16} = L_{53},$
$\log(m_{54}) = 1/2^{54} = 0.5551,11512,31257,82702,11815 \times 10^{-16} = L_{54}.$

ここで $L_i = \log m_i$ にたいして $L_{52} : L_{53} : L_{54} = 4 : 2 : 1$ が厳密に成り立つことは (9.12) 式からして当然であるが，同時に，少なくともこの桁数の範囲では $\varepsilon_{52} : \varepsilon_{53} : \varepsilon_{54} = 4 : 2 : 1$ であることが上の計算結果から直接読み取ることができる（ε_{53} と ε_{54} では，有効数字 17 桁の範囲でその比は正確に 2:1 であり，ε_{52} と ε_{53} では，最後の桁で僅かに違っているが，有効数字 16 桁の範囲でやはり 2:1 となっている）．すなわち，

〔連続的比例の列 m_i において，i が 53 を越えたところでは〕1 のあとに 15 個の 0 が続く所に置かれる重要な部分〔$\varepsilon_i = m_i - 1$〕は，そのひとつ前のものの半分である．…… 対数そのものも，それに随伴する数と同様の割合で減少し続けていることがわかる．それゆえこの領域にまで減少すると，1 の後に 15 個の 0 が並べられ，その付け加えられた 0 の後に残された重要な数〔ε_i〕が，比例の黄金律にのっとって，正確な対数，さもなければ正確な対数に近いものを我々に与えてくれる．

わかりやすく数式で表現すれば，i が十分大きくなり，$m_i = 1 + \varepsilon_i$ において ε_i が十分小さくなれば，事実上

$$1 + \varepsilon_i = \sqrt{1 + \varepsilon_{i-1}} = 1 + \frac{1}{2}\varepsilon_{i-1} \quad \text{i.e.} \quad \varepsilon_i = \frac{1}{2}\varepsilon_{i-1} \qquad (9.13)$$

が成り立ち，他方で，定義より厳密に $L_i = \frac{1}{2}L_{i-1}$ ゆえ，$L_i \propto \varepsilon_i$ とすることが

できる，ということである．

それゆえこの領域では，この有効数字の範囲で $\log x = \log(1+\varepsilon) = L$ が $x-1 = \varepsilon$ に比例していると考えてよい．すなわち，ε が 10^{-16} のオーダー（程度）以下の数であれば

$$\log x = \log(1+\varepsilon) = L_{54} \times \frac{\varepsilon}{\varepsilon_{54}} = \frac{\varepsilon}{2^{54}(10^{1/2^{54}}-1)}. \tag{9.14}$$

この結果は，(9.7)(9.8) すなわち $\log x = 10^{-14}\,\mathrm{B}\log x = \mathrm{Nln}(10^7/x)/\mathrm{Nln}(10^6)$ にネイピア対数と事実上おなじものであるケプラー対数の定義 (7.9)，すなわち十分に大きい $N = 2^n$ にたいする $\mathrm{Nln}\,x = \mathrm{Kln}\,x = 10^7 N\{1-(x/10^7)^{1/N}\}$ を使うことで，つぎのように求まる．$x = 1+\varepsilon$ として

$$\log x = \frac{1-(1/x)^{1/N}}{1-(1/10)^{1/N}} = \frac{10^{1/N}\{1-(1+\varepsilon)^{-1/N}\}}{10^{1/N}-1}$$

が得られるが，大きな $N = 2^n$ では $10^{1/N}$ が 1 に十分近く，また $|\varepsilon| \ll 1$ ゆえ

$$\text{分子} = 10^{1/N}\left\{1-\left(1-\frac{\varepsilon}{N}\right)+O(\varepsilon^2)\right\} = \frac{\varepsilon}{N}+\text{高次の微小量}.$$

これより，高次の微小量を無視することで，十分大きい数 $N = 2^n$ と $|\varepsilon| \ll 1$ にたいして

$$\log x = \log(1+\varepsilon) = \frac{\varepsilon}{N(10^{1/N}-1)}. \tag{9.15}$$

ひとつ前の式 (9.14) で，L_{54} と ε_{54} に数値を代入して表現すれば，

$$\log(1+\varepsilon) = \frac{0.5551115123125782\cdots}{1.2781914932003235\cdots}\varepsilon = 0.434294481903251804\varepsilon. \tag{9.16}$$

この (9.16) 式がブリッグスの言う「黄金律」である．したがって，たとえば

$$\log 1.000,000,000,000,000,01 = 0.434294481903251804\times 10^{-17}.$$

後智恵で解説すれば，次のように理解される．十分に小さい ε にたいする自然対数の近似 $\ln(1+\varepsilon) \fallingdotseq \varepsilon+O(\varepsilon^2)$，および常用対数と自然対数の関係より

$$\log(1+\varepsilon) = \log e \times \ln(1+\varepsilon) = \log e \times (\varepsilon+O(\varepsilon^2)) \tag{9.17}$$

が得られるが，ブリッグスは数の表れ方のパターンから，観察によってこの関係を読み取り，さらに

$$\log e = \lim_{N\to\infty}\frac{1}{N(10^{1/N}-1)} \approx \frac{1}{2^{54}(10^{1/2^{54}}-1)} = 0.434294481903251804$$

と計算したことになる．厳密には

$$1+\varepsilon_i = \sqrt{1+\varepsilon_{i-1}} = 1+\frac{1}{2}\varepsilon_{i-1}-\frac{1}{8}\varepsilon_{i-1}^2+O(\varepsilon_{i-1}^3) \tag{9.18}$$

であり，同時に

$$\ln(1+\varepsilon) = \varepsilon-\frac{1}{2}\varepsilon^2+O(\varepsilon^3) \tag{9.19}$$

ゆえ，上記のブリッグスの計算は，微小量 ε の 2 乗以下の数を無視したことになる．いまの場合，ε が 10^{-17} のオーダーの数ゆえ，10^{-34} のオーダー以下が無視されたわけで，結局，ブリッグスの得た対数の値は，小数点以下有効数字 32 桁ないし 33 桁くらいまで正しいことがわかる．

5. ブリッグスによる素数の対数計算

そして，『対数算術』第 7 章では，第 6 章のこの結果をもとにして 2 と 3 の対数が，実際に求められている．

はじめに $\log 2$ を求める．

$$2^{10} = 1024 = 1.024\times 10^3$$
$$\therefore \quad \log 2 = (3+\log 1.024)\div 10 \tag{9.20}$$

ゆえ，$\log 1.024$ がわかればよい．そこで 1.024 の平方根をとり，さらにその平方根を求め，として順にやってゆくと

$$x = 1.024^{1/2^{47}} = 1+1.685, 160, 570, 539, 949, 77\times 10^{-17} = 1+\varepsilon_x$$

が得られ，この x は上記の黄金律 (9.16) が適用できる領域にあることがわかる．

したがってこの x にたいして，黄金律 (9.16) をもちいて

$$\begin{aligned}\log x &= \log(1+\varepsilon_x)\\ &= 0.434294481903251804\times 1.6851605705394977\times 10^{-16}\\ &= 7.318, 559, 369, 062, 393, 36\times 10^{-17},\end{aligned}$$

これより，$2^{47} = 14073488355328$ を使って

$$\log 1.024 = 2^{47} \log x = 0.0102,999,566,398,119,526,527,744$$
が得られ，(9.20) 式に代入して，
$$\log 2 = 0.30102999566398119526527744. \tag{9.21}$$
したがって，
$$\log 20 = 1.30102999566398119526527744, \tag{9.22}$$
$$\log 200 = 2.30102999566398119526527744, \tag{9.23}$$
$$\cdots\cdots\cdots.$$
つぎの素数 $\log 3$ も，まったく同様の手順で求められている．すなわち
$$6^9 = 10077696 = 1.0077696 \times 10^7$$
$$\therefore \quad \log 6 = (7 + \log 1.0077696) \div 9. \tag{9.24}$$
ここで，
$$y = (1.0077696)^{1/2^{46}} = 1 + 1.0998593458815571866 \times 10^{-16}$$
$$= 1 + \varepsilon_y.$$
黄金率をもちいて
$$\log y = \log(1+\varepsilon_y) = 0.477662844786080304 \times 10^{-17},$$
$$\log 1.0077696 = 2^{46} \times \log y = 0.00336125345279269.$$
(9.24) 式に代入して
$$\log 6 = 0.77815125038364363, \tag{9.24}$$
$$\therefore \quad \log 3 = \log 6 - \log 2 = 0.47712125471966244. \tag{9.25}$$
もちろん以上の結果より，
$$\log 4 = \log 2^2 = 2\log 2,$$
$$\log 8 = \log 2^3 = 3\log 2,$$
$$\log 5 = \log(10 \div 2) = 1 - \log 2,$$
$$\log 9 = \log(3^2) = 2\log 3. \tag{9.26}$$
として，素数以外の数の対数も求まる．

そしてつぎに $\log 7$，という順に素数の対数を求めてゆく．

『対数算術』第 9 章の 7 の対数の計算は，その後の素数の対数の求め方の典型を与えているので，そこまで見ておこう．

$7^4 = (7^4-1)+1 = (7^2+1)(7^2-1)+1 = 50 \times 48 + 1 = 2400+1$ ゆえ，

$$\frac{7^4}{50\times 48} = 1+\frac{1}{2400} = 1.000416666666666667,$$

$$(1.000416666666666667)^{1/2^{44}} = 1+2.36798249043336405\times 10^{-17}.$$

ここで黄金律 (9.16) を使って

$$\log\left\{\left(\frac{7^4}{50\times 48}\right)^{1/2^{44}}\right\} = 1.028401728838729715\times 10^{-17}$$

$$\therefore \quad \log\left(\frac{7^4}{50\times 48}\right) = 2^{44}\times 1.028401728838729715\times 10^{-17}$$

$$= 0.00018091834542130,$$

他方

$$\log(50\times 48) = \log(100\times 3\times 2^3) = 2+\log 3+3\log 2$$

$$= 3.38021124171160601,$$

したがって，「公理 3」より

$$\log(7^4) = \log\left(\frac{7^4}{50\times 48}\right)+\log(50\times 48) = 3.38039216005702731.$$

この書き方が，先に見た「公理 3」の特異な表現の理由と考えられる．以上より

$$\log 7 = \frac{1}{4}\log(7^4) = 0.845098040014 25682. \tag{9.27}$$

この 7 の対数を求める処方は，もっと一般的に，つぎのように表される．

対数を求めたい素数 p，およびそれ以下のすでにその対数のわかっている数のみを因数として含む三つの十分に大きい数 a, b, c で，$a^2 = bc+1$ の関係をみたすものを選ぶ．このとき $a^2/bc = 1+1/bc$ で，この右辺にたいする対数を上記の方法で求める．それらは

$$2\log a = \log b+\log c+\log\left(1+\frac{1}{bc}\right)$$

の関係をみたし，これより a, b, c のどれかの因子に含まれている素数 p の対数が求まる．

例として，素数 11 と 17 の場合を示しておこう（英訳にある 13 の場合の数値は間違っているようである）：

Num. absolu	Logarithmi.	Num. absolu	Logarithmi.	Num. absolu	Logarithmi.
2601	3,41514,03521,9587	2634	3,42061,57706,2575	2667	3,42602,30156,8987
	16,69400,2969		16,48489,2280		16,28095,5464
2602	3,41530,72922,2556	2635	3,42078,06195,4855	2668	3,42618,58252,4451
	16,68758,8367		16,47863,7341		16,27485,4300
2603	3,41547,41681,0923	2636	3,42094,54059,2196	2669	3,42634,85737,8751
	16,68117,8692		16,47238,7147		16,26875,7707
2604	3,41564,09798,9615	2637	3,42111,01297,9343	2670	3,42651,12613,6458
	16,67477,3939		16,46614,1691		16,26266,5680
2605	3,41580,77276,3554	2638	3,42127,47912,1034	2671	3,42667,38880,2138
	16,66837,4103		16,45990,0970		16,25657,8213
2606	3,41597,44113,7657	2639	3,42143,93902,2004	2672	3,42683,64538,0351
	16,66197,9176		16,45366,4978		16,25049,5303
2607	3,41614,10311,6833	2640	3,42160,39268,6983	2673	3,42699,89587,5654
	16,65558,9155		16,44743,3710		16,24441,6943
2608	3,41630,75870,5988	2641	3,42176,84012,0693	2674	3,42716,14029,2597
	16,64920,4034		16,44120,7158		16,23834,3128
2609	3,41647,40791,0022	2642	3,42193,28132,7851	2675	3,42732,37863,5725
	16,64282,3806		16,43498,5320		16,23227,3854

図 9.2 『イギリス三角法』(1933) に載せられた 15 桁の常用対数表の一部

11： $11^2\times 9^2 = 9801, \qquad 100\times 2\times 7^2 = 9800,$

$$\frac{9801}{9800} = 1.00010204081632655306,$$

17： $7^4\times 3^4 = 194481, \qquad 17\times 13\times 11\times 5\times 2^4 = 194480,$

$$\frac{194481}{194480} = 1.00000514191690662278 38.$$

こうして，ブリッグスの対数表は作られた．

この計算にたいする英訳者のコメントを引いておこう．

> 対数を求めるブリッグスの基本的手法は，きわめて長たらしくはあるが，完全に健全な数値計算のアルゴリズムである．それはブリッグスが彼の対数表の作成に着手した原動力である．

こうして，ブリッグスは常用対数を作り上げ，1617 年に 1 から 1000 までの対数表 (図 9.1) を公表した．そしてさらに，1 から 20000 までと 90000 から

100000 までの 15 桁の常用対数表を作成し，1624 年に出版した『対数算術』に付することになる．欠落していた 20000 から 90000 までの部分はロンドンで出版業を営んでいたオランダ人アドリアーン・フラクにより計算され，1628 年に公表された．それらは 1633 年にロンドンで『イギリス三角法 (*Trigonometrica Britanica*)』の標題で出版され，常用対数形成は完成を見ることになる（図 9.2）．

＊　　　＊　　　＊

対数の発見は，もともと，解析学誕生以前に，天体観測のためという実用性からの刺戟に促されて構想されたもので，その後の，他の数学理論の諸発見のような天才的なひらめきや，人なみはずれた論理的推理力のみによるものではなく，何年にもわたるおそるべき労力を要した膨大な数値計算の遂行によって成し遂げられたものであり，その意味で，数学史に特異な位置を占めている．

対数理論そのものは，のちにレオンハルト・オイラーが，解析学の視点から指数関数の逆関数として対数関数を定義することにより，数学的に新しい分野を形成することになるが，対数の発見の物語は，ブリッグスによる常用対数の形成でひとまず幕を閉じると考えてよい．

ちなみに，この物語は小数の発見から始まったが，そのストーリーもまた，この時点で一応の完結を迎える．

ブリッグスの『対数算術』第 5 章では，$\log 1 = 0$，$10^{14} \log 10 = 10^{14}$ とするこの対数にたいして，「指標 (characteristica 英 characteristic)」の概念が導入されている．すなわち 1 以上で 10 未満の数にたいする対数は 0 以上で 10^{14} 未満，つまり 15 桁の数で表して頭が 0 で，その「指標」を 0 とする．10 以上で 100 未満の数にたいする対数は 15 桁の数の頭が 1 で，その「指標」を 1 とし，100 以上で 1000 未満の数にたいする対数は 15 桁の数の頭が 2 で，その「指標」を 2 とする．以下，同様で，そのとき 1 以上 10 未満の数の対数がわかれば，その 10 倍，100 倍，……の数の対数は，「指標」の 0 を 1, 2, … に変えるだけでよい．すなわちブリッグス対数 $B\log x = 10^{14} \log x$ のかわりに通常の常用対数 $\log x$ で考えると，$1 < x < 10$ にたいして $0 < \log x < 1$ であり，整数 n にたいして $\log(10^n x) = n + \log x$ で，n が「指標」((9.21)(9.22)(9.23) および

図 9.1 参照)．要するに log 10 = 1 の常用対数を整数部と小数部に分離し，その整数部を「指標」と名づけたことになる．その小数部が「仮数」と名づけられるのは後のことであるが，整数部だけを切り離して「指標」と概念規定することは，整数部と小数部の分離記号をともなった 10 進小数にたいして特別な意味を与えることになる．

この点については，数学史家 Struik のコメントを引いておこう：

> いまや登場した 10 を基底とする偉大なる対数表は，点（ドット）ないしピリオドをともなった 10 進小数を当然のこととして受け容れている．このような，そこにおいては 43，430，4300 のような〔対〕数の小数部が同一となる対数の表にとっては，小数の 10 進表記こそが唯一自然である．ヘンリー・ブリッグスがその 1624 年の対数表に，そしてアドリアーン・フラクがその 1627 年の対数表に，この〔10 進小数の〕表記法を一貫して使用し，そこから分離記号としての点ないしカンマをともなった 10 進小数が，すくなくとも対数による計算においては，一般に受け容れられていったのである．[*13]

Cajori の『初等数学史』には「近代における計算の奇跡的な力は，三つの発明に負っている．インド・アラビア数字 (Arabic Notation)，10 進小数 (Decimal fraction)，そして対数 (Logarithm) がこれである」と記されている[*14]．そしてそこから，近代解析学が登場してくる．

実際，シモン・ステヴィンによる小数の発見と，数の連続体の直感的把握と，その数直線による表現，そしてその数直線上の点の運動表象にもとづくネイピアの対数の導入と，常用対数の形成による 10 進小数の確定と普及という，この一連の発展こそが，17 世紀後半の解析学勃興の基礎を形成したのである．

[*13] Struik, 'Simon Stevin and the Decimal Fractions', p. 99.
[*14] Cajori『初等数学史』下，p. 43. 引用は邦訳からではなく，英語原典より．

文献

●辞書・全集・資料集とその略記

『プラトン全集』(岩波書店),引用・参照箇所は同全集に付されているステファヌス版の頁と段落で記す.

『アリストテレス全集』(岩波書店),引用・参照箇所は同全集に付されているベッカー版の頁数で記す.

『ソクラテス以前哲学者断片集 Ⅰ-Ⅴ』(岩波書店,1996-98).

Johannes Kepler Gesammelte Werke, herausgegeben von M. Caspar, 略記 *JKGW*.

Tychonis Brahe Dani Opera Omnia, herausgegeben von J. L. E. Dreyer, 略記 *TBOO*.

Great Books of the Western World (Encyclopaedia Britanica, INC.), 略記 *GBWW*.

Dictionary of Scientific Biographies, edited by C. C. Gillispie (Scribner), 略記 *DSB*.

A Source Book in Medieval Science, ed. by E. Grant (Harvard University Press, 1974), 略記 *SBMS*.

A Soruce Book in Mathematics, 1200-1800, ed. by D. J. Struik (Princeton University Press, 1986), 略記 *SBM*.

A Source Book in Mathematics, ed. by D. E. Smith (1929, reprinted, Dover Publications, INC., 1959), 略記 *SBM*.

Principal Works of Simon Stevin Ⅱ, Ⅲ (Amsterdam, 1958-61), 略記 *PW*.

Les Oeuvres Mathématiques de Simon Stevin (Bonaventure & Abraham Elsevier, 1634), 略記 *OM*.

●一次資料(翻訳を含む)

Agricola, G. 独訳 *De Re Metallica Libri XII* (Düsseldorf, 1977), 三枝博音訳・山崎俊雄編『デ・レ・メタリカ——全訳とその研究 近代技術の集大成』(岩崎学術出版社,1968).

Archimedes *The Works of Archimedes*, ed. by T. L. Heath (1897, Dover Publications, INC., 1912);

——「アルキメーデス"砂計算"」三田博雄訳『科学史研究』No. 17,1951年1月,pp. 38-43.

Augustinus, A.　『アウグスティヌス著作集 6 キリスト教の教え』加藤武訳（教文館，1988）；
――――『神の国』（一）-（五）服部英次郎訳（岩波文庫，1982-91）.
Blundvile, T.　*Of Arithmetike*, in *M. Blundvile, His Exercises containing sixe Treatises* (London, 1594, reprinted Da Capo Press, 1971).
Boethius　*On Arithmetic*, tr. by E. Grant, in *SBMS*, pp. 17-24.
Briggs, H.　*Arithmetica logarithmica*, translated and annotated by Ian Bruce, http://www-history.ncs.st-andrews.ac.uk/
Campanus of Novara　*Campanus of Novara and Medieval Planetary Theory ; Theorica planetarum*, edited with an Introduction, English translation and Commentary by F. S. Benjamin, Jr. and G. J. Toomer (The University of Wisconsin Press, 1971).
Cassiodorus, F. M. A.　『要綱』田子多津子訳『中世思想原典集成 5 後期ラテン教父』（平凡社，1993）pp. 329-417.
Chuquet, N.　英訳 *The Triparty* in *Nicolas Chuquet, Renaissance Mathematician : A study with extensive translation of Chuquet's mathematical manuscript completed in 1484*, ed. by G. Flegg, C. Hay, and B. Moss (D. Reidel Publishing Company, 1985).
Clavius, C.　*Astrolabium* (Roma, 1593).
Copernicus, N.　*De revolutionibus* (1543, facsimile 版 Culture et Civilisation, 1966), E. Rosen, 英訳 *On the Revolutions* (The Johns Hopkins University Press, 1978), 高橋憲一訳『完訳　天球回転論』（みすず書房，2017）.
Dee, J.　「数学への序説」(1570) 坂口勝彦訳『原典 ルネサンス自然学 下』池上俊一監修（名古屋大学出版局，2017）pp. 639-704.
Euclid　『ユークリッド原論』中村幸四郎・寺阪英孝・伊東俊太郎・池田美恵訳・解説（共立出版，1971）.
Fibonacci　英訳 *Fibonacci's Liber Abaci : Leonard Pisano's Book of Calculation*, translated by L. E. Sigler (Springer Verlag, 2002).
Flamsteed, J.　*The Gresham Lectures of John Flamsteed*, edited and introduced by E. G. Forbes (Mansell, 1975).
Fukuzawa 福沢諭吉　『西洋事情』『福沢諭吉選集　第一巻』（岩波書店，1980）；
――――『福翁自伝』『福沢諭吉選集　第十巻』（岩波書店，1981）.
Fulbertus Carnotensis　『詩集』杉崎泰一郎訳『中世思想原典集成 8 シャルトル学派』（平凡社，2002）pp. 33-66.

Hugo de Sancto Victore 『ディダスカリコン（学習論）』五百旗頭博治・荒井洋一訳『中世思想原典集成 9 サン＝ヴィクトル学派』(平凡社, 1996) pp. 25-199.

Isidorus *Etymologies* in *Studies in History, Economics and Public Law*, Vol. 48 (1912) pp. 89-263.

Johannes Eriugena 『ペリフュセオン（自然について）』今義博訳『中世思想原典集成 6 カロリング・ルネサンス』(平凡社, 1992) pp. 471-631.

Johannes Saresberiensis 『メタロギコン』甚野尚志・中澤務・F. ペレス訳『中世思想原典集成 8 シャルトル学派』(平凡社, 2002) pp. 581-844.

Kepler, J. *Mysterium cosmographicum* (1596), *JKGW*, Bd. 1, 『宇宙の神秘』大槻真一郎・岸本良彦訳（工作舎, 1982）；

——— *Apologia pro Tychone contra Ursum* (1600-01), in Jardine, *The Birth of History and Philosophy of Science*, 羅文 pp. 85-133, 英訳 pp. 134-207.

——— *Astronomae pars optica* (1604), *JKGW*, Bd. 2, 英訳, *Optics*, translated by W. H. Donahue (Green Lion Press, 2000)；

——— *De stella cygni* (1606), *JKGW*, Bd. 1；

——— *Astronomia nova* (1609), *JKGW*, Bd. 3, 『新天文学』岸本良彦訳（工作舎, 2013）；

——— *Harmonices mundi* (1619, Culture et Civilisation facsimile ed., 1968), *JKGW*, Bd. 6, 『宇宙の調和』岸本良彦訳（工作舎, 2009）；

——— *Epitome astronomiae copernicanae*, *JKGW*, Bd. 7, 英訳 *GBWW*, No. 16；

——— *Mysterium cosmographicum*（第2版, 1621）, *JKGW*, Bd. 8, facsimile 版の羅英対訳 *Johannes Kepler : Mysterium Cosmographicum The Secret of the Universe*, translated by A. M. Duncan (Abaris Book, 1981)；

——— *Chilias logarithmorum* (1624), *Supplementum Chiliadis logarithmorum* (1625), *JKGW*, Bd. 9；

——— *Tabulae Rudorphinae* (1624), *JKGW*, Bd. 10.

al-Khwārizmī *Robert of Chester's Latin Translation of Al-Khwārizmī's AL-JABR, A New Critical Edition* (Franz Steiner Verlag, 1989), L. C. Karpinski 英訳 Grant ed. *SBMS*, pp. 106-111, 鈴木孝典訳 伊東編『数学の歴史 II』pp. 331-344.

Lavoisier, A. L. 『科学の名著 第II期4 ラヴォアジェ 化学原論』柴田和子訳（朝日出版社, 1988）.

Leibniz, G. 「すべての数を1と0によって表す驚くべき表記法」(1696) 倉田隆訳『ライプニッツ著作集 3』(工作舎, 1999) pp. 92-99；

——— 「0と1の数字だけを採用する二進法算術の解説」(1703) 山下正男訳『ラ

イプニッツ著作集10』(工作舎, 1991) pp. 9-14.

Napier, J. *Mirifici Logarithmorum Canonis Descriptio* (1614), 英訳 *A Description of the Admirable Table of Logarithmes* (1616, reprinted Da Capo Press, 1969), 引用・参照箇所は 'Descriptio 原典', 'Descriptio 英訳' の頁で指定；

―――― *Mirifici Logarithmorum Canonis Constructio* (初版は1619年だが, 用いたのは1620年の版), 英訳 *The Construction of the Wonderful CANON of Logarithms*, tr. by W. R. Macdonald (Dawsons of Pall Mall, 1966). 引用・参照箇所は 'Constructio 原典', 'Constructio 英訳' の頁で指定；

―――― *Rabdologiae* (1617), http://profmarino.it/Nepero/Rabdologiae.pdf, 英訳 *Rabdology*, translated by W. F. Richardson, introduction by R. E. Rider, in *Charles Babbage Institute Reprint Series for the History of Computing*, Vol. 15 (The MIT Press, 1990). 引用・参照箇所は *Rabdology* の頁で指定.

Nicomachus *Introduction to Arithmetic*, translated by M. L. D'Ooge, in *GBWW*, No. 2, pp. 805-848.

Oresme, N. *De proportionibus proportionum* and *Ad pauca respicientes*, ed. with Introductions, English translation and critical notes by E. Grant (The University of Wisconsin Press, 1966)；

―――― *De commensurabilitate vel incommensurabilitate motuum celi* in *Nicole Oresme and the Kinematics of Circular Motion*, edited with an Introduction, English translation, and Commentary by E. Grant (The University of Wisconsin Press, 1971) pp. 172-357；

―――― 『質と運動の図形化』中村治訳『中世思想原典集成 19 中世末期の言語・自然哲学』(平凡社, 1994) pp. 451-605.

Pepys, S. 『サミュエル・ピープスの日記』第3巻, 臼井昭訳, 第8巻, 臼井昭・岡昭雄・海保眞夫訳 (国文社, 1988, 1999).

Ptolemaios Toomer, G. J. 英訳 *Ptolemy's Almagest* (Princeton Univeristy Press, 1998), 藪内清訳『アルマゲスト』(恒星社厚生閣, 1993).

Recorde, R. *The Whetstone of Witte* (1557, reprinted, Da Capo Press, 1969).

Regiomontanus B. Hughes 羅英対訳 *Regiomontanus On Triangles* (The University of Wisconsin Press, 1967)；

―――― *Johannis Regiomontani Opera Collectanea* (1949, republished Otto Zeller Verlag, 1972)；

―――― 'Der Briefwechsel Regiomontan's mit Giovanni Bianchini, Jacob von Speier und Christian Roder', *Unkunden zur Geschichte der Mathematik im Mittelalter und der Renaissance*, herausgegeben von M. Curtze (Verlag von B. G. Teubher, 1902).

Sacrobosco　Thorndike, L. 編訳, 羅英対訳 *The Sphere of Sacrobosco and Its Commetators* (The University of Chicago Press, 1949), 横山雅彦訳『天球論』『神戸大学教養部論集』通号 42 (1988) pp. 57-106;

―――　英訳 *Algorismus vulgaris*, tr. by E. Grant in *SBMS*, pp. 94-101, 『一般アルゴリスム』三浦伸夫訳　伊東編『数学の歴史 II』pp. 149-164.

Stevin, S.　蘭語版 *De Thiende*, 蘭英対訳 *PW* IIa, pp. 373-455 所収, 仏語版 *La Disme*, *OM* I, pp. 206-213 所収, 邦訳「シモン・ステヴィンの「小数」」銀林浩訳, 森『指数・対数のはなし』所収 pp. 177-194, 英訳 Smith ed. *SBM* pp. 20-34, Struik ed. *SBM* pp. 7-14, 独訳 *Ostwalds Klassiker der exakten Wissenschaften*, Neuefolge Bd. 1 (Akademische Verlagsgesellschaft, 1965);

―――　*L'Arithmetique*, *PW* IIa, pp., *OM* II, pp. 1-221 所収.

―――　*De Wysentyt*, *PW* III, pp. 591-623;

―――　*De La Cosmographie*, *OM* II, pp. 1-103;

―――　*De La Geographie*, *OM* II, pp. 104-170.

Swetz, F. J.　*Capitalism and Arithmetic : The New Math of the 15th Century* (Open Court, 1987), 『トレビーゾ算術 (*Treviso Arithmetic*)』英訳全文収録.

●二次資料

Adachi 足立恒雄　『$\sqrt{2}$ の不思議』(ちくま学芸文庫, 2007).

Baron, M. E.　'Napier, John', *DSB*, IX.

Belyi, Yu. A.　'Johannes Kepler and the Development of Mathematics', *Vistas in Astronomy*, Vol. 18 (1975) pp. 643-660.

Bennett, J. A.　'The Challenge of Practical Mathematics', in *Science, Culture and Popular Belief in Renaissance Europe*, ed. by S. Pumfrey, P. L. Rossi and M. Slawinski (Manchester University Press, 1991) pp. 176-190.

Berggren, J. L.　*Episodes in the Mathematics of Medieval Islam* (Springer Verlag, 1986).

Bernal, J. D.　『歴史における科学』(1954) 鎮目恭夫訳 (みすず書房, 1967).

Bond, J. D.　'The Developemnt of trigonometric Methods down to the close of the XVth century', *ISIS*, Vol. 4 (1921) pp. 295-323.

Bourbaki, N.　『数学史』上下 (1968) 村田全・清水達雄・杉浦光夫訳 (ちくま学芸文庫, 2006).

Boyer, C. B.　『数学の歴史』1, 2, 3　加賀美鐵雄・浦野由有訳（朝倉書店，1983-84）.
――――　'Viète's Use of Decimal Fractions', *Mathematical Teacher*, Vol. 55（1962）pp. 123-127 in *The European Mathematical Awakening*, ed. by Swetz（Dover Publication INC., 1994）pp. 102-105.
Byrne, J. S.　'The Stars, the Moon, and the Shadowed Earth : Viennese Astronomy in the Fifteenth Century', Princeton University Ph.D. Thesis（2007）.
Cajori, F.　*A History of Mathematical Notations*, Two Volumes Bound as One（1929, Dover Publication, INC., 1993）;
――――　『初等数学史』上下（1925）小倉金之助補訳・中村滋校訂（ちくま学芸文庫，2015）;
――――　'History of the Exponential and Logarithmic Concepts Ⅰ', *The American Mathematical Monthly*, Vol. 20（1913）pp. 4-14;
――――　'Algebra in Napier's Day and alleged prior Inventions of Logarithms', in *Napier Tercentenary Memorial Volume*, ed. by C. G. Knott（The Royal Society of Edinburgh, 1915）pp. 93-109.
Capp, B.　*Astrology & the Popular Press : English Almanacs 1500-1800*（Faber and Faber, 1979）.
Carter, J. & Muir, P. H. ed.　*Printing and the Mind of Man*, second ed.（Karl Pressler, 1983）.
Caspar, M.　英訳 *Kepler*, translated by C. D. Hellman（Dover Publication INC., 1993）.
Cassirer, E.　『現代物理学における決定論と非決定論』(1936)山本義隆訳（学術書房，1994, 改訳版　みすず書房出版予定）.
Chapman, A.　'Tycho Brahe ― Instrument designer, observer and mechanician', *Journal of the British Astronomical Association*, Vol. 99（1989）pp. 70-77.
Christianson, J. R.　*On Tycho's Island*（Cambridge University Press, 2000）.
Coolidge, J. L.　*The Mathematics of Great Amateurs*, 2nd ed.（Oxford University Press, 1990）.
Crombee, A. C.　*Styles of Scientific Thinking in the Europian Tradition* Ⅰ（Duckworth, 1994）.
Crosby, A. W.　『数量化革命』(1977)小沢千重子訳（紀伊國屋書店，2003）.
al-Daffa, A. A.　『アラビアの数学　古代科学と近代科学のかけはし』(1977)武隈良一訳（サイエンス社，1980）.
Deppman　デップマン　『算数の文化史』(1965)藤川誠訳（現代工学社，1986）.
Devreese, J. T. & Vanden Berghe, G.　『科学革命の先駆者　シモン・ステヴィン』

(2003) 山本義隆監修・中澤聡訳 (朝倉書店, 2009).
Dijksterhuis, E. D. *Simon Stevin : Science in the Netherlands around 1600* (Martinus Nijhoff, 1970).
Dreyer, J. L. E. *Tycho Brahe* (1890, reprinted, Dover Publications, INC., 1963);
―――― 'On the Tycho Brahe's Manual of Trigonometry', *The Ovservatory*, Vol. 39 (1916) pp. 127-131.
Edwards, C. H. Jr. *The Historical Development of the Calculus* (Springer Verlag, 1979).
Folkerts, M. 'Werner, Johannes', *DSB*, XIV.
Franci, R. & Rigatelli, L. T. 'Towards a History of Algebra from Leonardo of Pisa to Luca Pacioli', *Janus*, Vol. 72 (1985) pp. 17-82.
Gibson, G. A. 'Napier and the Invention of Logarithms', in *The Handbook of the Napier Tercentenary Celebration or Modern Instruments and Methods of CALCULATION*, Vol. 3 (The Royal Society of Edinburgh, 1914, reprinted Tomash Publication, 1982) pp. 1-16.
Gieswald, H. 'Justus Byrg als Matnematiker und dessen Einleitung in seine Logarithmen', *Bericht über die St. Johannis Schule, Danzig* (1856) pp. 1-36.
Gimpell, J. 『中世の産業革命』(1975) 坂本賢三訳 (岩波書店, 1978).
Gingerich, O. 'Copernicus and the Impact of Printing', *Vistas in Astronomy*, Vol. 17 (1975) pp. 201-207.
―――― 『誰も読まなかったコペルニクス』(2004) 柴田裕之訳 (早川書房, 2005).
Gingerich, O. & Westman, R. 'The Wittich Connection : Conflict and Priority in Late Sixteenth-Century Cosmology', *Transactions of the American Philosophical Society*, Vol. 78 Part 7 (1988).
Ginsburg, J. 'On the Early History of the Decimal Point', *American Mathematical Monthly*, Vol. 35 (1928) pp. 347-9.
Glaisher, J. W. L. 'On the early History of the Signs ＋ and － and on the early German Arithmeticians', *Messenger of Mathematics*, Vol. 51 (1921-22) pp. 1-148.
Goldstein, H. H. *A History of Numerical Analysis from the 16th through the 19th Century* (Springer Verlag, 1977).
Grant, E. 『中世における科学の基礎づけ』(1996) 小林剛訳 (知泉書館, 2007).
―――― 'Late Medieval Thought, Copernicus, and the Scientific Revolution', *Journal of the History of Ideas*, Vol. 23 (1962) pp. 197-220.
Grendler, P. F. *Schooling in Renaissance Itary : Literacy and Learning, 1300-1600*

(The Johns Hopkins University Press, 1989).

Gridgeman, T. N.　'John Napier and the History of Logarithms', *Scripta Mathematica*, Vol. 29 (1973) pp. 49-65.

Grimm, R. E.　'The Autobiography of Leonard Pisano', *Fibonacci Quarterly*, Vol. 11 (1972) pp. 99-104.

グレイゼル　『数学史』Ⅱ 保阪秀正・土居康男・山﨑昇訳（大竹出版，1997）．

Hall, A. R.　*The Revolution in Science 1500-1750* (Longman, 1983).

Hartner, W.　'al-Battani' *DSB*, Ⅰ.

Haskins, C. H.　『大学の起源』(1957) 青木靖三・三浦常司訳（八坂書房，2009）．

Havil, J.　*John Napier : Life, Logarithms, and Legacy* (Princeton University Press, 2014).

Hawkins, W. F.　'The mathematical Work of John Napier (1550-1617)' Vol. 1, 2, 3, University of Aukland PhD. Thesis, 1962.

Heath, T. L.　『復刻版　ギリシア数学史』(1931) 平田寛・菊池俊彦・大沼正則訳（共立出版，1998）．

――――　*Greek Astronomy* (1932, Dover Publications, INC., 1991).

Hellman, C. D.　*The Comet of 1577 : Its Place in the History of Astronomy* (Columbia University Press, 1944).

Hellman, C. D. & Swerdlow, N. M.　'Peurbach', *DSB*, XV.

Hill, C.　『イギリス革命の思想的先駆者たち』(1965) 福田良子訳（岩波書店，1972）．

Hill, K.　'The Evolution of Concepts of the Continuum in early modern British Mathematics', Univeristy of Toronto Ph. D Thesis (1996).

Hobson, E. W.　*John Napier and the Invention of Logarithms, 1614* (Cambridge University Press, 1914).

Huxley, G.　'Briggs, Henry', *DSB*, Ⅱ.

Ito 伊東俊太郎　「ユークリッド以前」『数学の歴史 Ⅰ ギリシャの数学』（共立出版，1979）第 1 章 pp. 19-73 ;

――――　編『数学の歴史 Ⅱ 中世の数学』（共立出版，1987）．

Jardine, N.　*The Birth of History and Philosophy of Science* (Cambridge University Press, 1984).

Jones, C. V.　'The Concept of ONE as a Number', University of Toronto Ph.D. Thesis (1978).

Karrow Jr., R. W.　'Intellectual Foundations of the Cartographic Revolution', Loyola Univeristy Chicago Ph.D. Thesis (1999).

Kaunzner, W. 'Logarithms', in *Companion Encyclopedia of the History and Philosophy of the Mathematical Sciences,* Vol. 1, edited by I. Grattan-Guiness (Routledge, 1994) pp. 210-228.

King, D. A. 'The Astronomical Works of Ibn Yūnus', Yale University Ph.D. Thesis (1972);

────── 'Ibun Yūnus' very useful Tables for Reckoning Time by the Sun', *Archive for History of Exact Sciences*, Vol. 10 (1973) pp. 342-394;

────── 'Ibun Yūnus', *DSB*, XIV.

Klein, J. *Greek Mathematical Thought and the Origin of Algebra,* tr. from the German version (1934-36) by E. Brann (The M. I. T. Press, 1968).

Kondo 近藤洋逸「数学思想史序説」『近藤洋逸 数学史著作集 第 2 巻』(日本評論社, 1994) pp. 1-164;

──────「近代数学史論」『同 第 3 巻』(日本評論社, 1994) pp. 263-383.

Mahony, M. S. 'Mathematics', in *Science in the Middle Ages*, edited by D. C. Lindberg (The University of Chicago Press, 1978) pp. 145-178.

Maor, E. *e : The Story of a Number* (Princeton University Press, 1994);

──────『素晴らしい三角法の世界』(1998) 好田順治訳 (青土社, 1999).

Miura 三浦伸夫『フィボナッチ アラビアの数学から西洋中世数学へ』(現代数学社, 2016);

──────『数学の歴史』放送大学教材 (2013);

────── 伊東編『数学の歴史 II 中世の数学』第 2 章第 1 節「アラビアの計算法」pp. 266-321;

──────「西洋中世における「アラビア式計算法」の導入」『数学文化』No. 19 (2013) pp. 9-20.

Mizuochi 水落健治「アウグスティヌスと学問―『キリスト教の教え』を中心に」『中世の学問観』上智大学中世思想研究所編 (創文社, 1995) pp. 3-35.

Mori 森毅『指数・対数のはなし 異世界数学への旅案内〔新装版〕』(東京図書, 2006).

Moulton, L. 'The Invention of Logarithms, its Genesis and Growth', *Napier Tercentenary Memorial Volume*, ed. by C. G. Knott (published for The Royal Society of Edinburgh, Longmans, Green and Company, 1915).

Mundy, J. 'John of Gmunden', *ISIS*, Vol. 34 (1942/3) pp. 196-205.

Murdoch, J. E. & Sylla, E. D. 'The Science of Motion', in *Science in the Middle Ages*, edited by D. C. Lindberg (The University of Chicago Press, 1978) pp. 206-264.

Nakazawa 中澤聡　「ラインラント尺度に見る中世, 近世ヨーロッパの計量標準制度」『東京大学教養学部哲学・科学史部会 哲学・科学史論叢』Vol. 16 (2014) pp. 1-26.

Naux, C.　*Histoire des Logarithmes de Neper a Euler*, Tome 1 (A. Blanchard, 1966).

Needham, J.　『ニーダム・コレクション』牛山輝代編訳, 山田慶兒・竹内廸也・内藤陽哉訳 (ちくま学芸文庫, 2009).

Neugebauer, O.　『古代の精密科学』(1957) 矢野道雄・斎藤潔訳 (恒星社厚生閣, 1990).

North, J. D.　'Georg Markgraf', in *The Universal Frame* (The Hambledon Press, 1989) pp. 215-234.

Pannekoek, A.　*A History of Astronomy* (George Allen & Unwin LTD, 1961).

Pedersen, O.　'The Decline and Fall of the *Theorica Planetarum*: Renaissance Astronomy and the Art of Printing', *Studia Copernicana*, Vol. 16 (1978) pp. 157-185 ;

───── 'In Questo of Sacrobosco,' *Journal for the History of Astronomy*, Vol. 16 (1985) pp. 175-221.

Poulle, E.　'John of Lingneres', *DSB*, VII.

Rashed, R.　『アラビア数学の展開』三村太郎訳 (東京大学出版会, 2004).

Rosen, E.　*Three Imperial Mathematicians* (Abaris Books INC., 1986).

Russell, B.　『西洋哲学史』上中下 (1946) 市井三郎訳 (みすず書房, 1954-56).

Rutten, M.　『バビロニアの科学』矢島文夫訳 (白水社, 1962).

Saidan, A. S.　'The Earliest Extant Arabic Arithemetic', *ISIS*. Vol. 57 (1966) pp. 475-490.

Sarton, G.　'The Scientific Literature transmitted through the Incunabula', *Osiris*, Vol. 5 (1938) pp. 41-245 ;

───── 'The First Explanation of Decimal Fractions and Measure 1585', *ISIS*, Vol. 23 (1935) pp. 153-244 ;

───── *Six Wings*: Men of Science in the Renaissance (Indiana University Press, 1957) ;

───── 『古代中世科学文化史 I』平田寛訳 (岩波書店, 1951).

Shiga 志賀浩二　『数の大航海　対数の誕生と広がり』(日本評論社, 1999) ;

───── 『数学という学問』I-III (ちくま学芸文庫, 2011-13).

Shimizu 清水廣一郎　『中世イタリア商人の世界』(平凡社, 1993).

Sigler, L. E.　'Introduction: A Brief Biography of Leonardo Pisano', in *Leonardo*

Pisano Fibonacci : *The Book of Squares* (Academic Press, INC., 1987) pp xv-xx.

Sleight, E. R.　'John Napier and his Logarithms', *National Mathematical Magazine*, Vol. 18 (1944) pp. 145-152.

Smith, C. S.　'A Sixteenth Century Decimal System of Weights', *ISIS*, Vol. 46 (1955) pp. 354-357.

Smith, D. E.　*Rara Arithmetica* (Ginn and Company Publishers, 1908) ;

――― *History of Mathematics*, Vol. 1, 2 (1928, new edition, Dover Publications, INC., 1951, 53) ;

――― 'The Law of Exponents in the Works of the sixteenth century', *Napier Tercenteary Memoirial Volume*, ed. by C. G. Knott (The Riyak Society of Edinburgh, 1915) pp. 81-91.

Sombart, W.　『ブルジョワ　近代経済人の精神史』金森誠也訳（中央公論社，1990）．

Struik, D. J.　'The Prohibition of the Use of Arabic Numerals in Florence', *Archives Internationales d'Histoire des Sciences*, Vol. 21 (1968) pp. 291-294 ;

――― 'Simon Stevin and the Decimal Fractions', *Mathematical Teacher*, Vol. 52 (1959) pp. 474-78 in *The European Mathematical Awakening*, ed. by Swetz (Dover Publications INC., 1994) pp. 96-100.

――― *Het Land van Stevin en Huygens* (Uitgeverij Pegasus, 1958).

Suga 須賀源蔵　「「九九」について（其の一 ～ 其の五）」『数学史研究』日本数学史学会　通号 54，55，56，57，59（1972-73）．

Suzuki 鈴木孝典　「アラビアの代数学」伊東編『中世の数学 II』第 2 章第 2 節，pp. 322-344.

Swerdlow, N. M & Neugebauer, O.　*Mathematical Astronomy in Copernicus's De revolutionibus* (Springer Verlag, 1984).

Szabó, A.　『ギリシア数学の始原』中村幸四郎・中村清・村田全訳（玉川大学出版部，1978）．

Takahashi 高橋徹　「ネイピアのラブドロギア」日本大学法学部『桜文論叢』第 79 巻（2011-2）pp. 119-137；

――― 「ネイピアのラブドロギア II」同，第 81 巻（2011-9）pp. 37-55；

――― 「ネイピアのプロンプトゥアリウム」同，第 81 巻（2011-12）pp. 33-48；

――― 「ネイピアによる 2 進法算術の発明」同，第 84 巻（2013-2）pp. 117-141.

Thomas, K.　『歴史と文学』中島俊郎編訳（みすず書房，2001）．

Thoren, V. E.　'Prosthaphaeresis Revisited', *Historia Mathematica*, Vol. 15 (1988) pp.

32-39;

 ――― *The Lord of Uraniborg : A Biography of Tycho Brahe* (Cambridge University Press, 1990).

Thorndike, L. *History of Magic & Experimental Science,* Vol. Ⅵ (Columbia University Press, 1941).

Tōyama 遠山啓 『数学入門』上下（岩波新書，1959-60）.

Tropfke, J. *Geschichte der Elementar-mathematik in systematischer Darstellung* (Walter de Gruyter, 1930).

Van Berkel, K. 『オランダ科学史』(1985) 塚原東吾訳（朝倉書店，2000）.

Van Egmond, W. 'The Commercial Revolution and the Beginnings of Western Mathematics in Renaissance Florence, 1300-1500', Indiana University PhD. Thesis (1976);

 ――― 'Abbacus arithmetic', in *Companion Encyclopedia of the History and Philosophy of the Mathematical Sciences,* ed. by I. Grattan-Guiness (Routledge, 1994) pp. 200-209.

Voellmy, E. 'Jost Bürgi und die Logarithmen', *Beihefte zur Zeitschrift《Elemente der Mathematik》* Beiheft Nr. 5 (1948) pp. 1-24.

Yajima 矢島祐利 『アラビア科学史序説』(岩波書店，1977）.

Yamamoto 山本義隆 『一六世紀文化革命』1, 2（みすず書房，2007）;

 ――― 『世界の見方の転換』1, 2, 3（みすず書房，2014）.

Zeller, M. C. *The Development of Trigonometry from Regiomontanus to Pitiscus* (Ann Arbor, 1946).

Zinner, E. 英訳 *Regiomontanus : His Life and Work,* tr. by E. Brown (North-Holland, 1990).

なお便宜のため，注記においては，『数学史 上』，『数学史 下』，『数学の歴史 1』，『数学の歴史 2』等は，それぞれ『数学史』上，『数学史』下，『数学の歴史』1，『数学の歴史』2等と記す.

あとがき

　本書は，2014 年にみすず書房から発行された小著『世界の見方の転換』の副産物です．同書執筆の過程では，私は数学の転換も展望に入れていたのですが，あまりにも大部になるので，放棄した経緯があります．そして私は，なぜ西欧に近代科学が誕生したのかという問題意識に始まった私の科学史研究が，『磁力と重力の発見』『一六世紀文化革命』そして『世界の見方の転換』の三部作を 10 年あまりかけてみすず書房から上梓させていただいたことでもってほぼ完了し，したがってこの方面の著述はこれで終わったと考えていました．

　しかし，丁度『世界の見方の転換』を脱稿した頃に，日本数学協会の機関誌『数学文化』の編集委員会（編集委員長　新井紀子氏）から執筆を依頼されたので，考慮のうえで，『世界の見方の転換』執筆の過程で放棄した当時の数学の変化を「小数と対数の発見」の標題で連載させてもらうことにしました．ほぼ 5 年前です．

　以来 4 年半，都合 9 回におよぶ連載の過程で，『数学文化』編集委員の亀井哲治郎氏（亀書房）から，連載終了後に単行本にしてはどうかと勧められ，できあがったのが本書です．

　『数学文化』は年 2 回の発行で，必要な文献の多くは『世界の見方の転換』執筆の過程で集めていたのであり，その意味では，連載はそれほど負担にはならなかったと言えます．

　しかし，実はその間，私は反原発の集会や，安保法制等に反対する集会やデモに何度も出かけていったのですが，その他に「10.8 山﨑博昭プロジェクト」に関わっていました．同プロジェクトは，50 年前の 1967 年 10 月 8 日，当時の佐藤栄作首相が，南ベトナム政府を公式訪問することでアメリカのベトナム侵略への支持を世界に表明しようとしたのにたいして，そのことに抗議し阻止するための羽田のデモで京大生・山﨑博昭君が死亡した事件の，真相と意義を

あらためて明らかにすることを目的とした運動です．

　私は，とくにその企画のひとつとしての「ベトナム反戦闘争とその時代」展を，東京，京都，そしてベトナムのホーチミン市で開催する仕事に取り組んでいました．ホーチミン市の戦争証跡博物館での展示会は2017年8月20日からに85日間にわたって開催され，成功裡に終りましたが，その準備と，開催のセレモニーと，そして後片付けのために，昨年私は三度にわたってホーチミン市を訪れることになりました．実に私にとって初めての海外旅行で，正直なところ緊張もし，疲労もしました．

　連載の原稿はその合間をぬって執筆されたのであり，その意味では，年2回とはいえ，連載は決して楽な仕事ではありませんでしたが，しかし何とかここまでくることができました．連載から単行本化までの『数学文化』編集委員・亀井哲治郎氏の協力と励ましに，この場を借りて御礼申し上げます．

　2018年3月

山本義隆

人名・書名索引

ア行

アグリコラ，ゲオルギウス　53, 54
　　――『デ・レ・メタリカ』　53, 54
アウグスティヌス　10, 20, 74, 81
　　――『神の国』　10, 20, 74, 81
　　――『キリスト教の教え』　20
アクィナス，トマス　10
アピアヌス，ペトロス　40, 41
　　――『コスモグラフィア』　40, 41
アプレイウス　21
アリストテレス　2-7, 9, 10, 12-15, 22, 79, 81, 84-87, 90
　　――『カテゴリー論』　84, 85
　　――『形而上学』　3, 4, 10, 81, 84-87
　　――『自然学』　4, 80, 81, 84, 85, 87
　　――『天体論』　3, 10
　　――『分析論後書』　4, 85
アルキメデス　77, 190, 191, 193, 206
　　――『砂粒を数える者』　190
アルベルトゥス（ザクセンの）　36
イシドルス　20, 82
　　――『語源論』　20, 82
ヴァルター，ベルナルド　9
ヴィエト，フランソア　68, 115
　　――『数学のカノン』　68
ウィッドマン，ヨハン　60
　　――『算法』　60
ヴィティッヒ，パウル　119-123, 172
ヴィルヘルム IV 世　119, 201, 202, 210
ウィンゲート，エドマンド　111
ヴェルナー，ヨハネス　111, 121
　　――『球面幾何学』　111
ウッド，アンソニー　122, 123
ウルシヌス，ベンジャミン　171
ウクリーディシー（アル＝）　62

ウルスス，レイメルス　117-119
　　――『天文学の基礎』　117, 118
エリウゲナ，ヨハネス　82, 88
　　――『ペリフュセオン』　82, 88
オイラー，レオンハルト　1, 153, 229
オットー，ヴァレンティン　116
オレーム，ニコル　22, 31, 83, 84, 191, 192
　　――『比の比について』　191
　　――『質と運動の図形化』　83
　　――『天体運動の共役と非共役について』　31

カ行

カーシー（アル＝）　63-65, 196
　　――『円周についての論考』　63
　　――『計算の鍵』　63
カッシオドルス　21, 22, 81, 82
　　――『綱要』　21, 81, 82
ガリレイ，ガリレオ　1, 130, 152, 175
カルダーノ，ジローラモ　203
　　――『精巧さについて』　203
カンパヌス（ノヴァラの）　28
　　――『惑星の理論』　28
グムンデン，ヨハネス・ド　36, 38
クラヴィウス，クリストフ　97-99, 101, 112-117, 121, 185
　　――『アストロラビウム』　98, 99, 112-114, 117
　　――『実用幾何学』　185
クレイグ，ジョン　122, 123
クレイグ，トーマス　126
グレシャム，トマス　211
ケプラー，ヨハネス　1, 9, 14, 15, 29, 30, 41, 42, 100, 116-118, 121, 126,

127, 169-188, 203, 204, 224
　——『宇宙の神秘』　29, 30, 100, 116, 173, 185
　——『宇宙の調和』　170, 172, 181, 185, 187, 204
　——『コペルニクス天文学概要』　15, 173
　——『新天文学』　14, 15, 41, 42, 170, 203
　——『千対数』『千対数の補遺』　173-176, 179-183, 185-187
　——『ティコの擁護』　14
　——『天文学の光学的部分』　121
　——『ルドルフ表』　126, 171, 173, 184, 187, 188, 204
コペルニクス，ニコラウス　1, 2, 9-13, 29, 30, 41, 43, 50, 77, 116-118, 120, 122
　——『天球回転論』　9, 12, 29, 30, 41, 43, 50, 116, 120, 122
コーシー，オーギュスタン・ルイ　162
　——『微積分学講義綱要』　162

サ行

サクロボスコ　8, 24, 27, 28, 48, 50, 81
　——『一般アルゴリズム』　24, 48, 50
　——『天球論』　8, 24, 27, 28
　——『歴算法』　24
サデラー，エギディウス　202
サマウアル(アッ＝)　61, 62
シェイクスピア　100
ジェームス Ⅵ 世　122, 123
ジェルベール(オーリヤックの)　46
シッカード，ヴィルヘルム　172, 183
シュティーフェル，ミカエル　197-200, 206
　——『算術全書』　197, 198
シュケー，ニコラ　58, 59, 83, 84, 108, 192, 194-197, 199, 200, 206
　——『数の科学における三部分』　58,

83, 84, 193, 194
シュライトマン　54, 55
　——『試金小著』　54
ジョン(ホリウッドの) → サクロボスコ
シルベスター Ⅱ 世 → ジェルベール
スコトゥス，ヨハネス → エリウゲナ
ステヴィン，シモン　42, 45, 68, 72-81, 83, 84, 89-94, 97, 100, 103, 127, 155, 169, 200, 201, 204, 207, 230
　——『宇宙誌』　42, 90
　——『算術』　71, 72, 78-80, 85, 89, 92, 201
　——『十分の一法』　68-74, 78, 94, 95, 103, 127
　——『数学著作集』　42, 77, 78
　——『利子表』　78, 201
セトン，アレクサンダー　110

タ行

ダランベール，ジャン・ル・ロン　1
ターレス　16, 17, 81, 91
ディー，ジョン　83, 97, 212
　——「数学への序説」　83, 97
ティコ → ブラーエ
テオドリック　21
ディオファントス　77
デカルト，ルネ　1, 97, 98
トリチェッリ，エヴァンジェリスタ　1
トロサーニ，ジョヴァンニ　9, 12

ナ行

ニコマコス　19, 21, 22, 87, 88
　——『算術入門』　19, 21, 87
ニュートン，アイザック　1
ネイピア，ジョン　42, 59, 96, 97, 100-111, 122-155, 157-162, 165, 167-169, 171-177, 179, 181, 183-185, 188, 200, 201, 204, 210-216, 221, 230
　——『聖ヨハネ黙示録全体の開示』　101, 102

人名・書名索引　247

　　──『驚くべき対数規則の記述』(『記述』)　42, 104, 124-127, 129, 132, 134, 136, 138-140, 143, 145, 147-149, 151, 163, 167, 171, 173, 175, 181, 213
　　──『驚くべき対数規則の構成』(『構成』)　42, 104, 124, 127, 136, 146, 149-151, 154, 155, 159, 162, 165-168, 175, 215
　　──『ラブドロギアエ』　59, 102, 109, 110, 215
ネイピア, アルチバルト　100
ネイピア, ロバート　124, 215
ネモラリウス, ヨルダヌス　61, 81

ハ行

ハーヴェイ, ウィリアム　1
バウアー, ゲオルグ → アグリコラ
パチョリ, ルカ　195
　　──『算術大全』　195
ハットン, エドワード　109
バッターニ(アル=)　38
ビアンキーニ, ジョヴァンニ　38
ピチスクス, バルトロメオ　44, 126
　　──『数学の至宝(正弦の表)』　44
ピープス, サミュエル　109
　　──『サミュエル・ピープスの日記』　109
ピュタゴラス　16, 17, 19, 20, 85-87, 96
ビュリダン, ジャン　22
ビュルギ, ヨースト　119-121, 200-210
ビールーニー(アル=)　82, 95
フィヌ, オロンス　61
フィボナッチ　46-48, 53, 55, 57, 58, 81, 95, 96
　　──『アバコの書』　47, 55, 56, 58, 81
フクザワ, 福沢諭吉　107, 213
　　──『西洋事情外編』　213
　　──『福翁自伝』　107
フーゴー(サン・ヴィクトルの)　21
　　──『ディダスカリコン』　21
フック, ロバート　1

プトレマイオス, クラウディアス　2, 4-10, 24-28, 35, 36, 46, 61, 95, 116-118, 188
　　──『数学集成』(『アルマゲスト』)　5-8, 24-26, 36, 37, 95
ブラーエ, ティコ　1, 9, 12-14, 94, 116-123, 126, 127, 170, 188, 202
フラク, アドリアーン　229, 230
ブラッドワディーン, トマス　22
プラトン　17-20, 79, 85, 86, 90, 94, 96
　　──『国家』　17-19
　　──『ソピステス』　18
　　──『テアイテトス』　86
　　──『パルメニデス』　18
　　──『ピレボス』　17, 18
　　──『法律』　85
フラムスティード, ジョン　100, 150
ブランドヴィル, トマス　32-36
　　──『算術について』　32-34
フリシウス, ゲンマ　40, 41
ブリッグス, ヘンリー　25, 126, 152, 169, 211-222, 224, 225, 228-230
　　──『イギリス三角法』　228, 229
　　──『1から1000までの対数』　216, 220
　　──『対数算術』　126, 214, 216, 217, 221, 222, 225, 226, 229
フルベルトゥス(シャルトルの)　52
　　──『詩集』　52
プロクロス　16
プロスドキモ(ベルダマンディの)　82
フワリーズミー　46-48, 53
　　──『ジャブルとムカーバラ』　47
ベアー, ニコラス・レイマー → ウルスス
ヘッセン方伯 → ヴィルヘルムⅣ世
ベルヌイ一族　1
ペロス, フランチェスコ　57, 58, 64, 65
　　──『算術の技芸』　57, 58, 64, 65
ホイヘンス, クリスティアン　1
ボイル, ロバート　1

ポイルバッハ，ゲオルク　8, 36-38, 88, 89, 101, 188
　——『算術書』　88
　——『惑星の新理論』　8, 36
ボエティウス　19, 21, 81, 88
　——『算術教程』　21, 88
ホリウッドのジョン → サクロボスコ
ボルツァノ，ベルナルド　93

マ行

マウリッツ（オラニエ公）　76
マルクグラフ，ゲオルク　188
ミューラー，ヨハネス → レギオモンタヌス
メストリン，ミハエル　172, 175, 181
メランヒトン，フィリップ　12, 101, 198

ヤ行

ヤン，楊輝　51
ユーヌス，イヴン　112
ユークリッド　55, 77, 81, 83, 87, 91, 175, 177, 183
　——『原論』　81, 83, 87, 97, 183
ヨステル，メリキオール　121
ヨハネス（ソルスベリーの）　88
　——『メタロギコン』　88

ラ行

ライト，エドワード　104, 127, 128, 140, 149
ライト，サミュエル　127
ライプニッツ，ゴットフリート・ヴィルヘルム・フォン　1, 46, 105, 107
　——「すべての数を1と0だけによって表す驚くべき表記法」　107
　——「0と1の数字だけを使用する二進法算術の解説」　46
ラインホルト，エラスムス　12
　——『プロシア表』　12

ラヴォアジェ，アントワーヌ　53
　——『化学原論』　53
ラグランジュ，ジョセフ・ルイ　1, 162
ランゲンシュタイン，ハインリヒ・フォン　36
ラプラス，ピエール・シモン　189
リーゼ，アダム　66
リネール，ジャン・ド　31
　——『通常の分数と自然学の分数のアルゴリスム』　31
リネリウス，ヨハネス → リネール
ルター，マルティン　12, 101
ルドルフ，クリストフ　66-68
　——『例題小論集』　66, 67
ルドルフII世　170, 202, 203
ルドルフIV世　36
レオナルド（ピサの）→ フィボナッチ
レギオモンタヌス　1, 7-9, 13, 15, 36-39, 41, 45, 95, 101, 154, 155, 188, 189
　——『エフェメリデス』　189
　——『三角形総説』　36, 38, 188
　——『数学集成の摘要』　8, 36
　——『方向表』　38, 39
レコード，ロバート　83
　——『智恵の砥石』　83
レティクス，ヨアヒム　43, 45, 116, 189
レムス，ヨハネス　173
ロスマン，クリストフ　120, 201, 202
ロンゴモンタヌス　122, 123

著者不明

『トレビーゾ算術』　59, 65, 82
『ブリール法典』　52
『万葉集』　107

研究者・著述家等（翻訳者・編集者は含まない）

Adachi, 足立恒雄　51

Baron, M. E.　109, 123
Belyi, Yu. A.　171, 178, 184
Bennett, J. A.　22
Berggren, J. L.　62, 63
Bernal, J. D.　211
Bond, J. D.　37, 41
Bourbaki, N.　18, 19, 93, 192, 197
Boyer, C. B.　19, 25, 63, 68, 95, 96, 112, 123, 199
Bruce, I.　126
Byrne, J. S.　32

Cajori, F.　18, 20, 22, 25, 38, 52, 57, 61, 79, 95, 96, 100, 101, 105, 109, 122, 123, 134, 186, 188, 189, 192, 200, 204, 213, 230
Capp, B.　101
Caspar, M.　171, 175, 202-204
Cassirer, E.　152
Chapman, A.　13
Charchill, W.　74
Christianson, J. R.　121, 122
Coolidge, J. L.　198, 213
Crombee, A. C.　98
Crosby, A. W.　18, 22, 124

al-Dafffa, A. A.　38
Delambre, J. B. J.　112
Devreese, J. T.　76, 201
Dijksterhuis, E. J.　79
Dreyer, J. L. E.　112, 115, 121, 122, 202
デップマン　56, 60, 63

Edwards, C. H. Jr.　152

Folkerts, M.　111

Franci, R.　195

Gibson, G. A.　211
Gieswald, H.　198, 205, 207
Gimpell, J.　23
Gingerich, O.　120, 122, 189
Ginsburg, J.　100
Glaisher, J. W. L.　60
Goldstein, H. H.　205, 207
Grant, E.　11, 22, 191, 192
Grendler, P. F.　48, 57
Gridgeman, T. N.　100, 109, 115
Grimm, R.E.　56
グレイゼル　196, 200, 204

Hall, A. R.　107
Hartner, W.　38
Haskins, C. H.　7
Havil, J.　210, 213
Hawkins, W. F.　173, 175, 202, 204
Heath, T. L.　6, 18, 81, 190
Hellman, C. D.　38, 122
Hill, C.　212, 216
Hill, K.　87, 152
Hobson, E. W.　126, 127
Huxley, G.　214

Ito, 伊東俊太郎　87

Jardine, N.　121
Jones, C. V.　73

Karrow, R. Jr.　23
Kaunzner, W.　198-200, 205
Keynes, J. M.　74
King, D. A.　27, 112
Klein, J.　77, 78, 88
Kondo, 近藤洋逸　140, 200, 201

Mahony, M. S.   32
Maor, E.   26, 115, 200, 213
Miura, 三浦伸夫   18, 47, 48, 56, 62, 63, 65, 82, 95, 199
Mizuochi, 水落健治   20
Mori, 森毅   65
Moulton, L.   100
Mundy, J.   36
Murdoch, J. E.   22

Nakazawa, 中澤聡   52, 94
Naux, C.   111, 112, 178, 181, 188, 202, 205
Needam, J.   51
Neugebauer, O.   8, 18, 25, 63
North, J. D.   188

Pannekoek, A.   74
Pedersen, O.   38
Poulle, E.   32

Rashed, R.   61-63, 68, 96, 169
Rider, R. E.   109
Rigatelli, L. T.   195
Rosen, E.   117, 119, 122
Russell, B.   98
Rutten, M.   25

Saidan, A. S.   62, 63
Sarton, G.   32, 36, 41, 67, 112
Shiga, 志賀浩二   27, 83, 115, 123, 151, 167, 213, 214
Shimizu, 清水廣一郎   57

Sigler, L. E.   48
Slight, E. R.   109
Smith, C. S.   54
Smith, D. E.   25, 37, 38, 59, 66, 67, 69, 79, 82, 105, 169, 198, 199, 211
Sombart, W.   55, 57
Struik, D. J.   51, 57, 63, 69, 79, 230
Suga, 須賀源蔵   107
Swerdlow, N. M.   8, 38
Swetz, F. J.   59, 67, 82, 105
Sylla, E. D.   22
Szabo, A.   177

Takahashi, 高橋徹   103
Thomas, K.   109-111
Thoren, V. E.   111, 116, 121
Thorndike, L.   13
Toyama, 遠山啓   84
Tropfke, J.   61, 100

van Berkel, K.   78
vanden Berghe, G.   76, 201
Van Egmont, W.   48
Voellmy, E.   112, 190, 199

Westman, R.   122

Yajima, 矢島祐利   38, 112
Yokoyama, 横山雅彦   28, 33

Zeller, M. C.   37, 39, 44, 115
Zinner, E.   8, 41, 43, 44, 189

山本義隆 (やまもと・よしたか)

1941 年　大阪市に生まれる．
1964 年　東京大学理学部物理学科を卒業．
　　　　同大学大学院博士課程を中退．
現在　　学校法人駿台予備学校に勤務．
　　　　科学史家．元東大全共闘代表．「10.8 山崎博昭プロジェクト」発起人．

[著書]

『知性の叛乱 — 東大解体まで』(前衛社，1969)

『重力と力学的世界 — 古典としての古典力学』(現代数学社，1981)

『演習詳解　力学』(共著，東京図書，1984；第 2 版，日本評論社，2011)

『熱学思想の史的展開 — 熱とエントロピー』(現代数学社，1987；新版，ちくま学芸文庫，全 3 巻，筑摩書房，2008-2009)

『古典力学の形成 — ニュートンからラグランジュへ』(日本評論社，1997)

『解析力学』I・II (共著，朝倉書店，1998)

『磁力と重力の発見』全 3 巻 (みすず書房，2003，韓国語訳，2005，英訳 The Pull of History, World Scientific, 2017)．パピルス賞，毎日出版文化賞，大佛次郎賞を受賞

『一六世紀文化革命』全 2 巻 (みすず書房，2007，韓国語訳，2010)

『力学と微分方程式』(数学書房，2008)

『福島の原発事故をめぐって — いくつか学び考えたこと』(みすず書房，2011，韓国語訳，2011)

『世界の見方の転換』全 3 巻 (みすず書房，2014)

『幾何光学の正準理論』(数学書房，2014)

『原子・原子核・原子力 — わたしが講義で伝えたかったこと』(岩波書店，2015)

『私の 1960 年代』(金曜日，2015，韓国語訳，2017)

『近代日本一五〇年 — 科学技術総力戦体制の破綻』(岩波新書，岩波書店，2018)　ほか．

[訳書]

カッシーラー『アインシュタインの相対性理論』(河出書房新社，1976；改訂版，1996)

同『実体概念と関数概念』(みすず書房，1979)

同『現代物理学における決定論と非決定論』(学術書房，1994，改訳版　みすず書房で準備中)

同『認識問題 (4) ヘーゲルの死から現代まで』(共訳，みすず書房，1996)

『ニールス・ボーア論文集 (1) 因果性と相補性』『同 (2) 量子力学の誕生』(編訳，岩波文庫，岩波書店，1999-2000)

[監修]

デヴレーゼ / ファンデン・ベルヘ『科学革命の先駆者シモン・ステヴィン — 不思議にして不思議にあらず』中澤聡訳 (朝倉書店，2009)　ほか．

日本評論社創業 100 年記念出版

小数と対数の発見
しょうすう　たいすう　はっけん

2018 年 7 月 30 日　第 1 版第 1 刷発行

著　者……………………山本義隆 ©
発行者……………………串崎　浩
発行所……………………株式会社　日本評論社
　　　　　　　　　　　　〒170-8474 東京都豊島区南大塚 3-12-4
　　　　　　　　　　　　TEL：03-3987-8621［営業部］　　https://www.nippyo.co.jp
企画・制作………………亀書房　［代表：亀井哲治郎］
　　　　　　　　　　　　〒264-0032 千葉市若葉区みつわ台 5-3-13-2
　　　　　　　　　　　　TEL & FAX：043-255-5676　　　E-mail:kame-shobo@nifty.com
印刷所……………………三美印刷株式会社
製本所……………………牧製本印刷株式会社
装　訂……………………駒井佑二

ISBN 978-4-535-79813-7　　　Printed in Japan

JCOPY　＜(社)出版者著作権管理機構　委託出版物＞

本書の無断複写は著作権法上での例外を除き禁じられています．
複写される場合は，そのつど事前に，
　(社)出版者著作権管理機構
　TEL：03-3513-6969，FAX：03-3513-6979，E-mail：info@jcopy.or.jp
の許諾を得てください．
また，本書を代行業者等の第三者に依頼してスキャニング等の行為によりデジタル化することは，
個人の家庭内の利用であっても，一切認められておりません．

古典力学の形成
ニュートンからラグランジュへ

山本義隆[著]　　◆A5判／本体6,000円+税

Newtonの『プリンキピア』からLagrangeの『解析力学』にいたるまでの，力学理論の形成と発展の過程を歴史的に記述．「Newton力学」は「Newtonの力学」の単なる書き直しではないことが分かる．

演習詳解 力学
[第2版]

江沢 洋・中村孔一・山本義隆[著]

◆A5判／本体3,800円+税

ブランコの解けるモデル，逆立ちゴマの理論，etc…
手応え十分な選りすぐりの問題と丁寧な解答により，力学観と腕力を養える．定評ある名著が大幅に改訂されて復刊！

近藤洋逸 数学史著作集(全5巻)

佐々木 力[編集]　◆各A5判

戦後日本の数学史科学史の研究者のなかで，思想的深さと学問的堅実さの点でひときわ光彩を放った近藤洋逸．金字塔ともいうべき著作群のなかから，現代的意義をもち後世に伝えるべき作品を精選．

第1巻　幾何学思想史　／本体10,000円+税
第2巻　数学思想史序説　／本体8,000円+税
第3巻　数学の誕生・近代数学史論
　　　　　　　　　　　／本体10,000円+税
第4巻　デカルトの自然像　／本体9,000円+税
第5巻　数学史論　／本体10,000円+税

日本評論社
https://www.nippyo.co.jp/